Elektrisches Kochen

Erfahrungen über Auswahl und Betrieb elektrischer Kochgeräte für Haushalt- und Großküchen

Von

Dipl.-Ing. **Fr. Mörtzsch**

Mit 167 Textabbildungen

Berlin
Verlag von Julius Springer
1932

ISBN-13: 978-3-642-90125-6 e-ISBN-13: 978-3-642-91982-4
DOI: 10.1007/978-3-642-91982-4

Softcover reprint of the hardcover 1st edition 1932

Vorwort.

Licht und Kraft sind seit Jahrzehnten die hauptsächlichsten Anwendungsformen der Elektrizität. Hierzu tritt in zunehmendem Maße die Elektrowärme. Von den verschiedenen Wärmeanwendungen kommt dem elektrischen Kochen im Haushalt und Gewerbe sowohl vom elektrizitätswirtschaftlichen als auch vom kulturellen Standpunkt aus besondere Beachtung zu. Das elektrische Kochen bringt eine Vervielfachung des Haushaltstromabsatzes, ohne die Belastungsspitzen der Elektrizitätswerke bedenklich zu erhöhen. Der Stromabsatz im Haushalt hat sich zudem als weniger konjunkturempfindlich erwiesen, was vor allem in Zeiten wirtschaftlicher Schwierigkeiten und dem dadurch bedingten Rückgang des Stromabsatzes an Industrie und Gewerbe von hervorragender Bedeutung ist. Mit gleichem Interesse begrüßen aber auch die Hausfrauen das elektrische Kochen. Es bringt ihnen Arbeitserleichterung, Sauberkeit und Bequemlichkeit und bedeutet bei den heute üblichen Kochstromtarifen keine zusätzliche geldliche Belastung.

Die elektrische Küche ist nicht erst eine Erfindung unserer Tage, und doch bedurfte es vieljähriger, zäher Entwicklungsarbeit, um den elektrischen Herd zu einem, auch in den Händen der Hausfrau brauchbaren Gerät zu machen, bedurfte es eingehender Aufklärung, um viele bestehende Vorurteile zu beseitigen und um dem elektrischen Kochen zu seiner heutigen Verbreitung zu helfen.

Die Vereinigung der Elektrizitätswerke e. V., Berlin, hat in Erkenntnis der überragenden Bedeutung dieses Anwendungsgebietes schon seit Jahren diesem ihre besondere Aufmerksamkeit geschenkt. Zur Bearbeitung aller für die Erschließung dieser und anderer Absatzgebiete wichtigen Fragen wurde im Jahre 1929 eine technisch-wirtschaftliche Abteilung geschaffen. Es galt hier, einerseits in gemeinsamer Arbeit mit der Fachindustrie geeignete Kochgeräte zu entwickeln, andrerseits mußten eingehende Untersuchungen über die Größe des Stromverbrauchs und die Höhe der durch das Kochen hervorgerufenen Belastungen als Grundlage für die Bildung besonderer Haushalt- und Kochstromtarife durchgeführt werden. Gemeinsam mit der Werbeabteilung wurden unter Verwertung der im wärmetechnischen Laboratorium und in der Lehr- und Versuchsküche der VDEW, sowie der bei den Mitgliedswerken und der Industrie gesammelten Erfahrungen einheitliche Gesichtspunkte für die Einführung des elektrischen Kochens erarbeitet. Über alles dies soll das vorliegende Buch berichten.

In leichtverständlicher Form werden zunächst die grundsätzlichen Unterschiede der Elektrowärme im Vergleich zu anderen Beheizungsarten sowie der Aufbau und die Arbeitsweise des elektrischen Herdes und der in der Haushaltküche bevorzugten Zusatzgeräte behandelt. Untersuchungen über die Wirtschaftlichkeit des elektrischen Kochens werden angestellt. Es wird gezeigt, welche Belastungen das elektrische Kochen verursacht, und wie die elektrischen Anlagen hiernach zu bemessen sind. Geräte für die Einrichtung elektrischer Großküchen werden beschrieben und Gesichtspunkte für die zweckmäßigste Projektierung und Betriebsführung, sowie Angaben über die Wirtschaftlichkeit elektrischer Großküchen gegeben. An Hand umfangreicher statistischer Erhebungen wird gezeigt, welche Verbreitung das elektrische Kochen heute in Deutschland und anderen Ländern bereits gewonnen hat. Ein umfangreiches Literaturverzeichnis gibt den Lesern, die sich noch eingehender mit Einzelfragen beschäftigen wollen, einen Überblick über das gesamte Fachschrifttum.

Die vorliegende Arbeit ist somit nicht nur für den engen Kreis der Elektrowärmefachleute bestimmt, sondern für alle, die sich irgendwie mit der Frage des elektrischen Kochens befassen, vor allem aber für Elektrizitätswerke, Installateure, Architekten, Behörden, Hochschulen, Fach- und Berufsschulen und alle Elektrotechniker, die über dieses neue Anwendungsgebiet einen Überblick auf gedrängtem Raum gewinnen wollen. Aus diesem Grunde sind auch manche, dem Spezialisten wohl vertraute Fragen in etwas ausführlicher, auch dem Nichtfachmann leicht verständlicher Form behandelt.

Der Vereinigung der Elektrizitätswerke, insbesondere aber Herrn Dr. Dr.-Ing. e. h. H. Passavant, der seit Jahren für die Verbreitung der Elektrowärme Pionierarbeit geleistet und auch diese Arbeiten mit allen Kräften gefördert hat, sei hierdurch wärmstens gedankt. Ebenso gilt mein Dank meinen Kollegen, vor allem Herrn Dr.-Ing. H. F. Mueller, mit dem gemeinsam manche strittige Frage besprochen und geklärt wurde. Ferner hat die einschlägige Fachindustrie diese Arbeit durch Rat und Tat gefördert. Besonderer Dank aber gebührt meinen Mitarbeitern, Herrn W. Laue und Herrn E. Beck, die nicht nur die vielen in dem Buch erwähnten Versuche durchgeführt, sondern mir auch bei der Bearbeitung des statistischen Materials und der Fertigstellung des Manuskriptes wertvolle Mithilfe geleistet haben.

Berlin, im Juni 1932.

Fr. Mörtzsch.

Inhaltsverzeichnis.

I. Die physikalisch-technischen Grundlagen des elektrischen Kochens [6, 7].

1. Grundsätzliche Unterschiede der Elektrowärme im Vergleich zu anderen Beheizungsarten.

Zur richtigen Beurteilung des elektrischen Kochens ist ein näheres Eingehen auf die Art der Wärmeerzeugung bei den verschiedenen zur Verwendung kommenden Energiemitteln nötig.

Bei der Verbrennung von Kohle und Gas handelt es sich um einen chemischen Verbrennungsvorgang, der an das Vorhandensein von Sauerstoff gebunden ist und Verbrennungsrückstände in Form von Schlacke, Asche, Ruß oder Abgasen bedingt. Die bei der chemischen Verbrennung der organischen Brennstoffe entstehenden Temperaturen sind abhängig von dem Luft-Gasgemisch und halten sich auf einer Höhe von etwa 1000 bis 1500°. Eine direkte Regelung der Flammentemperatur ist an sich nicht möglich [2] [1], da eine Änderung der Energiezufuhr (z.B. Drehen des Gashahnes) zwar die in der Zeiteinheit erzeugte Wärmemenge, nicht aber die hierbei entstehende Temperatur beeinflußt.

Die verschiedenen Speisen brauchen nun aber zu ihrer Zubereitung nur verhältnismäßig niedrige Temperaturen, die fast stets um 100° C liegen. Auch für das Braten von Fleisch werden nur Temperaturen von etwa 140—180° C benötigt. Es ist nun nicht möglich, das Kochgut unmittelbar mit einer Wärmequelle von so hoher Flammentemperatur in Berührung zu bringen, da sonst die Oberfläche des Kochgutes verbrennen würde, ehe das Innere den Garzustand erreicht hat. Seit Jahrhunderten hat sich deshalb die Hausfrau gewisser technischer Hilfsmittel bedient, um diese für den Zubereitungsvorgang ungeeignete Temperatur herabzusetzen [6]. Zunächst verwendete sie den Kochkessel und hängte ihn in gewisser Entfernung über dem Feuer auf. Sie bediente sich demnach der Luft als Wärmemittler und regelte die Temperatur durch Veränderung der Entfernung zwischen Kochkessel und Flamme. Auch beim alten Kohleherd ist man ähnliche Wege gegangen, indem man die eisernen Ofenplatten in

[1] Die eckig eingeklammerten Zahlen beziehen sich auf die gleichen Nummern des Literaturverzeichnisses am Schluß des Buches.

einer bestimmten Entfernung anordnete, um nicht eine zu hohe Temperatur zu erreichen. Beim Gasherd liegen die Verhältnisse nicht anders. Auch hier wird der Topfboden in einer bestimmten Entfernung von der Gasflamme gehalten. Eine direkte Regelung der Temperatur ist beim Kohleherd trotz dieser Maßnahme verhältnismäßig schwierig, und die Hausfrau hilft sich, indem sie den Topf auf den verschieden warmen Stellen der Herdplatte hin und her schiebt. Beim Gasherd ist eine indirekte Temperaturregelung insofern möglich, als eine Verringerung der Gaszufuhr eine Verringerung der Wärmemenge bedeutet. Da aber die Wärmeverluste des Topfes annähernd die gleichen sind, wird demnach die Temperatur in gewissem Maße zurückgehen.

Neben dem Kochkessel bedient sich die Hausfrau seit alters her noch eines zweiten Wärmeschutzmittels und zwar des Wassers. Sie gibt z.B. dem Gemüse eine große Menge Wasser zu, um das Anbrennen zu vermeiden, obwohl an sich der Wassergehalt des Gemüses völlig genügen würde, um das Essen gar und wohlschmeckend zuzubereiten. Rein instinktiv hat sie erkannt, daß das Wasser einen idealen Temperaturbegrenzer darstellt, da seine Temperatur niemals über 100° C steigt.

Bei den erwähnten Beheizungsarten, zumal beim Kochen mit Gas, kommt dem Wasser eine weitere, wichtige Aufgabe zu. Die Gasflammen berühren ja nur an einigen, wenigen Stellen den Topfboden. Die Folge davon ist eine ungleichmäßige Erwärmung. Besonders zeigt sich diese Erscheinung natürlich beim leeren Topf. Wird in den Topf Wasser gefüllt, so bewirkt dieses dank seiner guten Wärmeleitfähigkeit eine gewisse Vergleichmäßigung der Temperatur. Da aber beim Zubereitungsvorgang eine gleichmäßige Temperaturverteilung nötig ist, um ein gleichmäßiges Garen der Speisen sicherzustellen, muß die Hausfrau aus diesem Grunde den Speisen größere Wassermengen zusetzen. Daß die bei leerem Topf leicht zu ermittelnden Temperaturunterschiede tatsächlich auch im praktischen Küchenbetrieb auftreten, und zwar um so mehr, je geringer der Wasserzusatz der Speisen ist, weiß die Hausfrau aus Erfahrung. Abb. 1 zeigt z. B. den Boden eines Topfes, der auf dem Gaskocher gestanden hat, und in dem die Milch anbrannte. Man sieht deutlich die ungleichmäßige Wärmeverteilung an der verschiedenen Färbung der angelegten Milch.

Ganz Ähnliches gilt auch hinsichtlich des Fettzusatzes. Beim Braten und Backen kann die Hausfrau Wasser als Temperaturbegrenzer nicht verwenden, da sie ja hierbei auf Temperaturen von über 100° C kommen muß. Sie benutzt dann Fett, dem auch hier einerseits die Rolle eines Temperaturbegrenzers und andererseits die Aufgabe der Temperaturvergleichmäßigung am Pfannenboden zukommt.

Grundsätzlich anders liegen die Verhältnisse aber bei der Elektrowärme. Die Wärme wird hier direkt erzeugt, wenn ein elektrischer

Strom den Heizwiderstand durchströmt. Es handelt sich demnach nicht um einen chemischen Verbrennungsvorgang, sondern um einen physikalischen Erwärmungsvorgang [6]. Die entstehenden Temperaturen sind abhängig von der Höhe der zugeführten Leistung und der Größe und Beschaffenheit der Heizkörperoberfläche. Man hat es also in der Hand, durch richtige Bemessung der Heizkörper jede gewünschte Temperaturhöhe zu erreichen, und es ist verständlich, daß die Konstrukteure elektrischer Kochgeräte von vornherein die auftretenden Temperaturen dem tatsächlichen Zubereitungsvorgang aufs beste angepaßt haben. Eine direkte Temperaturregelung ist leicht möglich, da ja bei geringerer Energiezufuhr auch die Oberflächentemperatur der Kochplatte sinkt. Daß zudem der physikalische Erwärmungsvorgang weder an das Vorhandensein von Sauerstoff gebunden ist, noch Verbrennungsrückstände zur Folge hat, ist vom hygienischen und gesundheitlichen Standpunkt bedeutungsvoll. Es ist weiterhin der elektrischen Beheizung eigen, daß die Heizkörper beliebig fein verteilt werden können, ohne daß hierdurch der Wirkungsgrad in irgendeiner Weise beeinflußt wird.

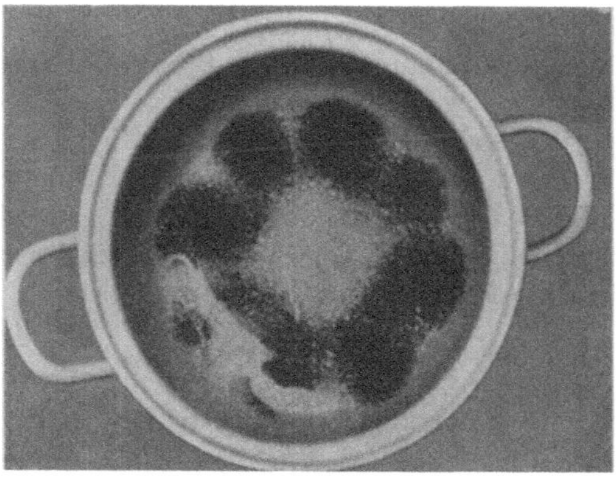

Abb. 1. Topfboden eines auf einem Gaskocher stehenden Topfes mit angebrannter Milch. Man beachte die ungleichmäßige Bräunung.

Zusammenfassend können demnach folgende grundsätzliche Vorteile der elektrischen Beheizung festgestellt werden:

keine Luftverschlechterung durch Sauerstoffverbrauch,
keine Verbrennungsrückstände,
gleichmäßige Temperaturverteilung,
gute Anpassung der Temperatur.

Während die ersten beiden Gesichtspunkte das elektrische Kochen als hygienischste und sauberste Zubereitungsart kennzeichnen, wirken sich die beiden letztgenannten auf die verschiedenen Zubereitungsprozesse günstig aus. So kann z. B. der Wasserzusatz bei allen Speisen verringert, bei jungen Gemüsen fast völlig weggelassen werden, was nicht nur eine Erhöhung der Schmackhaftigkeit, sondern auch Möglichkeiten zur Verringerung des Energieverbrauchs bringt. Der Fettzusatz kann ebenso entsprechende Einschränkung erfahren, ohne daß der Wohlgeschmack der

Speisen leidet. Das elektrische Kochen weist hiernach auch in kochtechnischer Beziehung wesentliche Vorteile auf.

Ferner gelten natürlich für die elektrischen Kochgeräte die allgemeinen technischen Vorteile der Elektrowärme: Bequeme Schalt- und Regelbarkeit, einfache Mittel zur Konstanthaltung der Temperatur, beliebige Energiekonzentration (z. B. im Tauchsieder) und gleichmäßige Energieverteilung (z. B. im Bratofen). Diese allgemeinen technischen Vorzüge werden bei der zukünftigen Entwicklung der elektrischen Kochgeräte eine ausschlaggebende Rolle spielen.

Das oft gebrauchte Wort von der „Edelwärme" hat somit sehr wohl seine Bedeutung. Bei der Elektrowärme wird der rohe Vorgang der Verbrennung gewissermaßen in das Elektrizitätswerk verlegt und dem Haushalt die Wärme in hochwertigerer Form als Elektrizität zugeführt.

2. Die Kochplatte und ihre Arbeitsweise.

a) Aufbau und Bemessung der Kochplatte.

Die Hauptbestandteile der heute üblichen elektrischen Herde sind die Kochplatten und der Bratofen.

Die Idee der elektrischen Kochplatte ist schon wesentlich älter als allgemein bekannt. Bereits 1893 waren auf der Weltausstellung in Chikago, ferner 1895 in Leipzig, 1896 in Genf und Stuttgart Kochplatten zu sehen, deren Aufbau für die Entwicklung von fast drei Jahrzehnten maßgebend geblieben ist [44]. Der eigentliche Heizkörper bestand bei diesen älteren Konstruktionen aus einem auf Mikanit oder Glimmerstreifen aufgewickelten Chromnickelband. Die Heizkörper wurden dann durch Zwischenlage von Glimmer elektrisch isoliert, durch besondere Preßplatten an die eigentliche Kochplatte (eine meist aus Blech oder Guß bestehende Scheibe) angepreßt. Der einzubauenden Heizleistung waren durch das Verhalten der verwendeten Glimmerisolation — Glimmer kalziniert bei etwa 700° — verhältnismäßig enge Grenzen gesetzt. Gebräuchlich waren Platten von 220 mm ∅ und 1 kW Anschlußwert. Die geringe Leistungsfähigkeit dieser Kochplatten (Flächenbelastung etwa 2,5 Watt/cm^2) und der meist schlechte Wirkungsgrad hatten sehr lange Kochzeiten zur Folge, so daß diese Geräte für den vollelektrischen Küchenbetrieb nicht genügten.

Man versuchte diese Nachteile durch Schaffung der sog. Glühkochplatte zu beseitigen. Hier liegt ein Wendel aus Chromnickeldraht in nach oben offenen Rillen einer keramischen Platte. Die Widerstandsspirale glüht und gibt ihre Wärme dann größtenteils durch Strahlung an den auf die Platte gesetzten Topf ab. Die Empfindlichkeit der offen liegenden Glühspirale gegen mechanische Beschädigung (gewisse Speisen, vor allem Eiweißstoffe, führen außerdem leicht zu einer Korrosion des Heizleiters), die Unmöglichkeit, die spannungsführende Spirale gegen zufällige Berührung zu schützen und schließlich der verhältnismäßig geringe Wirkungsgrad [27] lassen auch diesen Kochplattentyp für die vollelektrische Küche als nicht geeignet erscheinen.

Während der Kriegsjahre wurde dann sowohl in der Schweiz als auch in Deutschland die sog. Hochleistungsplatte entwickelt, nachdem bereits 1892 Hellberger den Weg hierfür gezeigt hatte. Der Heizleiter liegt bei diesen Platten in einer Isoliermasse (keramische oder kunststeinartige Massen, meist Magnesite) eingebettet (s. Abb. 2). Die eigentliche Kochplatte besteht aus Gußeisen oder neuerdings bei einigen Fabrikaten aus Stahl. An ihrer Unterseite sind meist besondere spiralförmige Rillen angeordnet, in denen die eingebetteten Heizleiter zwecks besserer Wärmeabgabe liegen. Nach unten wird die Isoliermasse dann durch eine Blechkappe abgedeckt, wobei durch besondere Maßnahmen, z. B. Vernickelung und Polierung der Innenseite der Kappe, die Wärmeverluste nach unten möglichst klein gehalten werden. Die Enden der Heizleiter werden an Steckerstifte geführt (s. Abb. 2) oder mit den Anschlußleitungen fest verschraubt. Die Plattenoberfläche muß, wie später noch genauer erörtert wird, auch im Dauerbetrieb möglichst eben sein. Die Art des verwendeten Isolierstoffes und die konstruktive Durchbildung der eigentlichen Kochplatte lassen eine wesentlich höhere spez. Heizleistung zu. Üblich ist eine Flächenbelastung von etwa 4,8 Watt/cm².

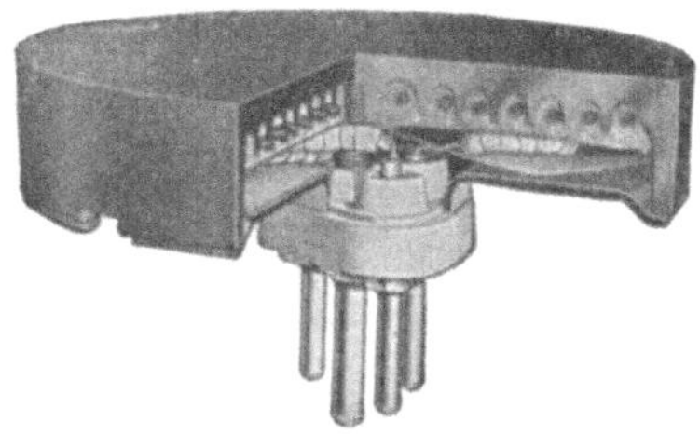

Abb. 2. Hochleistungskochplatte. Teilweise aufgeschnitten.

Jede Kochplatte bedarf einer gewissen Wärmemenge, um zunächst warm zu werden. Dieser Aufheizverbrauch hängt von der spez. Belastung, den verwendeten Materialien und der Konstruktion, vor allem aber von der Größe der Kochplatte ab. Der Anteil des Aufheizverbrauchs an dem Gesamtverbrauch zum Kochen einer Speise ist um so größer, je kleiner die Kochgutmenge ist. Dies führt zwangsläufig dazu, neben der anfänglich benutzten Platte von 220 mm ∅ auch kleinere Platten zu schaffen. Es entstanden Platten mit 180 mm ∅, denen schließlich zur Zubereitung ganz kleiner Mengen noch eine kleinere Platte mit 130—150 mm ∅ folgte. Die dazugehörenden Heizleistungen wurden so gewählt, daß bei allen Kochplatten mit annähernd gleichem Wirkungsgrad entsprechende Mengen gekocht werden können [6, 25] (s. auch S. 24).

In enger Zusammenarbeit der Vereinigung der Elektrizitätswerke und des Zentralverbandes der deutschen elektrotechnischen Industrie sind die Hauptabmessungen und Leistungen der für den Einbau in Herde bestimmten Kochplatten, einer Anregung des Rheinisch-Westfälischen Elektrizitätswerks folgend, genormt worden (DIN VDE 4910).

Durchmesser in mm . .	145	180	220
Leistung in Watt . . .	800	1200	1800

Die Heizwicklung der Kochplatten ist so gestaltet, daß auch Teilleistungen eingeschaltet werden können. In Deutschland werden im allgemeinen drei Schaltstufen verwendet[1].

stark mittel schwach

Die kleinste Stufe, die sog. Fortkochstufe, erhält meist die nachstehende Leistung.

Durchmesser in mm	145	180	220
Fortkochstufe in Watt	200	240	300

Abb. 3. Einzelkochplatte mit Regelschalter.

Die mittlere Stufe wird vor allem beim Braten von Fleisch, bei der Zubereitung von Eierspeisen usw. benötigt, während die höchste Schaltleistung stets beim Ankochen der Speisen verwendet wird. Wie später noch eingehend erörtert werden soll, sind die Leistungen und Abmessungen der Kochplatten heute so abgestimmt, daß an der Kochplattenoberfläche jeweils nur eine so hohe Temperatur erreicht wird, wie für die Durchführung eines bestimmten Zubereitungsprozesses tatsächlich nötig ist [7].

Abb. 4. Auswechseln einer Herdeinsatzplatte.

Der äußeren Ausführungsform nach unterscheidet man sog. Einzelkochplatten und Herdeinsatzplatten. Bei der Einzelkochplatte wird die eigentliche Platte mit einem besonderen Fuß ausgestattet, der zugleich den Regelschalter und den für den Anschluß der Geräteanschlußschnur nötigen Gerätestecker enthält (s. Abb. 3). Natürlich können auch zwei Kochplatten in einem Fußgestell vereinigt werden. Man erhält dann die sog. Doppelkochplatte (auch Zweiplattentischherd genannt, s. auch S. 40 u. 44). Einzelkochplatten finden vor allem als Zusatzgeräte in Küchen anderer Beheizungsart,

[1] In der Schweiz weisen die Kochplatten im allgemeinen vier Schaltstufen auf. Ob tatsächlich die Küchenpraxis alle vier Stufen erfordert, ist zweifelhaft.

ferner in Altersheimen, für berufstätige Männer und Frauen, in Untermieterwohnungen usw. Verwendung.

Bei der Herdeinsatzplatte werden die einzelnen Enden der Heizwicklungsteile an Steckerstifte geführt, die an einem, meist aus keramischem Material (Steatit) bestehenden Körper befestigt sind (s. Abb. 2). Die Platten werden dann in die, im Herdgestell befindliche, entsprechende Anschlußdose eingesetzt (s. Abb. 4). Die Abmessungen der Herdeinsatzplatten, insbesondere der Steckeranschluß, sind in Deutschland durch das Normblatt DIN VDE 4910 festgelegt (s. Abb. 5). Der mittelste Stift ist am Plattenkörper befestigt und dient zur Durchführung der Schutzmaßnahmen gegen zu hohe Berührungsspannung (Erdung, Nullung, Schutzschaltung), während an die drei anderen Stifte die einzelnen Teile der Heizwicklung so angeschlossen sind, daß in Verbindung mit dem am Herd befindlichen Regelschalter die oben gekennzeichneten Schaltstufen erreicht werden können.

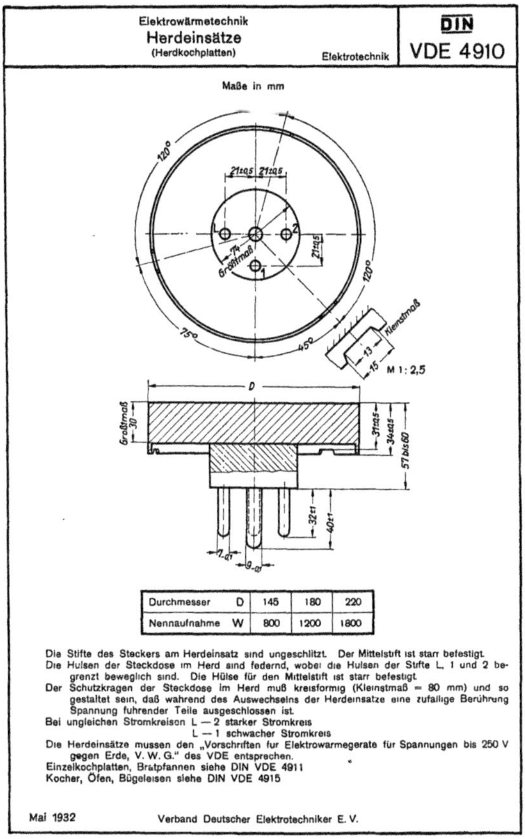
Elektrowärmetechnik
Herdeinsätze
(Herdkochplatten)
Elektrotechnik
DIN VDE 4910

Maße in mm

M 1:2,5

Durchmesser	D	145	180	220
Nennaufnahme	W	800	1200	1800

Die Stifte des Steckers am Herdeinsatz sind ungeschlitzt. Der Mittelstift ist starr befestigt.
Die Hulsen der Steckdose im Herd sind federnd, wobei die Hulsen der Stifte L, 1 und 2 begrenzt beweglich sind. Die Hülse für den Mittelstift ist starr befestigt.
Der Schutzkragen der Steckdose im Herd muß kreisformig (Kleinstmaß = 80 mm) und so gestaltet sein, daß wahrend des Auswechseins der Herdeinsatze eine zufallige Berührung Spannung fuhrender Teile ausgeschlossen ist.
Bei ungleichen Stromkreisen L — 2 starker Stromkreis
L — 1 schwacher Stromkreis
Die Herdeinsätze mussen den „Vorschriften fur Elektrowarmegerate für Spannungen bis 250 V gegen Erde, V. W. G." des VDE entsprechen.
Einzelkochplatten, Bratpfannen siehe DIN VDE 4911
Kocher, Öfen, Bügeleisen siehe DIN VDE 4915

Mai 1932 Verband Deutscher Elektrotechniker E. V.

Abb. 5. Hauptabmessungen der Herdeinsatzplatten.[1])

Vereinzelt werden zum Einbau in Herde, vor allem bei kleinen, leichten Herdkonstruktionen, auch Kochplatten mit festem Anschluß verwendet, bei denen dann der Anschluß der Kochplatte nicht durch den Steckeranschluß sondern durch Verschraubung erfolgt.

Kochplatten werden heute von der Fachindustrie in Ausführungen geliefert, die sich dem praktischen Küchenbetrieb vollauf gewachsen

[1]) Wiedergabe erfolgt mit Genehmigung des Deutschen Normenausschusses. Verbindlich ist die jeweils neueste Ausgabe des Normblattes im DIN-Format A 4, das durch den Beuth-Verlag, Berlin S 14, zu beziehen ist.

zeigen. Störungen an Kochplatten sind auf ein verschwindend geringes Maß zurückgegangen. Für die Beurteilung verschiedener Plattenkonstruktionen ist zunächst die Frage der Plattenebenheit wichtig. Man kann feststellen, daß die Platten heute mit ausreichender Ebenheit geliefert werden, die sich bei normaler Benutzung auch im Dauerbetrieb nur geringfügig ändert.

Über die Frage des Wirkungsgrades elektrischer Kochplatten wird noch ausführlich berichtet (s. S. 21).

Für die Beurteilung des Betriebes elektrischer Kochplatten ist der bereits erwähnte Aufheizverbrauch von gewisser Bedeutung, da etwa diese Arbeit aufgewendet werden muß, um die Platte betriebswarm zu machen. Allerdings kann ein Teil dieser Wärmemenge durch rechtzeitiges Um- bzw. Ausschalten der Kochplatten und durch andere Maßnahmen wieder zurückgewonnen werden.

Der Aufheizverbrauch, fälschlich meist Wärmekapazität genannt, kann durch einen einfachen Kalorimeterversuch bestimmt werden, bei welchem die bis zu einem bestimmten Wärmezustand aufgeheizte Platte in kaltes Wasser geworfen wird. Die Temperaturerhöhung des Wassers entspricht der in der Platte gespeicherten Wärmemenge.

Zur Bestimmung des Aufheizverbrauchs benutzt man vielfach auch das von Opacki ausgearbeitete sog. Verdampfungsverfahren [13]. Der auf der zuerst kalten Platte stehende Topf wird mit einem bestimmten Wasserquantum (am zweckmäßigsten ist 0,07 Liter) gefüllt, welches man verdampft. Ist dies geschehen, so wird jeweils dasselbe Wasserquantum nochmals zugefüllt, so daß der Versuch insgesamt zehnmal ausgeführt wird. Mit Hilfe eines Zählers ermittelt man den Energieverbrauch für jede Verdampfung und mit einer Stoppuhr die Verdampfungszeit. Der Versuch ergibt für die erste Verdampfung eine längere Zeit, da ja hierbei die Platte mit aufgewärmt werden muß. Je nach der Größe der Kapazität, meist nach der zweiten oder dritten Verdampfungsperiode, ergibt sich dann eine konstante Verdampfungszeit, was darauf schließen läßt, daß sich das System im Wärmeausgleichgewicht befindet. Der Aufheizverbrauch ergibt sich dann als Differenz des Gesamtaufwandes abzüglich der theoretisch aufgewendeten Arbeit, der Kapazität des Topfes und der Verdampfungsverluste. Nachstehende Zahlentafel zeigt die vom Ver-

Aufheizverbrauch (Kapazität) elektrischer Kochplatten verschiedener Fabrikate und Größen

Fabrikat	Aufheizverbrauch (Kapazität) Wh	
	18 cm ∅	22 cm ∅
A	108	141
B	128	159
C	132	244
D	114	150
E	95	138
F	88	128

fasser nach dem Verfahren von Opacki ermittelten Aufheizverbrauche verschiedener deutscher Plattenfabrikate [7].

Man kann etwa folgende Richtwerte feststellen:

14,5 cm-Platte ∅ : 75 Wh
18 „ „ ∅ : 115 „
22 „ „ ∅ : 150 „

Über die Bedeutung der Speicherfähigkeit der Kochplatte für den gesamten Kochprozeß s. S. 26 u. 30.

Maßgebend für die Beurteilung verschiedener Kochplattenfabrikate ist schließlich die Güte der elektrischen Isolation der Kochplatten. Die Art der verwendeten Isoliermassen bringt es mit sich, daß der Isolationswiderstand der meisten Kochplatten mit zunehmender Temperatur sinkt. Auch erwiesen sich früher verwendete Massen als ziemlich stark hygroskopisch. Infolge des erwähnten negativen Temperaturkoeffizienten der verwendeten Isoliermassen hängt der Isolationswiderstand natürlich in ziemlich hohem Maß von der Art der Kochplattenbenutzung ab. Bei der nachstehenden Erörterung seien zwei Betriebsfälle unterschieden: einmal der normale Betriebsfall, wobei auf der Kochplatte ein Topf mit siedendem Wasser steht, und dann der Betrieb einer Kochplatte ohne Topf (trockengehend).

Bei der Messung der Isolationswiderstände, bzw. der Ableitströme sind gewisse Vorsichtsmaßregeln nötig, um einwandfreie Ergebnisse zu erzielen. Es ist zweckmäßig, den Meßkreis vom Heizkreis durch einen Isoliertransformator zu trennen und durch Zwischenschalten eines Spannungsteilers möglichst vom elektrischen Nullpunkt der Kochplattenheizwicklung abzuzweigen. Aus der Messung der Ableitströme läßt sich der Isolationswiderstand der Kochplatten bestimmen. Für gute Kochplatten ergeben sich dann beim Betrieb mit Nennspannung die in nachstehender Zahlentafel aufgeführten Isolationswerte [7].

Isolationswiderstand von Kochplatten 18 cm ∅, 1200 Watt.

Betriebszustand	Isolationswiderstand bei Nennspannung
Topf mit siedendem Wasser auf Kochplatte . . .	10^6 bis $7 \cdot 10^6$
Kochplatte ohne Topf (trockengehend)	$5 \cdot 10^5$ bis $5 \cdot 10^6$

Es ist verständlich, daß der Isolationswert sinken muß, wenn die Platte mit Überspannung betrieben wird, da ja, der größeren Leistung entsprechend, auch die Temperaturen des Heizleiters und der Isolationsmasse steigen. Man erkennt aus Abb. 6, daß auch bei 5%iger Überspannung gute Fabrikate noch durchaus genügende Isolationswerte erreichen; erst bei weiterer Steigerung der Spannung und bei Betrieb der Kochplatte ohne Topf (trockengehend) sinken die Isolationswerte bei einigen Fabrikaten verhältnismäßig stark (Abb. 7). Man kann hiernach feststellen, daß die Kochplatten guter Fabrikate bei normalem Betrieb durchaus befriedigende Isolationswerte aufweisen. Irgendwelche nachteiligen Wirkungen zu großer Ableitströme auf das Bedienungspersonal können leicht durch bekannte Schutzmaßnahmen verhindert werden.

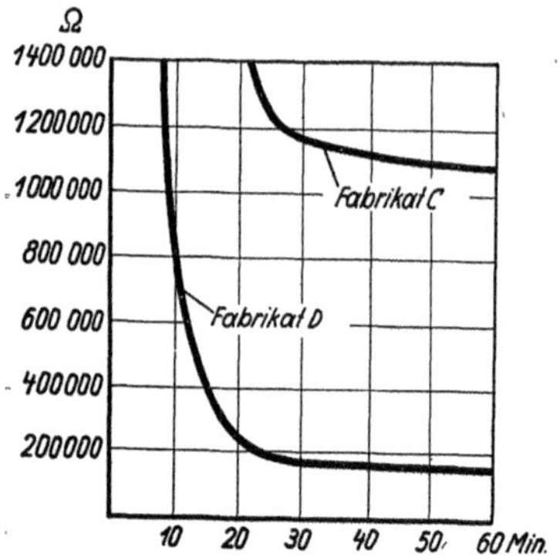

Abb. 6. Isolationswiderstand von Kochplatten (18 cm ∅, 1200 Watt), trockengehend bei 5 % Überspannung in Abhängigkeit von der Zeit.

b) Wärmeübertragung auf Topf- und Kochgut.

Wie bereits erwähnt, unterscheidet sich die Art der Wärmeerzeugung beim elektrischen Kochen von anderen Beheizungsarten grundsätzlich dadurch, daß keinerlei offene Flamme auftritt. Diese Eigenart ist natürlich nicht ohne Einfluß auf die Wärmeübertragung zwischen dem eigentlichen Wärmeerzeuger und dem Topf bzw. Kochgut. Beim Gaskochen und dem offenen Holz- oder Kohlenfeuer umspülen die heißen Verbrennungsgase (etwa 1200—1500°) den Topfboden. Der weitaus größte Teil der Wärme wird hierbei durch Strahlung und Konvektion auf den Topf übertragen. Beim Kochen auf elektrischen Kochplatten dagegen spielt sich der ganze Vorgang bei wesentlich niedrigeren Temperaturen ab. Diese geringen Temperaturunterschiede zwischen Topfboden und Kochplattenoberfläche weisen darauf hin, daß eine Wärmeübertragung durch Strahlung nur von geringer Bedeutung sein kann. Da außerdem der Anteil der Konvektion wegen des Wegfalls der offenen Flamme wesentlich geringer ist, entfällt beim elektrischen Kochen der Hauptanteil auf die Wärmeleitung.

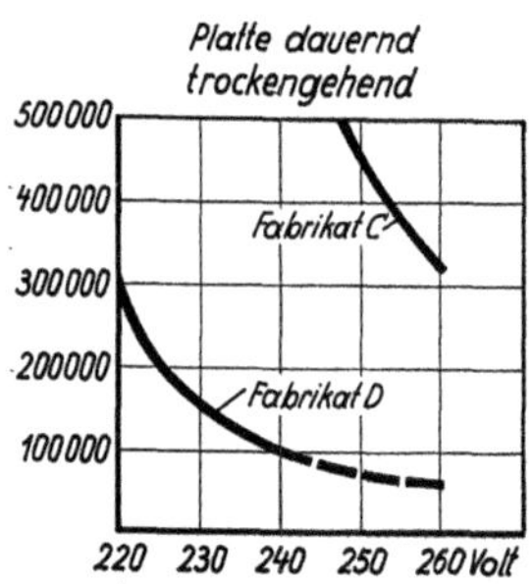

Abb. 7. Isolationswiderstand von Kochplatten (18 cm ∅, 1020 Watt), dauernd trockengehend betrieben, in Abhängigkeit von der Spannung.

Wenn aber größere Wärmemengen verhältnismäßig niedriger Temperatur durch Leitung übertragen werden sollen, dann sind möglichst große metallische Querschnitte nötig, d. h. Topf und Kochplatte müssen sich großflächig berühren. Dies wird am zweckmäßigsten dadurch erreicht, daß die Kochplattenoberfläche und der Topfboden völlig eben sind. Sie dürfen diese Eigenschaft auch im Dauerbetrieb nicht verlieren.

Das Plandrehen der Topfböden und Kochplattenoberflächen kann nun aber selbstverständlich theoretisch niemals vollkommen sein [5].

Es liegen vielmehr, genau genommen, zwei mehr oder weniger gekrümmte Flächen aufeinander, die sich an einigen Stellen metallisch berühren. Die Wärmeübertragung wird dann stattfinden

1. durch die dünne, zwischen den Auflagestellen bestehende Luftschicht hindurch,
2. durch direkte metallische Leitung an einigen Kontaktstellen.

Es ist der Verdienst des Schweizers Seehaus [18], in diese überaus schwierigen und unübersichtlichen Verhältnisse einige Klärung gebracht zu haben. Er hat versucht, unter bestimmten vereinfachenden Annahmen die Wärmeübertragungsverhältnisse mathematisch zu behandeln. Seine theoretischen Untersuchungen stimmen mit den praktischen befriedigend überein. Seehaus glaubt nach seinen Berechnungen annehmen zu können, daß etwa 80% der Wärmemenge durch metallische Leitung übergehen, etwa 20% aber achsial durch die dünnen Luftschichten, weniger durch Strahlung als durch Leitung, während der eigentliche Strahlungsanteil nur einen verschwindend geringen Einfluß hat. Wenn man sich vorstellt, daß die Luftschicht gewissermaßen einen zu überwindenden Widerstand und jede metallische Berührung einen Wärmestromkurzschluß darstellt, wird es verständlich, daß dann sowohl innerhalb der Kochplattenoberfläche als auch innerhalb des Topfbodens radiale Wärmeströmung stattfindet (s. Abb. 8), die gewisse Temperaturunterschiede in der Kochplatte und dem Topfboden zur Folge haben muß. Während diese bei Töpfen mit genügend dickem Boden und guter Wärmeleitfähigkeit des Topfmaterials klein sind, nehmen sie an der Kochplattenoberfläche unter Umständen erhebliche Werte an. Es ist hiernach auch klar, daß es für die Art der Wärmeübertragung und damit in gewisser Beziehung für den Wirkungsgrad nicht gleich ist, an welchen Stellen der Kochplatte die metallischen Kontaktstellen liegen, und welche Größe die Auflagestellen aufweisen. Die Verhältnisse müssen sich am ungünstigsten gestalten, wenn die Kontaktflächen sich in der Mitte der Platte konzentrieren, also z. B. bei Aufsetzen eines Topfes mit nach außen durchgebogenem Boden.

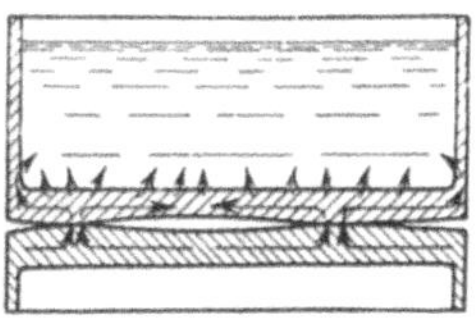

Abb. 8. Schematische Darstellung der Wärmeübertragung von Kochplatte auf Topfboden (nach Seehaus).

Seehaus hat aus diesen Feststellungen mit Recht weiter den Schluß gezogen, daß bei allen Untersuchungen über die Übertragungsverhältnisse, den Wirkungsgrad usw. bestimmte Voraussetzungen erfüllt sein müssen, wenn die Messungen einigermaßen vergleichbare Werte liefern sollen. Genau genommen werden sich natürlich stets kleine Unterschiede ergeben, da ja die nach der Lage der Auflagestelle verschieden großen Temperaturunterschiede der Kochplatte verschieden starke mechanische

Druck- und Zugbeanspruchungen auslösen, die unter Umständen sogar während des Versuchs zu kleinen Deformationen führen und somit das Meßergebnis beeinflussen können.

Für die Praxis des elektrischen Kochens ist nun von Wichtigkeit, welche Temperaturen an der Kochplattenoberfläche bei verschiedener Benutzung der Kochplatte auftreten, und welchen Einfluß diese Temperaturen auf den Kochvorgang ausüben. Zu diesem Zweck wurden vom Verfasser im Laboratorium der VDEW umfangreiche Untersuchungen angestellt [7]. Wenn auch die erzielten Meßergebnisse, unter Berücksichtigung des oben gesagten, zahlenmäßig genau natürlich nur für bestimmte Versuchsverhältnisse zutreffen, so geben sie doch größenordnungsmäßig ein zutreffendes Bild der tatsächlichen Verhältnisse.

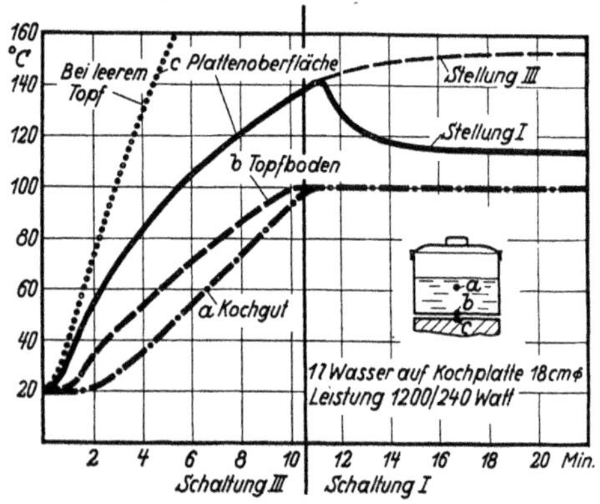

Abb. 9. Temperaturverlauf von Kochplattenoberfläche, Topfboden und Kochgut bei verschiedener Benutzung der Kochplatte.

Die Versuche wurden mit einer Kochplatte von 180 mm ∅ und 1200 Watt Anschlußwert durchgeführt. Die Temperaturen wurden durch Thermoelemente im Kochgut, auf der Innenseite des Topfbodens und zwischen Topf und Plattenoberfläche gemessen (s. Abb. 9). Für die Messung zwischen Topfboden und Plattenoberfläche wurde in den Topfboden eine kleine Nut zur Aufnahme des Thermoelements eingefräst. Zur Kontrolle bohrte man ferner die Kochplattenoberfäche an und maß auch dort die Temperaturen. Um zunächst die Grenzwerte zu bestimmen, wurde auf die Platte ein leerer Topf gesetzt und die volle Leistung eingeschaltet. Die Temperatur an der Kochplattenoberfläche steigt rasch an und erreicht schließlich nach etwa 1 h einen Grenzwert von etwa 500° C. Ganz anders ist jedoch das Verhalten, wenn der Topf mit Wasser oder Kochgut gefüllt ist. Die Temperatur am Topfboden steigt dann, ähnlich wie die Temperatur im Kochgut, stetig an und liegt etwa 10—15° C über dieser. Die Temperatur an der Plattenoberfläche steigt ebenfalls jetzt wesentlich langsamer und kommt, auch wenn die Platte nach Erreichen des Siedepunktes auf Stellung 3 belassen wird, nur auf eine Grenztemperatur von etwa 160° C. Wird dagegen bei Erreichen des Siedepunktes auf Stellung 1 umgeschaltet, so sinkt die Oberflächentemperatur nach kurzer Zeit auf einen konstanten Wert von etwa 115° C, d. h. das Temperaturgefälle zwischen Plattenoberfläche und Topfboden beträgt etwa 15° C. Die Temperatur der Plattenoberfläche paßt sich demnach ohne Verwendung irgendwelcher selbsttätiger Regler, lediglich mit der üblichen Schaltung von Hand, dem Kochvorgang aufs beste an. Die höchste auftretende Temperatur der Plattenoberfläche beträgt hierbei etwa 140° C, wird aber nur während etwa 1 min erreicht.

Auch bei der Zubereitung verschiedener Speisen wurde stets ein ähnlicher Verlauf festgestellt.

Ferner wurden die Temperaturverhältnisse beim Braten von Fleisch in einer Pfanne auf der Kochplatte untersucht (Abb. 10). Zunächst wurde der Versuch von kalter Platte ausgehend durchgeführt [7]. Man erkennt,

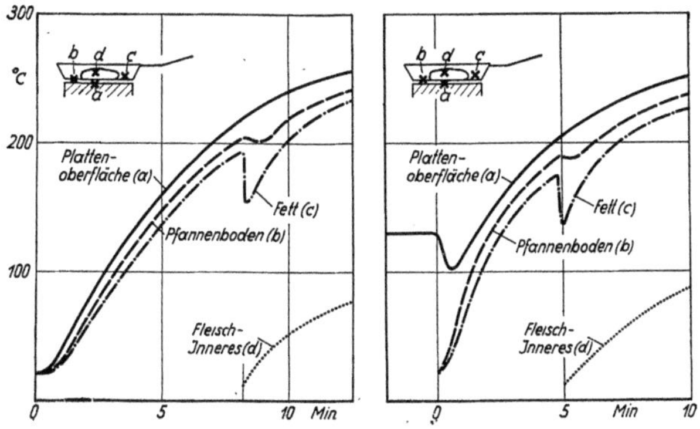

Abb. 10. Temperaturverlauf beim Braten von Schnitzeln auf Kochplatte (180 mm ∅, 1200 Watt), links ausgehend von kalter Platte, rechts anschließend an das Kochen von Gemüse.

daß die Temperaturen von Plattenoberfläche, Pfannenboden und Fett gleichmäßig ansteigen. Nachdem das Fett eine Temperatur von 180° C erreicht hatte, wurde das Fleisch (Schnitzel) eingebracht. Die Temperatur des Fettes sinkt zunächst ab, um dann wieder gleichmäßig anzusteigen. Das Fleisch ist gar, wenn es eine Temperatur von etwa 75° C erreicht hat. Die Temperatur an der Kochplattenoberfläche betrug dabei etwa 250° C. In den meisten Fällen wird aber das Braten von Fleisch in der Pfanne im Anschluß an eine Kocharbeit vorgenommen werden. Deshalb wurde auch dieser Betriebsfall untersucht. Auch hier treten außergewöhnlich hohe Temperaturen nicht auf.

Es gelang somit der meßtechnische Beweis, daß sich die Betriebstemperaturen der Kochplatte aufs beste den jeweiligen Zubereitungsvorgängen anpassen, was natürlich auf die gesamte Kochtechnik nicht ohne Einfluß ist, wie noch genauer gezeigt wird (s. S. 25).

c) Einfluß der Kochgeschirre auf den Kochvorgang.

Einfluß des Topfdurchmessers. Bei der elektrischen Kochplatte ist die wärmeabgebende Fläche räumlich genau begrenzt. Die besten Wärmeverhältnisse und damit der geringste Energieaufwand werden erzielt, wenn der Topf- und Plattendurchmesser übereinstimmen. Es ist ferner zu erwarten, daß die Verwendung eines zu großen Topfes die Verhältnisse weniger ungünstig beeinflußt als ein zu kleiner Topf, da ja dann ein Teil der Kochplattenoberfläche frei an den Raum Wärme abstrahlt. Aus den oben erörterten Wärmeübertragungsverhältnissen geht aber hervor, daß dieser Mehrverbrauch auch im letzten Falle nicht so groß sein wird, wie zunächst angenommen werden müßte, da durch die überwiegende Wärmeleitung dann ein großer Teil der von der überstehenden Kochplattenfläche erzeugten Wärme durch eine Querströmung innerhalb der Platte dem Topfboden zugeleitet wird. Aus Abb. 11a und b geht hervor, daß Abweichungen des Topfbodendurchmessers von

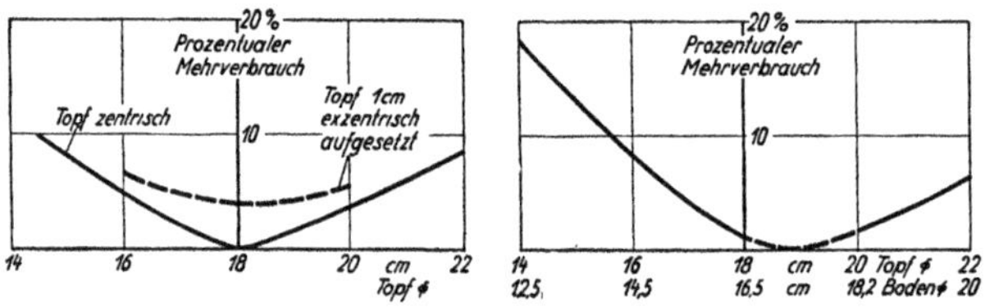

Abb. 11. Mehrverbrauch beim Ankochen einer bestimmten Wassermenge in Töpfen verschiedenen Durchmessers auf einer elektrischen Kochplatte (18 cm ∅, 1200 Watt);

a) bei Aluminiumtöpfen mit scharfer Bodenkante, b) bei Stahltöpfen mit abgerundeter Bodenkante.

dem Plattendurchmesser in der Größenordnung von 1—2 cm nur einen Mehrverbrauch von 3—5% bewirken [6], [10]. Der Unterschied wird sogar noch geringer, wenn berücksichtigt wird, daß der Topf in der Praxis von der Hausfrau häufig ja nicht genau zentrisch auf die Kochplatte, sondern um 1—2 cm aus der Mitte verschoben, aufgesetzt wird. Man kann hiernach feststellen, daß die Verwendung von etwas größeren Töpfen in der Praxis auf den Stromverbrauch keinen nennenswerten Einfluß ausübt.

Einfluß der Bodenbeschaffenheit. Von ausschlaggebender Bedeutung ist aber nach dem obengesagten (s. S. 10) der Zustand des Topfbodens. Die Eigenart der Wärmeübertragung bei elektrischen Kochplatten bedingt, daß der Topfboden möglichst eben auf der Kochplatte aufsitzt. Er soll diese Eigenschaft auch nach längerem Gebauch nicht verlieren. Über den Einfluß der Topfbodenbeschaffenheit auf den Energieverbrauch wurden vom Verfasser eingehende Untersuchungen angestellt [9]. Bei den üblichen Topffabrikaten sind, wenn man von ganz dünnwandigem Aluminium, das sich leicht verbeult, absieht, willkürliche Bodenverwerfungen kaum feststellbar. Es handelt sich vielmehr fast ausnahmslos um eine einfache Durchbiegung des Topfbodens nach innen oder außen, so daß dann das Bodenprofil eine Kugelkalotte darstellt. Zur Kennzeichnung der Verschiedenheit genügt die Angabe der verhältnismäßig einfach meßbaren Höhe der Kugelkalotte. Um die konvexen und konkaven Durchbiegungen der Topfböden einwandfrei zu kennzeichnen, erweist sich als zweckmäßig, grundsätzlich die konkave Durchbiegung als negative, die konvexe Durchbiegung als positive zu bezeichnen (s. Abb. 13). Diese Bezeichnungsart wurde so gewählt, weil eine konvexe Durchbiegung eine Vergrößerung des Topfinhaltes bewirkt. Zur Untersuchung wurden Aluminiumtöpfe (DIN Norm 6002), Ausführung II (Wand- undBodenstärke 1,5 mm mit 180 mm ∅), benutzt. Die benutzte Kochplatte (180 mm ∅, 1200 Watt) war praktisch eben. Die Töpfe mit verschieden stark verbogenem Boden wurden jeweils mit 2,5 Liter Wasser von 20° C gefüllt, dieses wurde bis auf 95° C erwärmt und der Stromverbrauch bestimmt.

Abb. 12. Sphärometer zur Bestimmung der Topfbodendurchbiegung.

Die verschieden starke Durchbiegung der Topfböden im positiven und negativen Sinne wurde auf einer Drückbank künstlich hergestellt.

Zur Bestimmung der Durchbiegung wurde ein nach Angaben von Dr. Hans Jung, Frankfurt a. M., gebautes Sphärometer (Abb. 12) verwendet, das nach dem Fühlhebelprinzip arbeitet. Die Nullstellung des Sphärometers wird zunächst auf einer Richtplatte festgelegt. Der Abstand der drei Festpunkte läßt sich je nach dem Topfdurchmesser verändern. Er wurde hier jeweils so gewählt, daß die Festpunkte etwa 0,5 cm vom äußeren Topfrand entfernt stehen. Um eine Beeinflussung des Meßergebnisses durch zufällige Unebenheiten am Plattenrand zu vermeiden, wird die Messung mehrmals vorgenommen, wobei das Sphärometer jeweils um 30° gedreht wird. Wenn auch die Messung mittels Sphärometers nur bei einfacher Durchbiegung richtige Ergebnisse bringt, hat es doch gegenüber der Meßuhr den großen Vorteil der einfachen und vor allem schnellen Anwendungsmöglichkeit. Das Sphärometer gestattet, Höhenunterschiede bis zu $^1/_{100}$ mm einwandfrei und bis zu $^1/_{1000}$ mm schätzungsweise abzulesen.

Abb. 13 zeigt die Versuchsergebnisse. Bereits bei verhältnismäßig geringer Durchbiegung steigt der Energieverbrauch wesentlich an und zwar in höherem Maße bei einer Durchbiegung des Topfbodens nach außen, was auch nach dem bisher Gesagten ganz verständlich ist. Töpfe mit verbogenen Böden bewirken nicht nur eine Erhöhung des Stromverbrauchs, sondern auch eine wesentliche Verlängerung der Ankochzeiten, wie Abb. 14 zeigt.

Ähnliche Untersuchungen über die Abhängigkeit des Anheizwirkungsgrades von der Luftschicht zwischen Platte und Topf sind auch von Lauster [5] mit ähnlichen Ergebnissen angestellt worden.

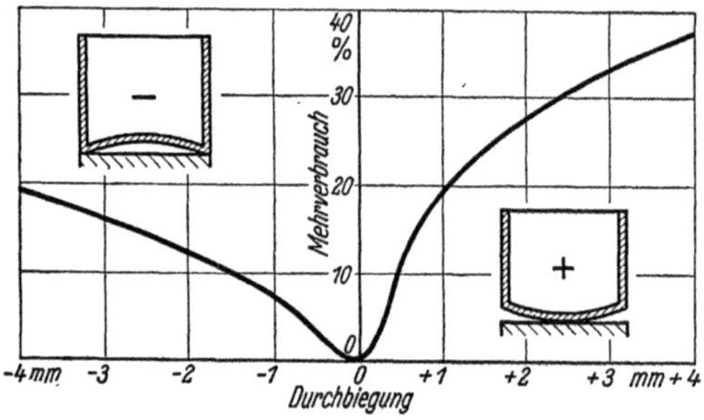

Abb. 13. Mehrverbrauch beim Ankochen in Abhängigkeit von der Topfbodendurchbiegung.

Einfluß von Topfmaterial und Farbe. Als Materialien für Kochgeschirre stehen im allgemeinen Eisen, Stahl und Aluminium zur Verfügung. Einen gewissen Einfluß übt zunächst die Wärmeleitfähigkeit des Materials aus. Geringe Wärmeleitfähigkeit (z. B. bei Gußeisen oder Stahl im Vergleich zu Aluminium) bewirkt natürlich eine gewisse Erhöhung der Plattentemperatur und damit eine, allerdings geringe Erhöhung der Wärmeverluste, was sich vor allem beim Kochen (niedrige Kochguttemperatur) weniger beim Braten und Schmoren auswirkt [18]. Ferner spielt das spez. Gewicht des Materials eine gewisse Rolle hinsichtlich des Wärmespeichervermögens. Eine Vergleichmäßigung der Kapazität der einzelnen Topffabrikate wird zwar dadurch erreicht, daß die schweren Eisentöpfe eine verhältnismäßig geringe spez. Wärme aufweisen, während bei den leichteren Aluminiumtöpfen die höhere spez. Wärme dies wieder ausgleicht. Immerhin ergeben sich gewisse Unterschiede. Bei der Erwärmung von 2,5 Liter Wasser bedingt der Kapazitätsunterschied der Aluminiumtöpfe mit starkem Boden gegenüber Stahl- und Gußeisentöpfen etwa 3% Mehrverbrauch. Einen verschwindend geringen Einfluß auf den Energieverbrauch übt dagegen die Topffarbe aus. Bei Erwärmung von 2,5 Liter Wasser in einem Aluminiumtopf zunächst mit blanker und dann mit mattschwarz lackierter Wandoberfläche betrug der Mehrverbrauch im letzten Falle etwa 2%.

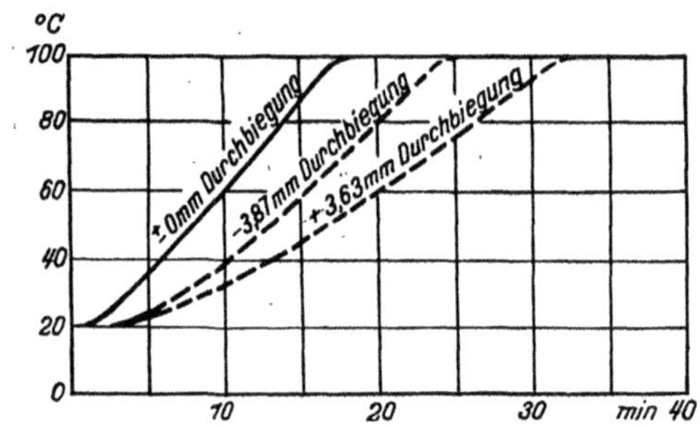

Abb. 14. Abhängigkeit der Ankochzeit von der Topfbodendurchbiegung.

Spezialgeschirre für elektrisches Kochen. Es ist nunmehr zu untersuchen, welche Kochgeschirrsorten den oben gestellten Forderungen genügen. Vor allem ist das Verhalten des Topfbodens bei verschiedener Beanspruchung der Töpfe festzustellen.

Man kann nun in der Praxis des Kochens grundsätzlich drei Betriebsfälle unterscheiden. Bei dem eigentlichen Kochen nimmt das Kochgut — und auch der Topf — Temperaturen an, die 100° C kaum überschreiten. Beim Braten kann das Öl oder Fett unter Umständen Temperaturen von 200° C erreichen. Als dritter Betriebsfall muß das Trockengehen des Topfes angesehen werden.

Der Untersuchung des Topfbodens bei verschiedenen Beanspruchungen wurden deshalb auch grundsätzlich diese drei Betriebsarten zugrunde gelegt, indem

1. in dem Topf Wasser zum Sieden gebracht,
2. Öl bis auf etwa 200—240° C erhitzt und
3. der Topf trocken auf die Platte gestellt wurde.

Nachdem am Topfboden ein Thermoelement zur Bestimmung der Topftemperatur befestigt war, wurde der mit Öl bzw. Wasser gefüllte Topf auf die Platte gesetzt und erwärmt [9]. Um die Abhängigkeit der Durchbiegung von der jeweiligen Temperatur des Topfes feststellen zu können, wurde bei verschiedenen Temperaturen die Erwärmung unterbrochen, das Kochgut ausgeschüttet und sofort mit Hilfe des Sphärometers die Durchbiegung bestimmt. Da auch während der Messung der Durchbiegung das Thermoelement am Topf befestigt blieb, konnten jeweils die genau zusammengehörenden Punkte ermittelt werden. Nach Erreichen der jeweiligen Endtemperaturen (100° bzw. 250° oder 350° C) kühlte dann der Topf, umgekehrt stehend, aus, wobei wieder Durchbiegung und Temperatur des Topfes gemessen wurden. Geht die Durchbiegung, auch nach mehrmaligen Versuchen, wieder auf den ursprünglichen Wert zurück, so kann als erwiesen angesehen werden, daß es sich nur um eine vorübergehende Durchbiegung handelt.

Eine Verwendung der handelsüblichen Emailletöpfe (Blechtöpfe) scheidet von vornherein für das elektrische Kochen aus, da ihre Fabrikation einen ebenen Boden meist ausschließt und die beiderseitige starke Emaillierung die Wärmeübertragung hindert. Ein Strommehrverbrauch von etwa 20—25% ist häufig feststellbar.

Viel verbreitet sind dünnwandige Aluminiumtöpfe (DIN 6002 ff., Ausführung I—III). Bei fabrikneuen Töpfen mit ebenem Boden zeigt sich zunächst beim Erwärmen von Wasser ein sehr geringer Stromverbrauch, da diese Töpfe bei weitem die geringste Kapazität aufweisen. Eine fortlaufende Kontrolle der Topfbodenbeschaffenheit zeigt aber, daß die guten Eigenschaften bald verloren gehen. Bereits bei einer Erwärmung auf 100° C mit Wasserfüllung zeigen die Töpfe eine, wenn auch nur geringe, bleibende Bodenveränderung, die beim Trockengehen so stark wird, daß der Topfboden schon nach einmaligem Trockengehen völlig verbogen ist (Abb. 15). Noch stärker tritt diese Erscheinung bei dünnwandigen Aluminiumtöpfen (0,7 mm Wandstärke) auf. Hier bewirkt bereits eine Erwärmung des Topfes mit Wasserfüllung bis auf 100° C eine starke bleibende Durchbiegung des Topfbodens, die sich mit jedem Kochen verstärkt, ein Beweis dafür, daß derartige Töpfe für das elektrische Kochen absolut ungeeignet sind. Die starke Durchbiegung der dünnwandigen Topfböden ist auch leicht erklärlich, wenn man unter Berücksichtigung der Untersuchungen von Seehaus [18] bedenkt, daß bei gleichgroßem radialen Wärmefluß im Topfboden die Temperaturunterschiede um so größer sein müssen, je geringer die Materialstärke ist. Die größeren Temperaturunterschiede entsprechen dann aber stärkeren Druck- und Zugbeanspruchungen im Topfboden, die beim Trockengehen erhebliche Werte annehmen. Das dünnwandige Material kann dieser Beanspruchung keine genügende mechanische Festigkeit entgegensetzen.

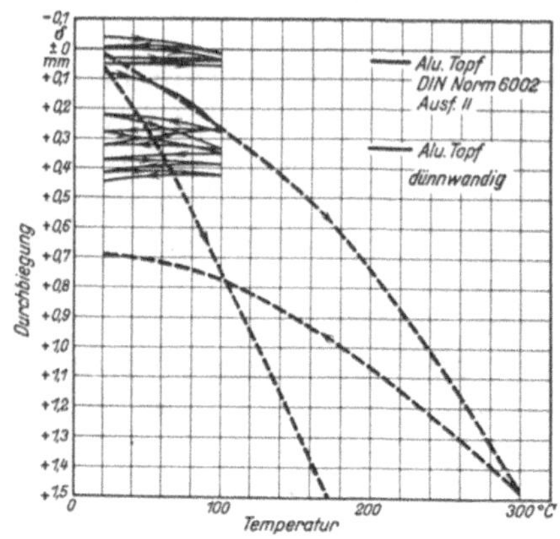

Abb. 15. Abhängigkeit der Topfbodendurchbiegung gewöhnlicher Aluminiumtöpfe von der Temperatur.

Abb. 16. Spezialgeschirre für elektrisches Kochen. a) Aluminium, b) Stahl, c) Gußeisen.

Die Fachindustrie hat nun Spezialgeschirre für das elektrische Kochen entwickelt, die den zu stellenden Anforderungen voll gewachsen sind (s. Abb. 16). In Frage kommen:

1. Aluminiumtöpfe mit starkem, ebenem Boden,
2. Stahltöpfe, meist außen inoxydiert, innen emailliert,
3. Gußeisentöpfe mit abgeschliffenem Boden, innen und außen inoxydiert oder emailliert.

Die Bodenstärke der meist aus einem Stück gezogenen Aluminiumtöpfe (s. Abb. 17) beträgt gewöhnlich 8 mm. Bei den Stahltöpfen weist der Boden im kalten Zustand grundsätzlich eine Durchbiegung nach innen auf. Wand- und Bodenstärke beträgt etwa 3,5 mm. Bei den Gußeisentöpfen sind Bodenstärken von etwa 4—5 mm üblich.

Wie Abb. 18a zeigt, ergeben sich bei derartigen Spezialaluminiumtöpfen selbst bei wiederholtem Trockengehen (Erwärmung auf 350° C) weder vorübergehende noch bleibende meßbare Verbiegungen. Die Töpfe sind also bestens geeignet.

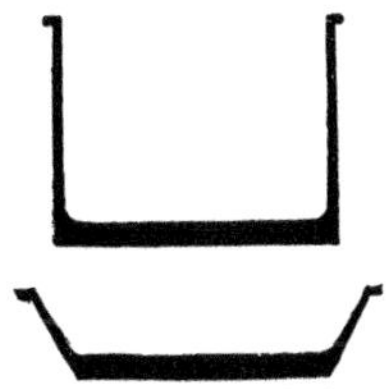

Abb. 17. Querschnitt durch Spezial-Aluminiumtöpfe.

Das Untersuchungsergebnis der Stahltöpfe zeigt Abb. 18b. Die im kalten Zustand vorhandene negative Durchbiegung soll sich bei Erwärmung des Topfes so ausgleichen, daß der Topf schließlich eben aufsitzt. Tatsächlich ist bei Wasserfüllung und Erwärmung bis auf 100°C eine Verringerung der Durchbiegung feststellbar. Die Durchbiegung erreicht

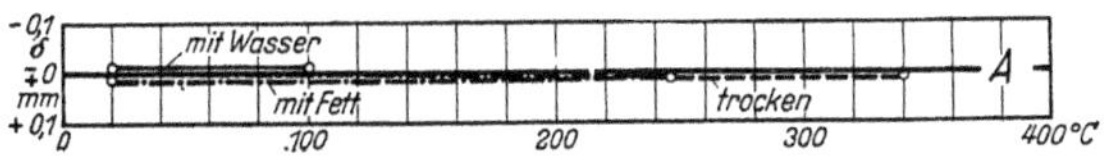

a) Spezialaluminiumgeschirre.

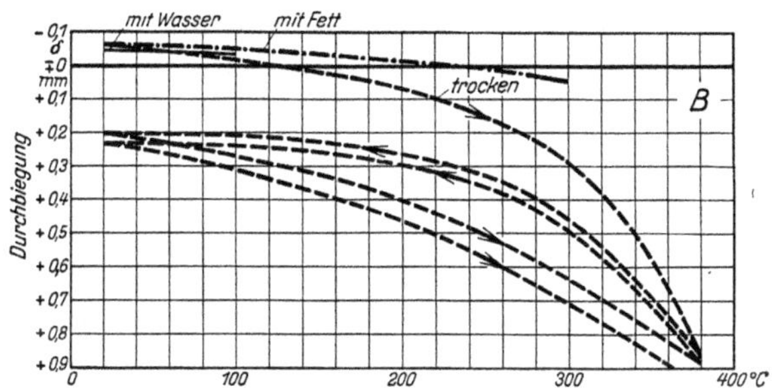

b) Silitstahlgeschirre.

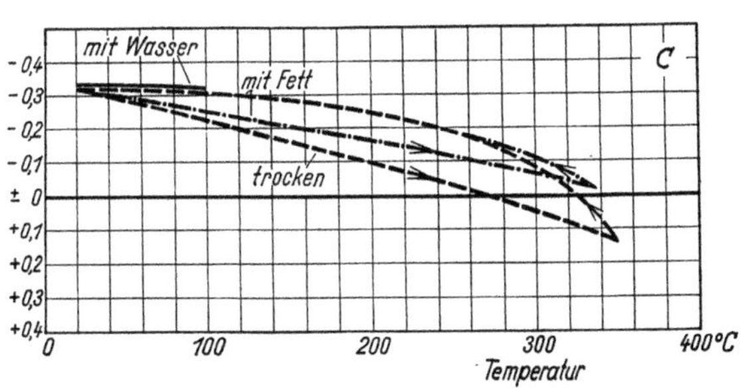

c) Gußeisengeschirre.

Abb. 18. Abhängigkeit der Topfbodendurchbiegung von der Topfbenutzung.

jedoch den Wert Null erst bei etwa 200°C. Eine bleibende Formveränderung des Topfes ist auch bei Fettfüllung nicht erkennbar. Beim Trockengehen dagegen (Erwärmung bis auf 350° C) stellt sich eine starke positive Durchbiegung ein. Sie verringert sich zwar nach Abkühlung, jedoch bleibt eine wesentliche Formänderung zurück. Bei Wiederholung der Versuche nimmt die positive Durchbiegung dauernd zu. Bei diesen Töpfen muß deshalb Trockengehen oder ähnliche Beanspruchungen vermieden werden. Der erhebliche Unterschied, der zwischen einer Erwärmung bis 240° C bei Fettfüllung und derselben Erwärmung bei leerem Topf beobachtet wurde, erklärt sich daraus, daß bei leerem Topf die temperaturausgleichende Wirkung des Wassers oder Öles fortfällt. Trotz dieser Einschränkung sind die Stahltöpfe für den normalen Haushaltbetrieb als durchaus geeignet anzusprechen.

Auch Gußeisentöpfe erweisen sich als gut verwendbar. Wie aus Abb. 18c hervorgeht, ergeben sich zwar beim Trockengehen größere Durchbiegungen, die aber nach Erkalten wieder verschwinden. Gußtöpfe werden besonders gern als sog. Schmortöpfe zum Braten von Fleisch verwendet.

Bei den Untersuchungen wurden auch Messungen über die an den Topfgriffen auftretenden Temperaturen angestellt. Bei Töpfen mit siedendem Wasser nehmen Griffe aus besonderem Kaltmetall (meist Nickeleisenlegierungen), sowie holzumgebene Griffe Temperaturen um 40° C an. Am ungünstigsten verhalten sich angegossene Griffe. Hier werden zuweilen 80° C erreicht.

Zusammenfassend ist hiernach folgendes hinsichtlich der Verwendbarkeit der verschiedenen Geschirrsorten festzustellen.

Emailletöpfe sind wegen der unebenen Bodenbeschaffenheit und der isolierenden Wirkung des Emaillebelages für das elektrische Kochen ungeeignet.

Dünnwandige Aluminiumtöpfe weisen zwar im fabrikneuen Zustand günstige Verhältnisse auf, sind jedoch wegen der schon in kürzester Zeit auftretenden starken Durchbiegungen für das elektrische Kochen nicht verwendbar.

Ausgezeichnet bewähren sich Spezialkochgeschirre aus Aluminium mit starkem, ebenem Boden.

Auch Stahl- und Gußeisengeschirr ist geeignet. Der teils wegen der vorhandenen Vorbiegung, teils wegen der geringen Wärmeleitfähigkeit eintretende Mehrverbrauch ist unbedeutend und wird durch die wesentlich niedrigeren Anschaffungskosten ausgeglichen, wie nachstehende Darstellung zeigt.

Art des Geschirrs:	Spezialaluminium	Stahl	Gußeisen
Anschaffungskosten	100%	55%	35%

Nach alledem ist unbedingt eine Verwendung der oben gekennzeichneten Elektrogeschirre anzustreben, wenn die Hausfrau einen möglichst geringen Stromverbrauch und kurze Ankochzeiten erreichen will.

Eine große Anzahl verschiedenster Fabrikate ist heute in allen benötigten Formen auf dem Markt. Erfreulicherweise sind auch die Anschaffungspreise derartiger Töpfe in den letzten Jahren wesentlich zurückgegangen. Die geringe Ausgabe macht sich bald bezahlt, zumal derartige stabile Geschirre durch ihre lange Haltbarkeit und ihr immer sauberes Aussehen bei allen Hausfrauen überaus beliebt sind.

Es ist für die Beurteilung der ganzen Frage nicht ohne Interesse, daß für das Kochen auf dem Kohleherd bisher kein Mensch irgendwelche Forderungen nach Töpfen mit ebenen Böden erhoben hat, obwohl dies hier genau so berechtigt wäre. Da eine zahlenmäßige Erfassung des Wärmeaufwandes beim Kohlenherd aber viel schwerer möglich ist und dieser sowieso mit einem derartig geringen thermischen Wirkungsgrad arbeitet, hat man bisher diesen Fragen keine Bedeutung beigemessen. Erst die leichte Meßbarkeit der elektrischen Energie hat die Aufmerksamkeit auf diese für den Wärmehaushalt nicht unbedeutende Frage hingelenkt.

d) Der Wirkungsgrad der Kochplatte.

Die bisher gewonnenen Erkenntnisse lassen auch die Frage des Wirkungsgrades des elektrischen Kochens in einem anderen Licht erscheinen. Es sei vorweggenommen, daß man alle derartigen Wirkungsgradangaben nur mit größter Vorsicht aufnehmen darf. Was heißt denn eigentlich „Wirkungsgrad" beim Kochen? Man definiert im allgemeinen den Wirkungsgrad als das Verhältnis der Nutzarbeit zur aufgewendeten Arbeit. Von einer Nutzarbeit kann beim Kochen, Braten und Backen eigentlich nicht die Rede sein, denn man kann nur einen bestimmten Vorgang, z. B. den Erwärmungsvorgang, herausgreifen und bei diesem die Nutzarbeit rechnerisch oder experimentell bestimmen. Während der eigentlichen Garzeit dagegen wird eine meßbare Nutzbarkeit überhaupt nicht geleistet. Es gilt lediglich, das Kochgut auf einer bestimmten Temperatur zu halten. Die gesamte Wärme wird im allgemeinen dabei nur zur Deckung der Wärmeverluste benötigt.

Den über den Wirkungsgrad angestellten Untersuchungen wird meist nur derjenige Vorgang zugrunde gelegt, der am leichtesten rechnerisch oder experimentell erfaßt werden kann, nämlich der des Erwärmens einer bestimmten Menge Wasser. Es ist aber dann selbstverständlich, daß aus dem Wirkungsgrad dieses Einzelvorgangs — von der gesamten Herdarbeit (Kochen, Braten, Backen, Schmoren) wird nur das Kochen und hier wieder nur das Ankochen von Wasser betrachtet — keinerlei Schlüsse auf die Wirtschaftlichkeit des elektrischen Kochens, insbesondere im Vergleich zu anderen Energiearten, gezogen werden können. Als einzige brauchbare Methode bleibt hierfür, wie später näher erläutert wird, die statistische Ermittlung von Verbrauchszahlen im praktischen Haushaltsbetrieb.

Die Ermittlung des Wirkungsgrades hat deshalb lediglich Berechtigung zur Untersuchung der Bauart und der Arbeitsweise verschiedener Kochplattenkonstruktionen. Welche Schwierigkeiten aber auch bei diesen verhältnismäßig einfachen Untersuchungen auftreten, und wie sehr die Versuchsergebnisse je nach den gewählten Versuchsbedingungen voneinander abweichen, zeigen nachstehende Erörterungen.

Im allgemeinen wählt man, um eindeutige Versuchsbedingungen zu erhalten, den Versuch derart, daß Wasser von 20⁰ C auf 95⁰ C erwärmt wird. Raumtemperatur und Gerätetemperatur müssen der des Wassers annähernd gleich sein, wenn Fehlmessungen vermieden werden sollen.

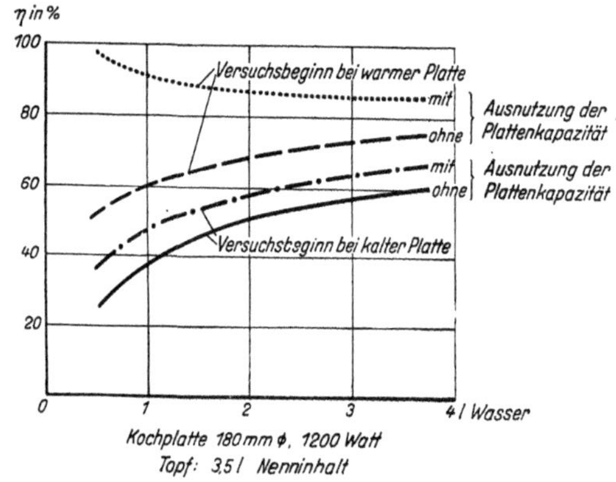

Abb. 19. Abhängigkeit des Ankochwirkungsgrades von der Topffüllung und dem Betriebszustand der Kochplatte.

Die Schwierigkeit der Bestimmung des Wirkungsgrades bei elektrischen Kochplatten liegt in erster Linie darin, daß man von einem Nenninhalt, wie z. B. bei direkt beheizten Wasserkochern, nicht sprechen kann. Die Höhe des Wirkungsgrades ist aber je nach der gewählten Topfgröße bzw. Topffüllung ganz verschieden.

Bei der Bestimmung des physikalischen Wirkungsgrades von elektrischen Kochplatten ergeben sich zudem große Unterschiede, je nachdem, ob der Erwärmungsvorgang bei kalter oder bei bereits warmer Platte begonnen wird [6]. Abb. 19 gibt die auf einer elektrischen Kochplatte von 180 mm ∅ und 1200 Watt Anschlußwert bei einem Topf von 3,5 Liter Nenninhalt ermittelten Wirkungsgradwerte in Abhängigkeit von der Wasserfüllung des Topfes wieder. Kurve —— zeigt den Wirkungsgrad, ausgehend von kalter Platte, der sich ergibt, wenn die Stromzufuhr bei Erreichen einer Wassertemperatur von 95⁰ C unterbrochen wird, während Kurve — — dasselbe, ausgehend von warmer Platte, zeigt. Man erkennt deutlich, daß der Wegfall der Anheizperiode eine wesentliche Verbesserung des Wirkungsgrades zur Folge hat. Tatsächlich wird ja die Hausfrau sehr häufig nach Beendigung einer Kocharbeit gleich eine nächste anschließen und somit die bereits in der Platte vorhandene Wärme ausnutzen. Wenn die Hausfrau besonders sparen will, kann sie die in der Platte gespeicherte Wärme aber auch dadurch ausnutzen, daß sie kurz vor Erreichen des Siedepunktes ausschaltet. Die aus der Platte nachströmende Wärme genügt dann, um das Kochgut zum

Sieden zu bringen. Um diesen Vorgang nachzuahmen, wurden Versuche angestellt, bei denen die Stromzufuhr, bereits vor der Erreichung von 95° C Wassertemperatur so rechtzeitig unterbrochen wurde, daß die nachträgliche, durch die gespeicherte Wärme hervorgerufene Temperatursteigerung gerade noch eine Temperatur von 95° C ergab. Das Ergebnis zeigt die Kurve —.—. Man kann noch weitergehen und unter denselben Umständen den Versuch, ausgehend von warmer Platte, wiederholen, was durch Kurve .... wiedergegeben ist. Zweifellos kommen alle vier Betriebsfälle im praktischen Haushalt vor.

Somit sind genaue Festlegungen nötig, um vergleichbare Ergebnisse zu erzielen. Bei der Bestimmung des Wirkungsgrades nach dem Ankochverfahren werden im allgemeinen auf der 14,5 cm-Platte 1,5 Liter Wasser, bei der 18 cm-Platte 2,5 Liter, bei der 22 cm-Platte 4 Liter Wasser von 20 auf 95° C bei geschlossenem Topfdeckel oder auch 1,5, 3 bzw. 6 Liter erwärmt.

Um den Einfluß des Aufheizverbrauchs der Kochplatte auszuscheiden, hat Opacki vorgeschlagen, den Wirkungsgrad durch einen Verdampfungsversuch zu bestimmen [13, 15]. Gleichzeitig mit der Bestimmung des Aufheizverbrauchs (s. S. 8) kann dann auch der Wirkungsgrad der Kochplatte bestimmt werden.

Es ist einleuchtend, daß trotz dieser Festlegungen bei beiden Verfahren die Gewinnung wirklich einwandfreier vergleichbarer Zahlenwerte auf gewisse Schwierigkeiten stößt, da, wie vor allem Seehaus [18] nachgewiesen hat, schon verhältnismäßig geringe Änderungen der Oberflächenbeschaffenheit des Kochtopfes oder der Kochplatte durch entsprechende Änderung der Wärmeübertragungsverhältnisse Abweichungen der Meßergebnisse bringen können. Dies trifft vor allem für die Verdampfungsversuche zu, da hier der heiße Topf jeweils mit kaltem Wasser abgeschreckt wird, was zu erheblicher mechanischer Beanspruchung des Topfbodens und demzufolge zu Verbiegungen führen kann.

Wirkungsgrad (in %) elektrischer Kochplatten verschiedener Fabrikate.

Fabrikat	18 cm ∅			22 cm ∅		
	Ankochverfahren 2,5 l Wasser		Verdampfungsverfahren	Ankochverfahren 4 l Wasser		Verdampfungsverfahren
	kalte Platte	warme Platte		kalte Platte	warme Platte	
A	56,7	78,6	80,7	60,6	81,2	81,5
B	54,6	74,9	76,8	57,8	77,9	77,9
C	57,7	80,6	80,5	51,6	74,0	77,5
D	57,0	78,6	79,6	62,4	81,0	85,2
E	63,8	80,1	83,4	62,2	81,3	83,6
F	60,9	80,0	83,3	64,4	81,9	82,8

Die nach beiden Verfahren ermittelten Zahlen können deshalb höchstens als Anhaltspunkt dienen und dürften auch nur dann vergleichbar sein, wenn bei allen Versuchen möglichst der gleiche Versuchstopf verwendet wird.

In vorstehender Tabelle sind für eine Reihe von Kochplatten die nach dem Ankoch- und Verdampfungsverfahren vom Verfasser ermittelten Wirkungsgradzahlen aufgetragen [7].

Man erkennt, daß nur verhältnismäßig geringe Unterschiede hinsichtlich der Wirkungsgrade auftreten, die für eine Beurteilung der Güte der Herdkonstruktionen nicht ausschlaggebend sein können. Die Untersuchungen, sowie auch die in Abb. 20 für ein bestimmtes Plattenfabrikat gezeigten Darstellungen lassen übrigens deutlich erkennen, daß die üblichen Plattengrößen und Leistungen (s. S. 6) so festgelegt sind, daß alle drei Platten bei entsprechender Beschickung mit annähernd gleichem Wirkungsgrad arbeiten.

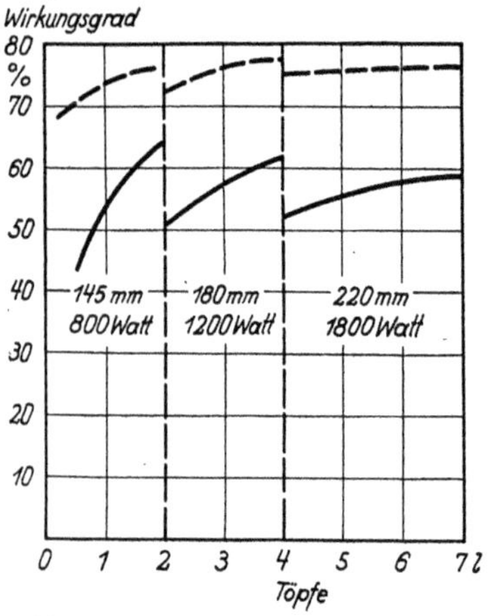

Abb. 20. Ankochwirkungsgrad verschiedener Kochplatten in Abhängigkeit von der Wassermenge.

e) Kochtechnische Erfahrungen.

Die grundlegenden Eigenarten der elektrischen Beheizung — gute Anpassung der Temperatur bei völlig gleichmäßiger Temperaturverteilung— ergeben wesentliche Rückwirkungen auf den Zubereitungsprozeß an sich. Die Aufgabe des Wassers als Temperaturbegrenzer und zur Vergleichmäßigung der Temperatur fällt weg oder wird zum mindesten bedeutend eingeschränkt, d. h. die Hausfrau braucht den Speisen jetzt geringere Wassermengen zuzusetzen [2]. Daß man zum Garen vieler Speisen tatsächlich ohne jeden Wasserzusatz auskommt, zeigt sich besonders deutlich beim Dünsten von Fisch im Brat- und Backrohr. Die gleichmäßige milde Wärme hat geradezu zur Ausbildung neuer einfacher Zubereitungsverfahren geführt, wobei im Kochgut bei erhöhter Schmackhaftigkeit alle Nährwerte erhalten bleiben. Dasselbe gilt vom Fettzusatz, auch hierzu ist jetzt der eigentliche Anlaß beseitigt. Man kann sowohl beim Braten kleiner Bratsachen in der Pfanne, auf der Platte als auch im Brat- und Backofen, den Fettzusatz sehr verringern und häufig völlig darauf verzichten. Zu dieser in der Praxis von der Hausfrau immer wieder gemachten Beobachtung tritt noch die Erfahrung hinzu, daß beim elektrischen Kochen die Speisen viel weniger anbrennen und anlegen und daß entsprechend weniger umgerührt und nachgesehen werden muß.

Zunächst erscheint diese Feststellung etwas befremdlich. Zur Klärung dieser Frage hat deshalb der Verfasser Untersuchungen angestellt [7], bei welchen Temperaturen die Speisen eigentlich anbrennen. Da die Begriffe „Anbrennen“ oder „Anlegen“ usw. nicht genau definiert sind, wurden bei diesen Versuchen zwei bestimmte Grenzwerte untersucht, einmal, wenn das Kochgut die erste, leichte Bräunung zeigt, und zweitens das eigentliche Anbrennen, wenn das Essen den typischen Anbrenngeschmack hat.

Art der Speise	Temperatur in °C	
	gebräunt	angebrannt
Kartoffeln. . . .	140	200
Reis	170	210
Makkaroni . . .	130	180
Grüne Bohnen. .	140	190

In obenstehender Tabelle sind diese Werte für eine Reihe besonders empfindlicher Speisen dargestellt. Dabei wurden während der Versuche die Speisen in keiner Weise umgerührt. Die Temperaturen wurden mit Thermoelementen am Topfboden bestimmt. Sowohl die Bräunungs- als auch die Anbrenngrenze hängt naturgemäß in hohem Maß von dem Wasserzusatz der Speisen ab. Wir fanden, daß bei Temperaturen unter 130° C auch bei längerem Stehen der Speisen weder eine Bräunung noch ein Anbrennen zu befürchten ist. Natürlich kann man die Speisen kürzere Zeit auch höheren Temperaturen aussetzen, wie Abb. 21 für zwei Beispiele deutlich erkennen läßt.

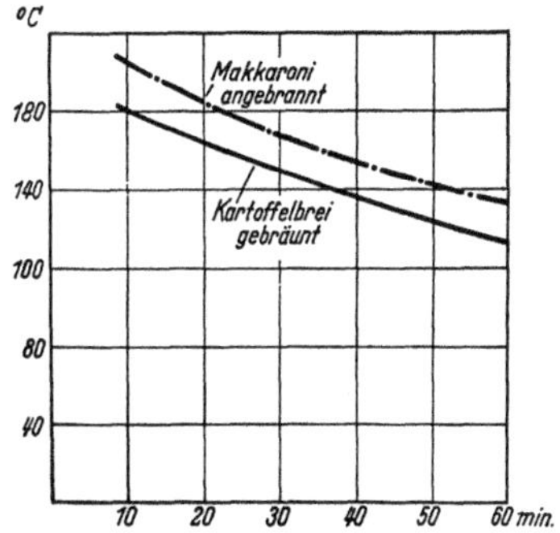

Abb. 21. Einfluß der Zeit auf die Anbrenntemperatur verschiedener Speisen.

Die Untersuchungen über die Oberflächentemperatur der Kochplatten (s. S. 12) haben nun aber gezeigt, daß bei rechtzeitiger Umschaltung der Kochplatte von der Ankochstufe (III) auf die Fortkochstufe (I) nur wenige Minuten eine Temperatur von 130° überschritten wird. Besonders deutlich zeigt dies Abb. 22, die die Temperaturverhältnisse beim Kochen von Reis wiedergibt. Es ist somit auch meßtechnisch der einwandfreie Beweis dafür erbracht, daß die Speisen bei richtiger Schaltung der

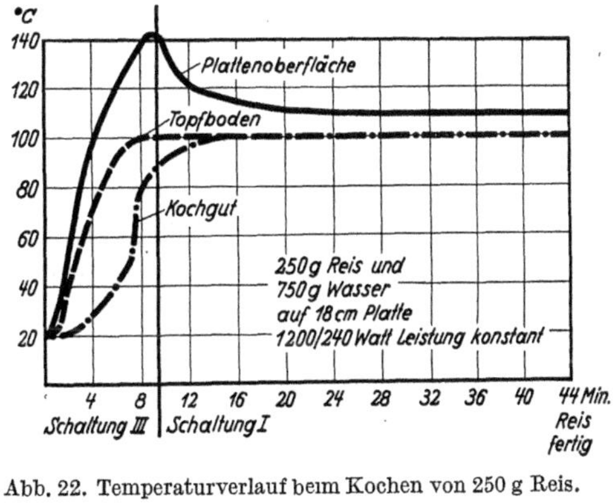

Abb. 22. Temperaturverlauf beim Kochen von 250 g Reis.

elektrischen Kochplatte ohne jedes Umrühren weder bräunen noch anbrennen können. Diese Feststellung ist aber für die Hausfrau von ausschlaggebender Bedeutung, kann sie doch das Essen völlig unbeaufsichtigt stehen lassen, ohne ein Anbrennen befürchten zu müssen. Dadurch kann sie sich von der lästigen Herdarbeit freimachen und in der Zwischenzeit anderen Arbeiten nachgehen. Elektrisches Kochen bedeutet hiernach Zeitersparnis. Diese Freiheit vom Beobachtungszwang hat denn auch zur Schaffung selbsttätiger Kochgeräte geführt, über die noch besonders berichtet wird (s. S. 47 ff.).

Außer der guten Anpassung der Kochplattentemperatur ist ferner zu beachten, daß die verhältnismäßig großen Massen der Kochplatte jeden schroffen Temperaturübergang unmöglich machen, was ebenfalls günstige Rückwirkungen auf den Kochprozeß hat. Diese vergleichmäßigende Wirkung der Wärmespeicherung der Kochplatte zeigt sich besonders deutlich, wenn man einmal die Temperaturverhältnisse untersucht, die sich ergeben, wenn das den Speisen beigegebene Wasser ganz oder teilweise verdampft ist [6, 8]. Zu diesem Zweck wurde ein Topf mit 1 kg Kartoffeln und 225 g Wasser einmal auf den Gaskocher und einmal auf die elektrische Kochplatte gesetzt. Nach Erreichen des Siedepunktes wurde auf Fortkochstellung geschaltet. Abb. 23 läßt erkennen, daß dann beim Kochen auf Gas am Topfboden sofort nach dem Verdampfen des Wassers ein überaus rascher Temperaturanstieg stattfindet, dessen Höhe von der auf der Kleinstellung dem Gasbrenner zugeführten Gasmenge abhängt. Bei einer Kleinstellung mit einem Gasverbrauch von 60 l/h, wie es den „Normen für die Untersuchung an Gaskochern“ entspricht, wird in wenigen Minuten 180° erreicht. Meist stellt die Hausfrau die Gasflamme wegen der Gefahr des Verlöschens aber nicht so klein, sondern auf etwa 80—90 l/h, dann ergibt sich nach wenigen Minuten eine Endtemperatur von 250°. Bei älteren Gaskochern wird sogar 300° erreicht; jedenfalls in allen Fällen Temperaturen, bei denen die Speisen anbrennen würden. Ganz anders spielt sich der Vorgang auf der elektrischen Kochplatte ab. Die Temperatur steigt hierbei infolge der puffernden Wirkung der Wärmespeicherung der Kochplatte nur ganz langsam bis auf etwa 150° an. Es vergehen jedoch noch etwa 10 Min., ehe

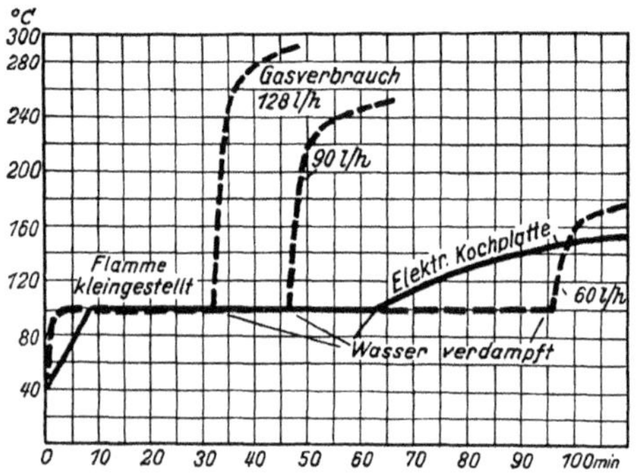

Abb. 23. Temperaturanpassung am Topfboden nach Verdampfen des Wassers beim Kochen von 1 kg Kartoffeln auf Gaskocher und elektrischer Kochplatte.

der kritische Wert von 130⁰ überschritten wird. Man erkennt deutlich, daß demnach die Gefahr des Anbrennens der Speisen, auch wenn das Wasser ganz oder teilweise verdampft ist oder verhältnismäßig trockene Speisen ohne die schützende Wasserschicht direkt am Topfboden aufliegen, beim elektrischen Kochen wesentlich geringer ist. Umrühren und das dabei nötige, stets mit einem Wärmeverlust verbundene Abheben des Deckels kann vermieden werden. Auch kann die Hausfrau den Wasserzusatz von vornherein geringer wählen.

Der geringere Wasserzusatz hat aber einen geringeren Energieverbrauch zur Folge; denn ein großer Teil der zur Speisenbereitung benötigten Energiemengen entfällt ja auf die Erwärmung des Wassers. Wenn nun der Wasserzusatz beim elektrischen Kochen geringer ist, so ist demnach auch der hierauf entfallende Energieanteil und damit der Gesamtenergieverbrauch geringer. Auch die Ankochzeit der Speisen wird natürlich dementsprechend verkürzt.

Grundsätzlich dasselbe gilt beim Braten hinsichtlich des Fetts. Auch hier treten, wie aus Abb. 10 hervorgeht, keine schroffen Temperaturübergänge auf. Die Temperatur paßt sich dem Zubereitungsprozeß aufs beste an. Die geringere Oberflächentemperatur der Kochplatte hat zur Folge, daß von dem gegebenenfalls eingebrachten oder an dem Fleischstück vorhandenen Fett nicht soviel verdampft. Eine Einsparung am Fettverbrauch macht sich aber direkt in Mark und Pfennigen bemerkbar. Wenn man bedenkt, daß ein Pfund Butter ebensoviel kostet wie etwa 15 kWh zu je 10 Pfg., was etwa einem Fünftel des gesamten monatlichen Kochstromverbrauchs einer vierköpfigen Familie entsprechen wird, so erkennt man, daß selbst geringe Fetteinsparungen die Wirtschaftlichkeit wesentlich mehr zu beeinflussen imstande sind, als etwa vorhandene geringe Unterschiede der Tarife.

Kochzeiten. Häufig wird behauptet, daß das Kochen auf elektrischen Herden länger dauere als das Kochen mit anderen Energiemitteln. Diese Meinung beruht auf Unkenntnis der tatsächlichen Verhältnisse. Zunächst sind die üblichen Kocharbeiten und die schnelle Zubereitung kleiner Speisen, Schnellbratsachen und dergleichen zu unterscheiden. Bei letzteren spielt natürlich die Ankochzeit der Kochplatte eine gewisse Rolle. Wie aber aus dem in Abb. 10 gezeigten Beispiel des Bratens von Schnitzel deutlich hervorgeht, beträgt die Anwärmzeit des Fettes, wenn das Braten, wie meist in der Praxis, im Anschluß an eine Kocharbeit geschieht, nur etwa $4^1/_2$ Minuten. Diese Zeit braucht die Hausfrau aber sicher, um die Fleischstücke entsprechend vorzubereiten. Die Anheizzeit der elektrischen Kochplatte bewirkt deshalb selbst in diesem Falle keine Verlängerung der Arbeitszeit.

Beim Kochen von Speisen ist folgendes zu überlegen. Die gesamte Zubereitungszeit aller Speisen setzt sich zusammen aus der Ankochzeit und der Garzeit. Hierbei ist unter Ankochzeit die Zeit zu verstehen, die benötigt wird, um das Kochgut von der Raumtemperatur auf die für den Garprozeß nötige Temperatur zu bringen. Die Garzeit dagegen gibt an, wie lange das Kochgut einer bestimmten Temperatur ausgesetzt werden muß, um völlig gar zu werden. Sie ist bei verschiedenen Nahrungsmitteln unterschiedlich, für jedes Kochgut aber festliegend und genau bestimmbar. Folgerichtig muß beim Kochen mit Gas oder Elektrizität die Garzeit in beiden Fällen dieselbe sein. Unterschiede können sich demnach nur in der Erwärmungszeit ergeben. Beim Einschalten einer kalten Kochplatte bedingt natürlich die Kochplatte eine gewisse Verlängerung der Erwärmungszeit gegenüber Gas. Die Unterschiede werden aber um so geringer, je größer die zubereitete Kochgutmenge ist, da dann dieser Verbrauch gegenüber dem Gesamtverbrauch relativ geringer wird. Wie jedoch an dem in Abb. 24 dargestellten Beispiel deutlich gezeigt wird, bewirken selbst erhebliche Unterschiede in der Ankochzeit nur eine ganz geringfügige Verlängerung der Gesamtzubereitungszeit [6, 7]. Das Verhältnis Ankochzeit zu Gesamtzubereitungszeit bzw. Garzeit ist verschieden je nach den zubereiteten Speisen. Durch eingehende Beobachtungen im Haushalt konnte man feststellen, daß im Mittel etwa 20—25% auf die Erwärmungszeit und 75—80% auf die Garzeit entfallen. Selbst wenn etwa die Erwärmung bei elektrischem Kochen 50% mehr Zeit erfordert als bei Gas, so bedeutet das nur eine etwa 10%ige Verlängerung der Gesamtzubereitungszeit. Wenn nun aber, wie nachgewiesen, beim elektrischen Kochen mit geringerem Wasserzusatz auszukommen ist, so wird dadurch auch die Erwärmungszeit entsprechend verkürzt. Auch das Umrühren und das damit verbundene Deckelabheben bedingt stets Wärmeverluste und damit eine Verlängerung der Kochzeit, was beim elektrischen Kochen wegfällt.

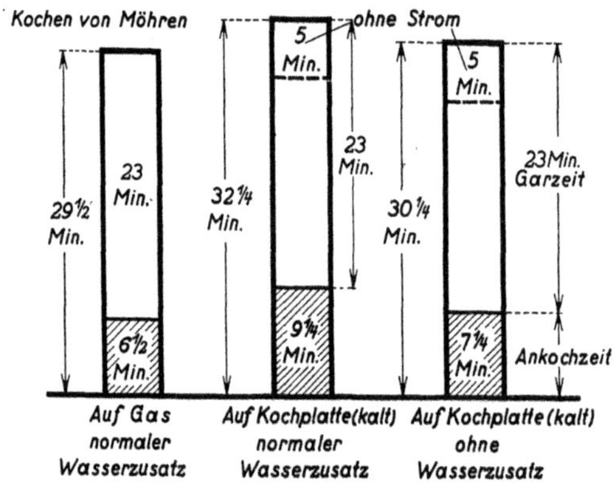

Abb. 24. Zubereitungszeit beim Kochen von Gemüse auf Gaskocher und elektrischer Kochplatte.

Ferner sind wir bei allen diesen Untersuchungen von kalter Platte ausgegangen, obwohl im normalen Haushaltsbetrieb sich meist die einzelnen Arbeitsvorgänge in irgendeiner Weise aneinanderreihen.

Die Ankochzeit wird natürlich in gewissem Umfang beeinflußt durch die Höhe der Spannung, mit der der Herd betrieben wird [7]. Überspannungen bringen eine Erhöhung der Leistungsaufnahme mit sich und bewirken eine gewisse Verkürzung der Kochzeit und einen — allerdings geringfügigen — Mehrverbrauch an elektrischer Energie (Abb. 25). Bei Unterspannung dagegen wird der Arbeitsaufwand um einen geringen Betrag niedriger, die Ankochzeit dagegen steigt, was aber, wie oben näher dargelegt ist, auf die Gesamtzubereitungszeit auch nur einen geringen Einfluß hat. Wenn auch allzu starke Abweichungen von der Nennspannung möglichst vermieden werden sollen, darf deren Einfluß auf die Gesamtzubereitungszeit jedoch nicht überschätzt werden.

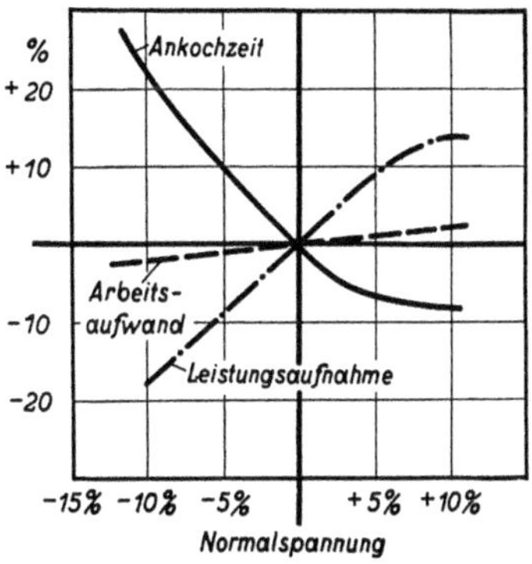

Abb. 25. Ankochzeit, Arbeitsaufwand und Leistungsaufnahme einer Kochplatte in Abhängigkeit von der Betriebsspannung.

Es nimmt nach alledem nicht Wunder, daß alle Hausfrauen bestätigen, sie brauchten im elektrischen Haushalt im Durchschnitt zur Speisenzubereitung nicht längere Zeit als beim Kochen auf Gas. Wenn man weiter bedenkt, daß beim elektrischen Kochen kaum ein Beobachtungszwang besteht und es ja schließlich nicht auf die Zubereitungszeit ankommt, sondern darauf, wie lange die Hausfrau beim Herd verweilen muß, wird man dieses häufig noch vorhandene Vorurteil leicht entkräften können.

Schließlich ist noch die Frage der Regulierbarkeit der Kochplatten im Vergleich zu anderen Beheizungsarten zu erörtern. Beim Kohleherd ist eine genaue Wärmereglung nicht oder nur mit gewissen Schwierigkeiten möglich. Beim Gaskocher beträgt die Fortkochstellung bei älteren Konstruktionen, wie sie heute zu Tausenden noch benutzt werden, meist $^1/_5$ des vollen Verbrauchs, bei neuen Kochern kann der Verbrauch bis auf $^1/_8$ reduziert werden. Wie bereits dargelegt (s. S. 1) bewirkt aber eine Regelung der Gaszufuhr nicht eine direkte Änderung der Verbrennungstemperatur, da diese ja von der chemischen Zusammensetzung abhängt. Es wird nur die dem Topf zugeführte Wärmemenge und damit gewissermaßen indirekt die Topftemperatur geändert.

Anders beim elektrischen Kochen. Hier bewirkt eine Änderung der zugeführten Leistung sowohl eine Änderung der erzeugten Wärmemenge als auch eine direkte Änderung der Oberflächentemperatur, da ja nach bekannten Gesetzen die Oberflächentemperatur bei gleichbleibender Oberflächenbeschaffenheit sich mit der zugeführten Leistung entsprechend ändert.

Hensel [2] hat die Unterschiede der Regelung beim elektrischen Kochen im Vergleich zum Gaskochen sehr treffend wie folgt geschildert:

Zunächst kommt es bei dem Kochprozeß weniger auf die Regelfähigkeit der dem Brenner zugeführten Energie als auf die Regelfähigkeit der dem Kochgut zugeführten Wärmemenge an. Das ist sehr wohl zweierlei. Da die Flamme eine etwa dreifach höhere Temperatur aufweist als der elektrische Heizkörper, muß ihre Regelfähigkeit vor den Wärmetransformatoren, als „hochspannungsseitig", etwa um das dreifache feiner sein, als die der Elektrizität, um „niederspannungsseitig" die gleiche Regelfeinheit zu erzielen. Der Gasherd steht hiernach hinsichtlich seiner Reguliernotwendigkeit an der Spitze aller Beheizungsarten. Diesen Mangel der offenen Flamme haben auch die Köche richtig erkannt, wenn sie bei Großküchenherden die geschlossene Kochstelle verlangen. Leider läßt sich diese Speicherung bei Gas nur mit einem erheblich verschlechterten Wirkungsgrad erkaufen, da die Flamme die Speichermasse nur umspülen kann, und zwar im Gegensatz zur Elektrizität, bei der die Wärme in der Speichermasse selbst erzeugbar ist.

Tatsächlich kommt man beim elektrischen Kochen praktisch völlig mit zwei Stufen aus: der Ankochstufe (volle Leistung, Schaltstufe III) und der Fortkochstufe (Kleinstellung Schaltstufe I). Schließlich kommt aber auch der Ausschaltstellung (Schaltstellung 0) in gewissen Fällen die Aufgabe einer Regelstellung zu, da ja auch bei abgeschalteter Heizung durch die in der Platte gespeicherte Wärme ein Wärmefluß nach dem Topf und dem Kochgut stattfindet. So werden z. B. Kartoffeln von der Hausfrau vielfach so gekocht, daß die Ankochstufe (III) so lange eingeschaltet bleibt, bis das Wasser siedet, dann wird ausgeschaltet. Die Kartoffeln werden ohne weitere Stromzufuhr durch die gespeicherte Wärme gegart. — Die mittlere Schaltstufe (II) der Kochplatte wird nur gelegentlich bei gewissen Bratarbeiten benötigt.

Aus alledem ergibt sich aber, daß die Regelfähigkeit der elektrischen Kochplatte der Hauspraxis nicht nur voll genügt, sondern daß durch die Eigenart der guten Temperaturanpassung und der ausgleichenden Wirkung der Speicherwärme eine sehr feine Regelung ohne schroffe Temperaturübergänge erreicht wird.

3. Der elektrische Bratofen und seine Arbeitsweise.

a) Aufbau der Bratöfen.

Bei den elektrischen Bratöfen ist eine so einheitliche Entwicklungsrichtung bisher noch nicht feststellbar. Der Grund hierfür mag zum Teil darin liegen, daß beim Bratofen die Haupteigenschaften weniger auf wärmetechnischem, als auf betriebstechnischem Gebiet zu suchen sind. Die erste Forderung, die man an einen elektrischen Bratofen stellen muß, ist, daß er ein gleichmäßiges Gebäck und einen guten Braten liefert und auch bei geringer Beobachtung ein Mißlingen möglichst ausschließt. Diese Vorteile haben dem elektrischen Backofen zu seiner großen Beliebtheit verholfen und sollten keineswegs vernachlässigt werden zugunsten einiger Prozent Stromersparnis oder anderer technischer Einzelheiten.

Das erstrebte Ziel wird bei den einzelnen Backofenkonstruktionen heute leider noch auf sehr verschiedenartigen Wegen erreicht. Die Frage des Anschlußwertes und eng damit zusammenhängend die Frage der Wärmekapazität, die Art der Wärmeisolation usw. wird bei den einzelnen Konstruktionsrichtungen sehr verschieden beurteilt, so daß von einer einheitlichen Lösung noch nicht gesprochen werden kann.

Der Bratofen besteht aus einer meist rechteckigen (s. Abb. 26), bei gewissen Konstruktionen auch kreisrunden (s. Abb. 27) Innenmuffel, den auf Ober- und Unterhitze verteilten Heizkörpern und dem Außenmantel. Der Zwischenraum zwischen Innen- und Außenmantel wird zur Verringerung der Wärmeverluste mit einem besonderen Wärmeisolationsstoff ausgefüllt. Nach vorn findet der Bratofen seinen Abschluß durch eine, an einem besonderen Türrahmen befestigte Tür. Um den, vor allem beim Backen entstehenden Schwaden einen Abzug zu sichern, werden entweder besondere Lüftungsschlitze angeordnet oder aber Vorrichtungen angebracht, die eine teilweise Öffnung der Tür ermöglichen.

Abb. 26. Elektrischer Bratofen (rechteckige Form).

Auch besondere mit Schieber versehene, in der Tür angeordnete Öffnungslöcher werden zuweilen verwendet. Bei Einzelröhren, die vor allem gern als Zusatzgeräte auch in Küchen anderer Beheizungsart benutzt werden, wird der Außenmantel weiß oder farbig emailliert, zum Teil auch schwarz lackiert. Die Türrahmen und Beschläge werden meist vernickelt. Bei Einbauröhren, die für den Einbau in elektrische Herde bestimmt sind, besteht der Außenmantel aus gewöhnlichem Eisenblech oder wird auch ganz weggelassen.

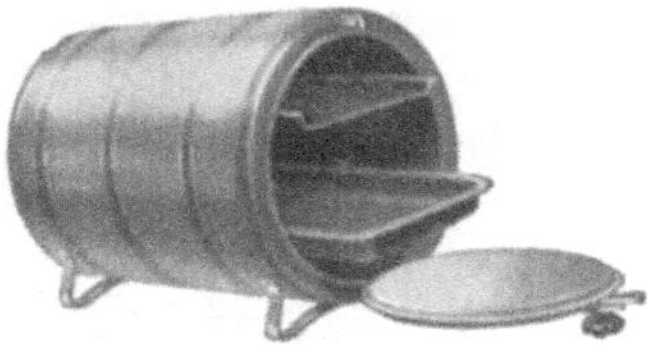

Abb. 27. Elektrisches Bratrohr (runde Form).

Um eine leichte, bequeme Reinigung zu erreichen, sollen die Innenflächen des Bratofens möglichst glatt sein. Die für die Auflage der Backbleche, Pfannen usw. benötigten Auflageleisten werden deshalb entweder herausnehmbar oder wulstförmig ausgebildet. Als Material des Innenmantels wurde bisher meist Eisenblech, meist inoxydiert, verwendet, das bei einigen Fabrikaten mit Aluminiumbronze bespritzt wird, die in der Hitze sich mit dem Eisenblech zu einem haltbaren Überzug verbinden soll. Der Wunsch nach größter Sauberkeit führt dazu, daß heute die Innenmäntel mehr und mehr emailliert werden. Nach anfänglichen Materialschwierigkeiten werden heute sehr haltbare, zähe Emaillierungen erreicht.

Hinsichtlich der Anordnung der Heizkörper sind Bratöfen mit
Außenbeheizung und
Innenbeheizung
zu unterscheiden.

Bei Außenbeheizung wird die Heizwicklung außerhalb des eigentlichen Bratraumes angeordnet. Die Heizkörper werden z. B. in Form von Flachheizkörpern an den Innenmantel oben und unten von außen angepreßt (s. Abb. 31). Bei einigen Fabrikaten wird die Heizwicklung auch auf Steatitkörpern frei liegend angeordnet (s. Abb. 28). Die Außenbeheizung weist den großen Vorteil auf, daß alle elektrischen Teile aus dem Backraum und damit der Hausfrau entzogen sind, so daß der Innenraum des Bratofens bequem und gründlich gereinigt worden kann.

Abb. 28. Elektrischer Herd mit herausgenommenem Bratofeninnenmantel (Außenbeheizung).

Bei der Innenbeheizung liegen die Heizkörpor entweder in Form eines die ganze Fläche des Bratofens ausfüllenden Flachheizkörpers (s. Abb. 29) oder auch in Form eines wasserdichten, in Metallrohren eingebetteten Spiralheizkörpers. Da die

Abb. 29. Elektrischer Bratofen mit Innenbeheizung (auswechselbare Flächenheizkörper).

Heizkörper bei einer gründlichen Reinigung des Bratofens herausgenommen werden müssen, ist eine lösbare Vcrbindung in Form einer

Steckvorrichtung nötig, was vom Standpunkt der Einfachheit nicht sehr erwünscht ist. Natürlich ermöglicht die Innenbeheizung eine gewisse Verringerung des Stromverbrauchs. Vor einer Überbewertung dieser Möglichkeit muß aber gewarnt werden, da ja letzten Endes eine bequeme Handhabung und ein sicheres Arbeiten des Ofens wichtiger ist, und zudem der Anteil der Brat- und Backarbeit am gesamten Herdverbrauch nur verhältnismäßig gering ist.

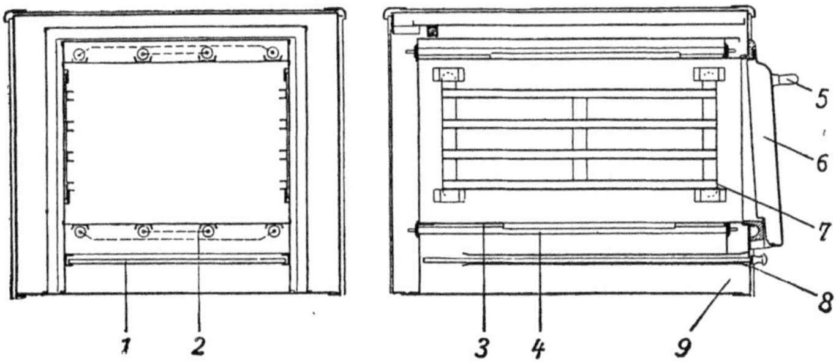

Abb. 30. Schnitt durch einen Bratofen mit Innenbeheizung durch Stabheizkörper.

Daneben werden auch Bratöfen mit Innenbeheizung mit festeingebauten Heizkörpern gebaut. Abb. 30 zeigt den Aufbau eines solchen Bratofens. Hier sind die verwendeten Stabheizkörper nach dem Backraum zu durch besondere Abdeckbleche abgeschirmt. Speisereste und dergleichen sollen durch die zwischen den Heizkörpern vorhandenen Zwischenräume hindurch auf ein herausziehbares Schmutzfangblech fallen.

Die Backofenabmessungen sind bisher noch nicht genormt, doch schließen sich die Innenabmessungen mehr und mehr den Normen der Gasbratöfen

Breite	330 mm	fest
Höhe	220 mm	mindestens
Tiefe	470 mm	mindestens

an. Daneben werden als Einzelbratöfen und zum Einbau in kleinere Herde auch kleinere Bratöfen gebaut. Die Heizleistungen schwanken zwischen 1200 und 1800 Watt für große und 1000—1200 Watt für die kleineren Röhren, wobei die Gesamtleistung gleichmäßig auf Ober- und Unterhitze verteilt ist.

Die Regelung der Ober- und Unterhitze erfolgte bisher meist durch zwei Regelschalter, so daß Ober- und Unterhitze meist drei Schaltstufen aufweisen. Die Größe der einzelnen Stufen, vor allem die der Kleinststufe, ist je nach dem Aufbau des Gerätes verschieden, so daß feste Zahlenwerte nicht angegeben werden können. Jedes Rohr sollte aber eine Schaltstellung aufweisen, die eine Konstanthaltung einer Temperatur von annähernd 200° C ermöglicht. In neuester Zeit sind Bestrebungen im Gange, aus Gründen der Einfachheit die Bratöfen nur mit einem Regelschalter auszustatten, der dann folgende Schaltstellungen aufweist.

Stellung 0 = aus
Stellung 1 = Ober- und Unterhitze in Reihenschaltung (schwache Leistung)
Stellung 2 = Oberhitze allein (volle Leistung)
Stellung 3 = Unterhitze allein (volle Leistung)
Stellung 4 = Ober- und Unterhitze (volle Leistung).

Die oben erwähnten runden Bratröhren werden als Einzelgeräte ohne jede Regelung mit 660 Watt beheizt. Trotzdem hat sich das Gerät als sehr vielfältig verwendbar erwiesen, ein Beweis für die gute Anpassung der elektrischen Beheizung.

Als Wärmeisolation der Bratöfen wurde bisher meist Schlackenwolle benutzt. In neuer Zeit findet vielfach Aluminiumfolie (Alfol) Anwendung. Aluminium hat als einziges der in Frage kommenden Metalle die Eigenschaft, sein Reflexionsvermögen auch im oxydierten Zustand nicht zu verlieren. Die dünne Aluminiumfolie wird entweder als sog. Knitterfolie (s. Abb. 31) oder auch auf besonderen Trägern in ein oder mehreren Schichten um den Innenmantel gelegt, so daß der zwischen Innen- und Außenmantel befindliche Raum in einzelne isolierende Luftschichten getrennt wird. Nach Untersuchungen des Forschungsinstitutes für Elektrowärme der T. H. Hannover (Prof. Dettmar) liegt der Hauptvorteil dieser Art von Isolation in der geringen Wärmekapazität, die sich in einem geringen Anheizverbrauch bzw. einer kurzen Anheizzeit auswirkt.

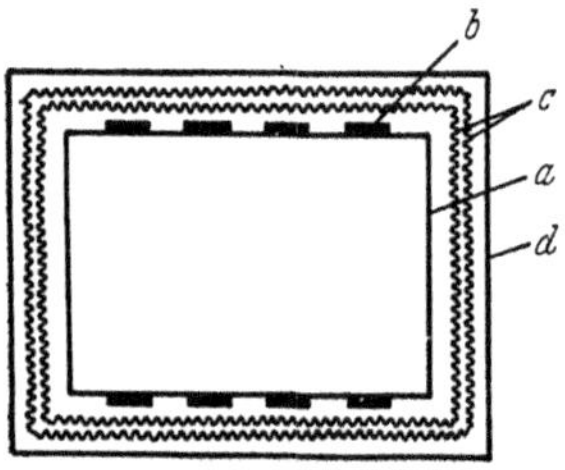

Abb. 31. Schnitt durch ein Bratrohr mit Alfol-Isolation und Außenheizung durch Flachheizkörper.
a = Innenmantel, *b* = Flachheizkörper, *c* = Alfol-Isolation, *d* = Außenmantel.

Das Streben, durch eine weitere Steigerung der Heizleistung oder eine allzu große Einschränkung der Wärmekapazität, z. B. durch Wahl dünner Blechstärken, die Anheizzeit der Bratöfen zu verkürzen, muß als verfehlt bezeichnet werden, zumal, wie noch näher gezeigt wird (s. S. 37), die meisten Braten und Kuchen heute in den unvorgeheizten Ofen eingesetzt werden. Eine gewisse Kapazität ist vielmehr als Sicherheit gegen zu schroffe Temperaturübergänge und damit zur Verhütung der Folgen von Bedienungsfehlern erwünscht. Auch besteht die Möglichkeit, einen Teil der gespeicherten Wärme durch rechtzeitiges Abschalten der Heizung für die Fertigstellung der Braten oder Kuchen auszunutzen. Die beste Lösung dürfte auch hier auf einem Mittelweg liegen.

Überaus wichtig dagegen ist, daß der Bratofen eine möglichst gleichmäßige W ä r m e v e r t e i l u n g aufweist, da dies für das gute Geraten von Blechkuchen, Plätzchen usw. von ausschlaggebender Bedeutung ist. Zur Feststellung der Temperaturverteilung ist ein einfaches, der Praxis möglichst nahekommendes Verfahren erwünscht. Die Messung der Temperaturverteilung mit Thermoelementen stößt auf gewisse Schwierigkeiten, weil die Meßergebnisse — wenigstens bei gewissen Konstruktionen — durch Luftströmungen im Innern des Ofens verwischt werden. Auch verhält sich der Bratofen leer anders, als wenn er durch ein Backblech oder dergleichen in einzelne Räume geteilt wird. Das Backen eines Probekuchens erscheint für den Laboratoriumsbetrieb zu umständlich; das Verfahren mit der Bräunung von Papier [14] ergibt nicht in allen Fällen ein genaues Bild der tatsächlichen Verhältnisse.

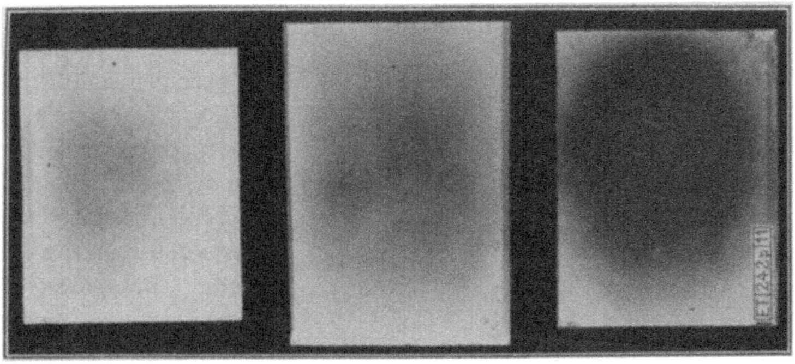

Abb. 32. Temperaturverteilung (Mehlprobe) in elektrischen Bratöfen verschiedener Fabrikate.

Gut bewährt hat sich die sog. Mehlprobe [7]. Auf das trockene Backblech wird mit Hilfe eines Streusiebs gleichmäßig eine dünne Schicht von Weizenmehl aufgebracht. Beim Aufheizen des Ofens zeigt sich, daß bei guter Wärmeverteilung das Mehl sich ganz gleichmäßig färbt, wobei je nach Höhe der Temperatur bzw. der Zeit der Beheizung nach und nach die Farbskala weiß — hellgelb — gelb — hellbraun — dunkelbraun — schwarz durchlaufen wird. Bei ungleichmäßiger Verteilung dagegen zeigen sich recht erhebliche Farbunterschiede, indem z. B., wie Abb. 32 Mitte zeigt, ein Teil des Mehles bereits braun gefärbt ist, während andere Teile noch hellgelbe Farbe zeigen. Bei schlechter Wärmeverteilung ist das Mehl sogar an manchen Stellen bereits schwarz verbrannt, während der Rest noch die hellen Farben zeigt. Wenn auch dieses Verfahren nicht ohne weiteres einen genauen Schluß auf die Höhe der Temperatur zuläßt, so zeigt es doch deutlich jeden nachteiligen Temperaturunterschied, so daß es z. B. für Abnahmeprüfungen durchaus geeignet ist.

b) Arbeitsweise des elektrischen Bratofens.

Die Ansichten über die zweckmäßigste Benutzung des Bratofens waren bis vor kurzem noch recht geteilt. Einerseits ließ man sich zu stark von den traditionellen Gewohnheiten beeinflussen, andererseits waren die Vorstellungen über die tatsächlichen Eigenheiten des Bratens und Backens noch nicht genügend klar. So hat man z. B. nach alter Gewohnheit jahrelang die Bratöfen aufgeheizt, ehe das Backgut eingeschoben wurde. Die Hausfrau war also an einer möglichst kurzen Anheizzeit interessiert.

Ausschlaggebend für das zweckmäßige Arbeiten in Brat- und Backöfen ist die Erkenntnis, daß fast alle Fleischsorten wie auch die meisten Kuchenteige ein verhältnismäßig geringes Wärmeleitvermögen besitzen, d. h. es dauert eine längere Zeit, bis die Wärme von außen in das Innere des Back- oder Bratgutes eingedrungen ist. Nun muß aber auch der innerste Kern eine gewisse Temperatur erreicht haben (bei Fleisch etwa 75°, bei Kuchen um 100°), um gar zu sein. Eine Verkürzung dieser Zeit durch eine besonders starke Erwärmung der Luft im Backraum ist kaum möglich, ohne die Qualität der Speisen z. B. durch Verbrennen der Kruste zu schädigen. In Abb. 33 ist als Beispiel die Temperaturmessung beim Backen eines Napfkuchens dargestellt [7,12]. Als wichtigste Erkenntnis ist hierbei zu erwähnen, daß sowohl die Kuchenkruste als das Kucheninnere nur verhältnismäßig niedrige Temperaturen — etwas über 100° C — zu erreichen brauchen, um auszubacken. Es vergeht verhältnismäßig lange Zeit, ehe im Kucheninnern ein merklicher Temperaturanstieg zu verzeichnen ist. Schon hieraus geht hervor, daß es unzweckmäßig ist, einen Ofen beim Backen von Kuchen vorher stark anzuheizen, da ja gerade zu Beginn des Backens ein unnötig hohes Temperaturgefälle zwecklos und unbequem ist und zudem infolge der höheren Wärmeverluste des Backofens zu einer Vergrößerung des Stromverbrauchs führen kann. Abb. 33 zeigt, daß sich die Temperaturen im Luftraum des Bratofens, in der Kuchenform usw. dem eigentlichen Backvorgang gut anpassen, wenn der Kuchen in den kalten

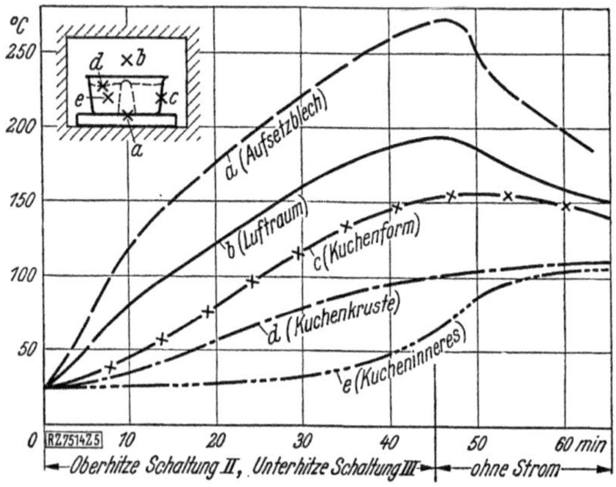

Abb. 33. Temperaturverlauf beim Backen eines Napfkuchens im elektrischen Bratofen.

Backofen eingeschoben wird. Eine Steigerung der Temperatur im Luftraum über 200° C dürfte bei der überwiegenden Zahl aller Gebäcksorten nicht nötig sein.

Grundsätzlich dieselben Feststellungen lassen sich beim Braten von Fleisch machen [7]. Auch hier bewirkt die verhältnismäßig geringe Wärmeleitfähigkeit des Fleisches [5, 17], daß die Wärme nur langsam

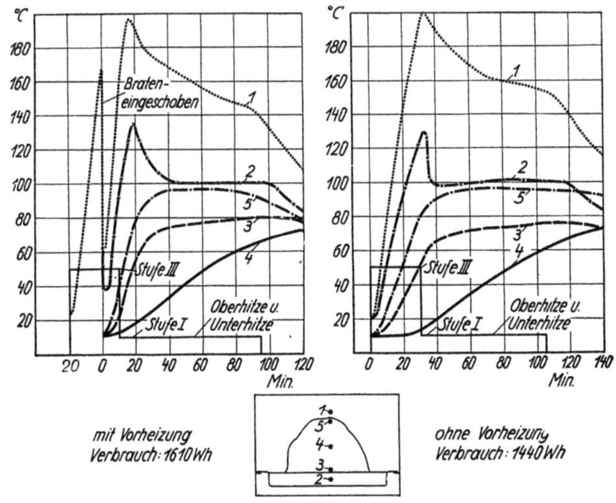

Abb. 34. Temperaturverlauf beim Braten von 1400 g Schweinefleisch im elektrischen Bratofen mit und ohne Vorheizung.

in das Innere des Bratens eindringt. Der Braten ist gar, wenn er im Innern eine Temperatur von etwa 75° C erreicht. In Abb. 34 ist der Temperaturverlauf beim Braten von 1400 g Schweinebraten mit und ohne Vorheizung dargestellt. Auch hier zeigt sich wieder deutlich, daß eine Vorheizung des Bratofens auf den eigentlichen Bratvorgang mehr oder weniger ohne zeitlichen Einfluß ist und lediglich zu einer Erhöhung des Stromverbrauchs beitragen kann. Allgemein verbreitet ist die Ansicht, daß die Braten in den heißen Ofen eingeschoben werden müssen, damit sich die Poren schnell schließen und das Ausfließen von Saft verhindert wird. Zunächst einmal hat das Fleisch gar keine eigentlichen Poren, sondern besteht aus einzelnen Zellen; es können sich deshalb auch keine „Poren schließen". Tatsache ist vielmehr, daß der Braten, wenn er in das kalte, unvorgeheizte Bratrohr eingeschoben wird, viel lockerer und saftiger wird [1, 2]. Der Grund hierfür ist leicht zu ermitteln. Beim Einbringen in das heiße Rohr wird die Fleischoberfläche sofort mit einer zähen, pergamentartigen Schicht umgeben, die einem weiteren Ausdehnen der einzelnen Zellen Widerstand entgegensetzt. Bei der gleichmäßigen Erwärmung des Fleisches, von kaltem Ofen ausgehend, werden alle Zellen dagegen langsam erwärmt und können sich frei ausdehnen, so daß das Fleisch locker und damit leichter verdaulich wird. Zu diesem Zweck legt man den Braten auch besser nicht in die Pfanne sondern auf einen Rost, so daß er von allen Seiten gleichmäßig erwärmt wird. Unter den Rost wird dann zum Auffangen des gegebenenfalls abtropfenden Fettes die Pfanne mit ein klein wenig Wasser (um das Anhängen des Fettes zu vermeiden) geschoben.

Nach alledem sollte ganz allgemein von einer Vorheizung des Bratofens abgesehen werden. Leider findet man heute in den verschiedenen Koch- und Anweisungsbüchern hierüber noch recht verschiedene Angaben, die unbedingt auf einen einheitlichen Stand gebracht werden sollten.

Der elektrische Bratofen hat weiter ganz neue Möglichkeiten der Speisenzubereitung gebracht. So geraten z. B. Fische ganz vorzüglich, wenn sie ohne jeden Wasserzusatz auf der später gleich zum Anrichten benutzten Porzellanschale in den Ofen eingeführt werden. Sie garen dann in ihrem eigenen Saft, ohne daß wichtige und wohlschmeckende Nährbestandteile auskochen oder ausbraten.

In Bratöfen bestimmter Konstruktion kann auch gegrillt werden, d. h. das Fleisch, wie Schnitzel usw. werden auf einen Rost gelegt und starker Oberhitze ausgesetzt, so daß es in kurzer Zeit gebräunt wird. Natürlich ist hierfür eine genügend starke Oberhitze, wie sie meist nur bei Innenbeheizung vorhanden ist, nötig.

Ferner kann auch im Bratofen gekocht werden. Das Verfahren eignet sich besonders für Speisen mit langer Garzeit, z. B. Hülsenfrüchte, Reis usw. Der Hauptvorteil liegt in dem Wegfall jeder Beobachtung und der damit verbundenen Arbeitserleichterung und Zeitersparnis für die Hausfrau. Über dieses sog. Kochen im geschlossenen Raum s. auch S. 47ff.

Der Bratofen kann schließlich mit Vorteil zum Warmhalten fertig gekochter Speisen Verwendung finden. Es wird hierbei die kleinste Schaltstufe eingeschaltet. Auch nach dem Ausschalten bleiben die Speisen infolge der guten Wärmeisolation des Ofens noch lange warm.

II. Geräte für die elektrische Haushaltküche.

1. Der elektrische Haushaltherd.

a) Aufbau der Herde.

Zusammenbau von Kochplatte und Bratofen. Die Kochplatten und der Bratofen können in den verschiedensten Formen zusammengebaut werden. Der Bratofen kann hierbei entweder unterhalb oder seitlich neben den Kochplatten angeordnet sein. Der konstruktive Aufbau aller dieser Herdformen ist ähnlich. Man unterscheidet grundsätzlich zwei Ausführungsformen [25, 43, 36]:

Bei der Muldenkonstruktion (s. Abb. 35) wird der Oberteil des Herdes durch eine durchgehende emaillierte Guß- eisen- oder Stahlblechplatte gebildet, in der die Steckvorrichtungen für die Herdeinsatzplatten sitzen. Die Konstruktion zeichnet sich durch besonders leichte Reinigungsmöglichkeit aus.

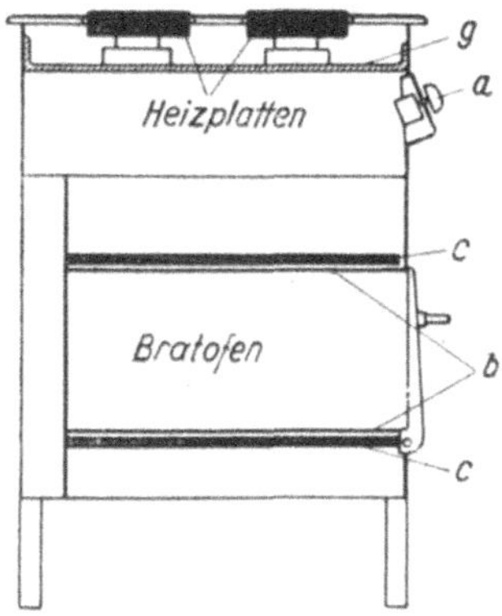

Abb. 35. Elektrischer Herd mit Muldenkonstruktion, Bratofen mit Außenbeheizung.
a = Schalter b = Bratofenmuffel c = Heizkörper g = Mulde.

Bei der sog. Traversenkonstruktion (s. Abb. 36) sind die Steckvorrichtungen der Kochplatten auf Traversen befestigt. Überlaufendes Kochgut wird auf einem ausziehbaren Schmutzblech aufgefangen.

In beiden Fällen werden die Herddeckplatten meist abnehmbar oder aufklappbar ausgebildet, um die Reinigung zu erleichtern.

Der Anschluß der Kochplatte kann durch Verschraubung oder durch besondere Steckvorrichtungen erfolgen. Letztere sind, wie bereits erwähnt, in ihren Hauptabmessungen genormt (DIN VDE 4910). Die überwiegende Mehrzahl der Herdkäufer, insbesondere die Elektrizitätswerke, die ja für die Herdfabrikanten die weitaus größten Kunden sind, da die meisten Herde heute noch durch Vermittlung des Elektrizitätswerkes an die Stromabnehmer verkauft werden, hält eine Auswechselbarkeit der Kochplatten bei größeren Herden für erforderlich und bei kleinen Herden für erwünscht. Der Grund für diese Stellungnahme ist weniger darin zu suchen, daß häufige Plattenstörungen eine leichte Auswechselbarkeit erforderlich machen, sondern vielmehr in dem Bestreben, nachträglich leichter die Plattenanordnung den Wünschen der Hausfrau entsprechend umstellen zu können. Auch lassen sich die Herde mit auswechselbaren Platten im allgemeinen leichter reinigen. Um die im Herd befestigte Dose, in die die Herdeinsatzplatte eingesetzt wird, ist dann ein besonderer Schutzring derart angeordnet, daß über-

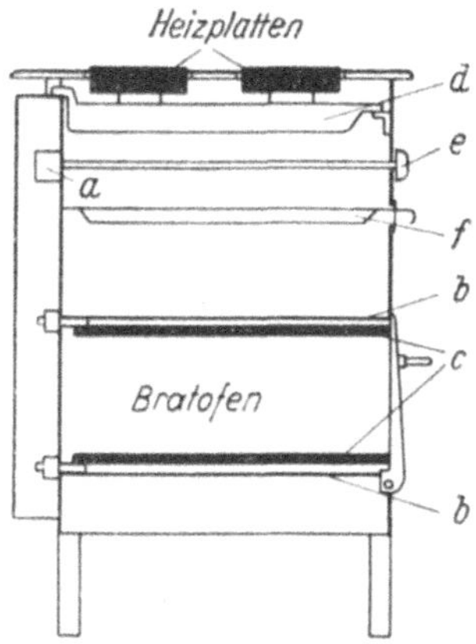

Abb. 36. Elektrischer Herd mit Traversenkonstruktion, Bratofen mit Innenbeheizung (auswechselbare Heizkörper).
a—c siehe Abb. 35, d = Traverse e = Schaltergriffe, f = Ausziehbares Schmutzfangblech.

fließendes Kochgut nicht an die Steckvorrichtung gelangt und auch beim Auswechseln der Herdeinsatzplatte ein Berühren spannungsführender Teile unmöglich ist (s. Abb. 4).

Lediglich bei Zweiplatten-Tischherden (Doppelkochplatten) ist fester Anschluß der Kochplatten heute noch häufig anzutreffen, da hier die durch die Steckvorrichtung entstehenden Mehrkosten bei dem an sich sehr niedrigen Verkaufspreis dieser Herde mehr ins Gewicht fallen. Da Zweiplattenherde ja an sich leichter transportabel sind, ist fester Anschluß hier wohl möglich. Eine Reihe Fabrikate wird aber auch bereits mit auswechselbaren Platten ausgerüstet (s. Abb. 37). Auch bei Herden mit festem Plattenanschluß ist darauf zu achten, daß der Ausbau der Platte mit einfachen Mitteln möglich ist. Eine Vereinheitlichung der Anschlüsse fester Kochplatten würde im Interesse aller liegen.

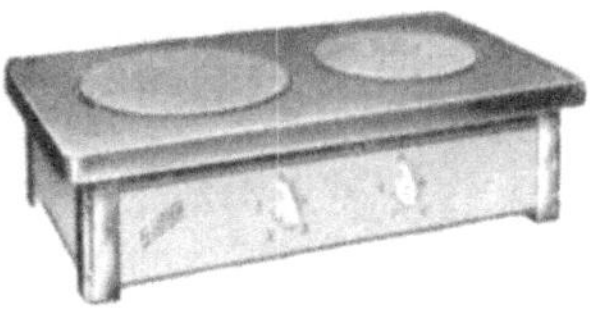

Abb. 37. Zweiplattentischherd mit auswechselbaren Kochplatten.

Normale Herde werden in der Regel mit drei Kochplatten geliefert. Für größere Familien kann eine vierte Kochplatte hinzukommen. In dem Bestreben, die im Vergleich zum Gasbrenner nun einmal teurere elektrische Ausrüstung und die hierdurch entstehende Preisdifferenz zwischen Gas- und Elektroherd möglichst klein zu halten, sind in letzter Zeit auch Herdkonstruktionen entstanden, die in ihrem ganzen Aufbau leichter und kleiner gehalten sind. Bei diesen Herdtypen (kleine Form, auch zuweilen Siedlungs- oder Volksherd genannt) werden dann meist nur zwei Kochplatten und ein etwas kleinerer Bratofen vorgesehen. Über die zweckmäßigen Plattengrößen s. S. 52.

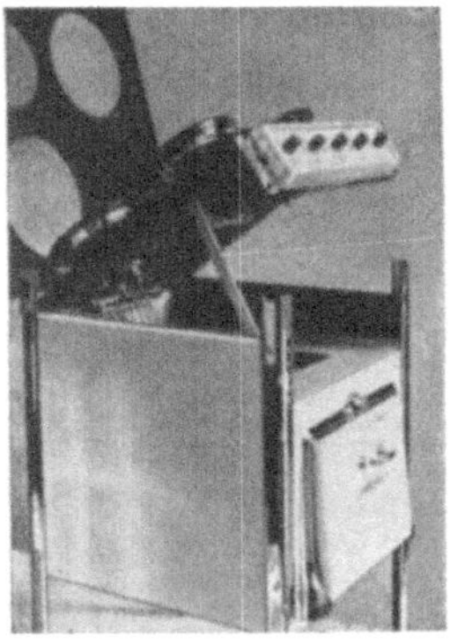

Abb. 38. Elektrischer Herd, Oberteil zur Montage hochgeklappt.

Der Aufbau des eigentlichen Herdkörpers unterscheidet sich nur wenig von dem anderweitig beheizter Herde. Allgemein wird heute weiß emaillierte Ausführung mit Nickelbeschlägen bevorzugt, während die Herdplatte, die Mulde und gegebenenfalls die Zwischenringe schwarz emailliert werden. Zur Erleichterung der Fabrikation wird der gesamte obere Teil des Herdes, der die Steckvorrichtungen für die Herdplatten, Schalter und Leitungsanschlüsse enthält, meist gesondert montiert und dann in den Herdkörper eingesetzt (s. Abb. 38).

Schalter. Besondere Bedeutung beim elektrischen Herd kommt der Auswahl und dem Einbau der Schalter zu. Die Schalter müssen nicht nur hinsichtlich ihrer mechanischen Beanspruchung, sondern auch wegen der Wärmeeinwirkungen besonders kräftig gebaut sein. Die Verwendung der für Lichtinstallation üblichen leichteren Schalter schließt sich hierdurch aus.

Heute werden bei Herden für Dreh- oder Wechseltromnetze, d. h. für etwa 90% aller Fälle, meist kräftige Drehschalter mit Rastensprungwerk, die entweder als Messerkontakt- oder Walzenschalter mit kräftigen Kontakten ausgebildet sind verwendet.

Abb. 39. Einbau der Schalter in einem elektrischen Herd.

Der Einbau der Schalter soll so erfolgen, daß sie möglichst den Hitzeeinwirkungen entzogen sind. Treten an den Schaltern im Betrieb Temperaturen über 60° C auf, so sind Spezialschalter zu verwenden, die durch das Zeichen ① gekennzeichnet sind. Meist werden die Schalter vorn in einer besonderen Kammer eingebaut (s. Abb. 39). Es ist darauf zu achten, daß von der Herdplatte abtropfendes Wasser und Kochgut oder bei Herden mit untenliegendem Bratofen aus diesem aufsteigender Wrasen nicht direkt in das Schaltwerk eindringen kann. Zuweilen werden die Schalter auch hinten eingebaut. Die Betätigung erfolgt dann über besondere Schaltstangen von den vorn angeordneten Schalterknebeln (s. Abb. 36).

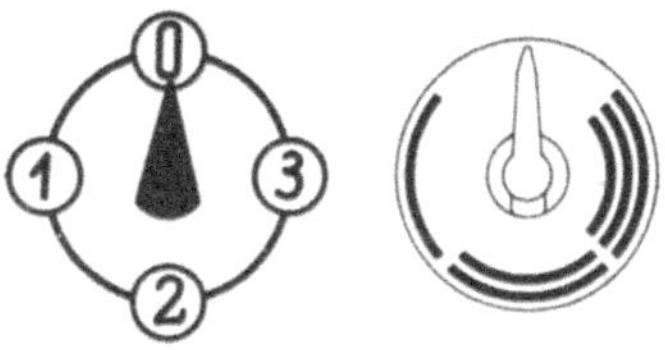

a b

Abb. 40. Kennzeichnung der Schalterstellung; a) durch Zahlen, b) durch Symbole.

Die Schalter der Kochplatten weisen, wie bereits erwähnt, im allgemeinen 4 Schaltstellungen auf, die entweder durch Zahlen (s. Abb. 40a) oder durch entsprechende Symbole (s. Abb. 40b) gekennzeichnet werden.

0 = aus
3 = stark
2 = mittel
1 = schwach

Die Schaltung der Heizleiter erfolgt bei den meisten Kochplatten so, daß auf Stufe 2 der stärkere Stromkreis, auf 1 der schwächere und auf 3 beide parallel eingeschaltet sind (s. Abb. 41a). Daneben sind auch Konstruktionen anzutreffen, bei denen auf Stufe 3 beide Stromkreise, auf 2 nur ein Stromkreis und auf 1 beide Stromkreise in Reihe unter Strom sind (s. Abb. 41 b). Natürlich ist in beiden Fällen Stufe 2 verschieden hoch. Auch ergibt sich auf Stufe 1 eine zwar nur geringfügige Abweichung, wenn eine Kochplatte der einen Schaltungsart in einen Herd anderer Bauart eingesteckt wird. Eine Vereinheitlichung ist hier dringend erwünscht und dürfte wohl auch nicht lange auf sich warten lassen.

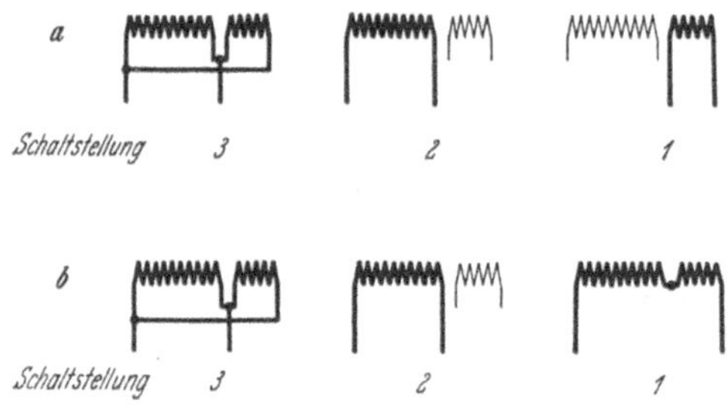

Abb. 41. Schaltstellung der Kochplatte; a) Gruppenschaltung, b) Reihenparallelschaltung.

Zu erörtern ist schließlich, ob die Ausschaltstellung der Schalter den Geräteteil allpolig oder nur einpolig vom Netz trennen soll. Aus Sicherheitsgründen ist eine Allpoligkeit wohl nicht zu fordern, wie nachstehende Überlegung zeigt.

Im § 11 d der Errichtungsvorschriften des Verbandes Deutscher Elektrotechniker (VDE) ist gefordert, daß jedes Gerät durch einen Schalter allpolig vom Netz zu trennen ist. Eine Festlegung, wo der Schalter angebracht sein muß, besteht jedoch nicht. Es ist demnach auch genügend, wenn z. B. ein Schalter an der Wand, gewissermaßen als Hauptschalter angebracht wird. Diese Anordnung weist sogar den Vorteil auf, daß dann tatsächlich der ganze Herd stromlos gemacht werden kann, während bei der Anordnung von zweipoligen Kochplattenregelschaltern ja immer noch ein großer Teil des Herdes (z. B. der Verbindungsleitungen) unter Spannung stehen bleibt. Ob eine allpolige Abschaltung der Kochplatten aus Gründen der größeren Haltbarkeit der Kochplatte notwendig ist, wird heute noch umstritten.

Abb. 42. Blanke Leitungsverlegung im Innern des Herdes (Unteransicht der Herdmulde).

Leitungen im Herdinnern und Herdanschluß. Als Leitungsmaterial zur Verbindung der Herdanschlußstelle mit den einzelnen Schaltern, Geräteteilen usw. wurden ursprünglich vielfach asbestisolierte Leitungen benutzt. Da jedoch der wegen der hygroskopischen Eigenschaft des Asbests nötige wasserdichte Einbau der Leitung auf Schwierigkeiten stößt, hat man dies Verfahren heute verlassen und wählt allgemein blanke Leitungsverlegung. Die Leiter (Kupfer-, Eisen- oder Nickeldraht) werden auf keramischen Isolierteilen befestigt (s. Abb. 42). Dabei ist darauf zu achten, daß auch bei Erwärmung oder mechanischer Erschütterung (z.B. während des Transportes) keine Verlagerung oder Verbiegung der Drähte stattfindet, die zu Körper- oder Kurzschlüssen führen kann. Die Leiter sollen deshalb keinen zu geringen Querschnitt aufweisen (meist 4 mm²) und sind möglichst oft zu lagern, damit keine zu langen freihängenden Leitungsstücke entstehen.

Die Herdanschlußstelle wird entweder hinten oder an der Seite, jedenfalls aber leicht zugänglich, angeordnet. Um die Lagerhaltung zu

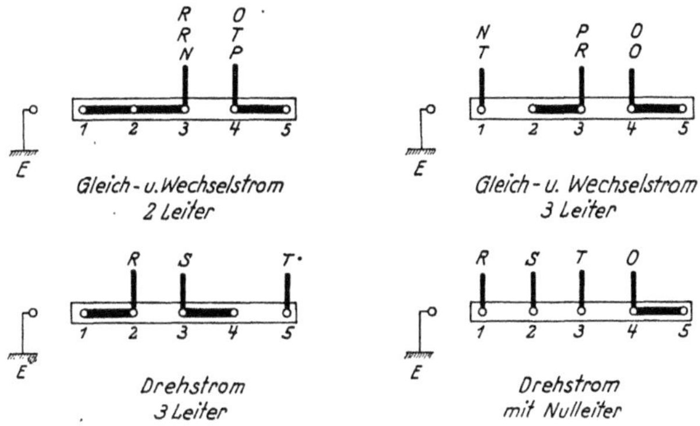

Abb. 43. Anschlußstelle zur Umklemmung bei verschiedenen Netzverhältnissen.

vereinfachen, werden die Schaltungen im Herd und die Anschlußstellen so ausgebildet, daß der Herd durch einfache Umschaltung an der Anschlußstelle, aber ohne besondere Umklemmungen im Innern des Herdes, bei verschiedenen Netzarten Verwendung finden kann. Zu diesem Zweck erhält die Anschlußstelle meist 5 oder 6 Klemmen, die dann je nach der Netzart durch Verbindungsstücke verbunden werden (s. Abb. 43).

Schließlich ist darauf zu achten, daß die einzelnen Kochplatten und der Bratofen bei Drehstrom oder Dreileiter-Gleichstromnetzen so verteilt werden, daß eine möglichst gleichmäßige Phasenbelastung erreicht wird. Abb. 44 zeigt das Schaltschema eines Dreiplattenherdes mit Bratofen. Bei den meist verbreiteten Drehstromnetzen von 380/220 V Spannung sind die einzelnen Kochplatten, Bratöfen usw. für 220 V bemessen, so daß sie jeweils zwischen Phase und den Nulleiter geschaltet werden. Da auch bei gleichmäßiger Aufteilung der einzelnen Geräteteile auf die drei Phasen, je nach der Benutzung des Herdes, ungleichmäßige Belastung und damit eine stärkere Belastung des Nulleiters auftreten kann, ist man in neuester Zeit dazu übergegangen, Kochplatte und Bratofen für 380 V zu bauen. Die bisher hiermit gemachten Erfahrungen lassen die Hoffnung berechtigt erscheinen, daß diese für gewisse Netze ganz erwünschte Lösung sich praktisch gut bewährt.

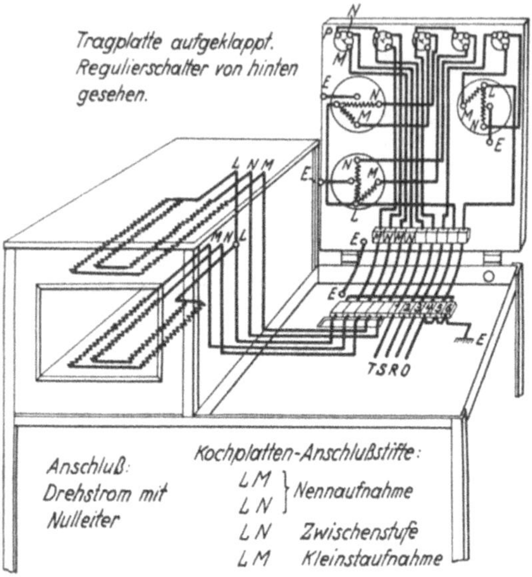

Abb. 44. Schaltschema eines Dreiplattenherdes.

Alles in allem kann festgestellt werden, daß in den letzten Jahren die Zahl der Störungen an elektrischen Herden auf ein verschwindend geringes Maß zurückgegangen ist. Insbesondere haben sich die elektrischen Kochplatten als sehr haltbar erwiesen. Vereinzelt wird über die Ausführung gewisser Schalter geklagt. Die meisten Fabrikate werden aber heute bereits mit sehr kräftigen Schalterkonstruktionen geliefert, die auch im Dauerbetrieb jeder Anforderung genügen.

b) Formen elektrischer Herde.

Die einfachste Ausführung der elektrischen Küche ist die gesonderte Aufstellung eines Zweiplattentischherdes (Doppelkochplatte) und eines Bratofens. Beide können dann nebeneinander auf einem Tisch, einem Schränkchen (Abb. 45) oder auf dem gegebenenfalls noch vorhandenen alten Kohleherd Aufstellung finden. Wenn mit möglichst geringem Platz auszukommen ist, kann der Zweiplattenherd auch parallel zum Bratofen angeordnet werden. Für diese Zwecke werden Tischherde geliefert, bei denen die Schalter an der Schmalseite liegen. Herd und Bratöfen können dann z. B. auf einem Wandkonsol angebracht werden (s. Abb. 46).

Abb. 45. Zweiplattentischherd und Bratofen auf einem Schrank.

Für den Zusammenbau der Kochplatten mit dem Bratofen bestehen grundsätzlich drei Ausführungsformen:

Herd mit untenliegendem Bratofen,

Herd mit seitlich obenliegendem Bratofen,

Herd mit seitlich danebenliegendem Bratofen.

Am häufigsten wird heute noch der Herd mit untenliegendem Bratofen verwendet (s. Abb. 47), obwohl die unbequeme Lage des Bratofens einen unverkennbaren Nachteil darstellt. Wenn auch der Herd mit oben liegendem Bratofen (s. Abb. 48) etwa 10—15% teurer ist, wird er doch von vielen Frauen wegen der leichteren Zugänglichkeit bevorzugt. Allerdings hat diese Bauart einen etwas größeren Platzbedarf (z. B. 1000 mm gegenüber 700 mm). Der Raumunterschied wird aber verschwindend gering, wenn man davon ausgeht, daß beide Herdbauarten die gleiche Abstellfläche besitzen sollen. Wenn dann an den Herd mit untenliegendem Bratofen rechts und links Abstellbleche angesetzt werden, beansprucht er fast denselben Platz (s. Abb. 49).

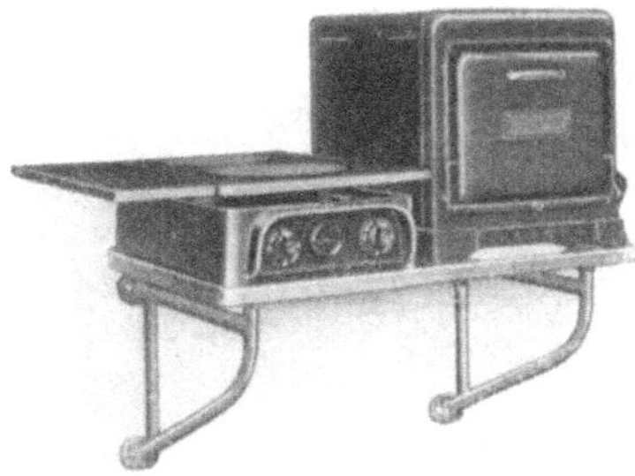

Abb. 46. Zweiplattentischherd und Bratofen auf Wandkonsol.

Die Klage mancher Hausfrauen, bei der bisherigen Bauart mit seitlichem Bratofen durch die hervorstehenden Kanten des Bratofens in ihrer Bewegungsfreiheit behindert zu sein, führte schließlich zu der dritten Bauart, der sog. Tafelform (s. Abb. 50), die heute vor allem in Westdeutschland bevorzugt gekauft wird.

Abb. 47. Dreiplattenherd mit untenliegendem Bratofen.

Neben diesen rein elektrischen Herden werden von den meisten Firmen noch sog. **kombinierte Herde** mit einem Kohleteil geführt. Der Grund hierfür ist ein doppelter. Zunächst entsprach der Wunsch nach einem kohlebeheizten Teil einem gewissen Unsicherheitsgefühl der Hausfrau, das zwar unberechtigt, aber während der ersten Jahre der Einführung wohl erklärlich ist. Dann aber zwingt häufig die Frage der Küchenheizung im Winter zur Aufstellung eines besonderen Kohleherdes [26]. Für großstädtische Neubauwohnungen mit Zentralheizung ist diese Frage ohne Bedeutung; anders aber in Altwohnungen und auf dem Lande. Der elektrische Herd ist so gebaut, daß er nur sehr wenig Wärme an den Raum abgibt. Bei günstig gelegenen Kleinküchen kann trotzdem oft auf eine besondere Heizquelle verzichtet werden. In großen, oft sehr exponiert gelegenen Küchen, auch Wohnküchen, ist dagegen eine besondere Heizung nötig. Elektrische Vollraum-Heizung kann nun bei den heute möglichen Strompreisen nicht als wirtschaftlich angesprochen werden. Es bleibt also die Aufstellung eines besonderen Kohleherdes erforderlich. Genau so liegen übrigens die Verhältnisse bei Küchen mit Gasherden. Auch hier werden besondere Kohleherde oder kombinierte Herde in überwiegendem Maße verwendet.

Abb. 48. Dreiplattenherd mit obenliegendem Bratofen.

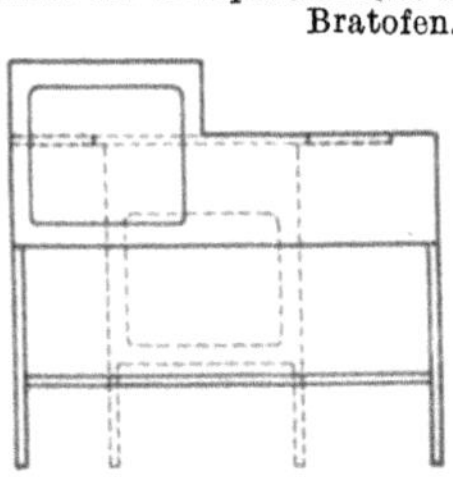

Abb. 49. Vergleich der Abmessungen von Herden mit oben oder unten liegendem Bratofen.

Es ist nun vom Standpunkt der Wärmewirtschaft unzweckmäßig, einen für Kochzwecke bestimmten Herd zur Raumheizung zu verwenden, da derartige Küchenherde nur eine sehr schlechte Ausnutzung des Brennstoffes gewährleisten. Viel richtiger ist es, für die Kocharbeit auch im Winter den elektrischen Herd zu benutzen und zur Raumheizung einen besonderen für Raumheizung geeigneten Ofen (z. B. Füllofen oder dgl.) zu verwenden.

Abb. 50. Dreiplattenherd mit seitlich liegendem Bratofen (Tafelform).

Der Wunsch, Elektroherd und Kohleofen zusammenzufassen, hat zur Schaffung besonderer Ansatzkohleherde geführt (s. Abb. 51), die auf ihrer flachen Platte auch die gelegentliche Zubereitung von Warmwasser oder die Warmhaltung von Speisen usw. gestatten. Es sind auch Konstruktionen auf dem Markt, bei denen der Kohleofen und der Elektroherd durch ein gemeinsames Herdgestell vereint sind (s. Abb. 52). Durch einen genügenden Abstand zwischen Kohle- und Elektroherd und eine besondere konstruktive Ausbildung des Kohleteils wird eine gute Raumheizwirkung des Kohleofens erzielt und eine dem Elektroherd unzuträgliche Erwärmung verhindert. Sobald ein besonderes Heizen der Küche sich erübrigt, kann der Kohleteil durch eine besondere Emailleplatte abgedeckt werden, die als Abstellfläche benutzt werden kann. Die Praxis hat gezeigt, daß die Hausfrauen die Vorzüge des elektrischen Kochens so hoch einschätzen, daß sie auch im Winter davon nicht abgehen und nur in besonderen Fällen den Kohleteil zum Kochen benutzen (s. auch S. 80).

Abb. 51. Ansatzkohlenherd.

c) Geräte für das Kochen im geschlossenen Raum.

Wenn auch das Kochen auf dem Plattenherd heute von der Frau kaum noch eine Beaufsichtigung erfordert, so ist es doch verständlich, daß man versucht hat, auch die letzten Handgriffe z. B. das Umschalten von der Ankochstufe auf die Fortkochstufe, ferner das Beobachten des Endzustandes des Garens der Frau noch abzunehmen [11, 52]. Hand in Hand mit diesen Bestrebungen zur Einführung des „selbsttätigen Kochens" ist man bemüht, den Stromverbrauch, vor allem in Küchen einfachster Art, auf ein Mindestmaß zu verringern.

Abb. 52. Kombinierter Herd mit drei Kochplatten und Kohlenherd.

Es ist nun leicht erklärlich, daß an dem Energieaufwand zum Ankochen verhältnismäßig wenig gespart werden kann, daß aber beim Fortkochen die Kochplatten einen gewissen Energieüberschuß aufweisen müssen, um auch unter ungünstigen Verhältnissen ein Fortkochen sicher zu gewährleisten. Hier besteht die Möglichkeit, elektrische Energie sowohl durch eine Verringerung der zugeführten Leistung als auch durch eine Wärmeisolierung der heißen Kochtöpfe nach außen zu sparen. Beide Wege führen dazu, nicht auf der Kochplatte, sondern in einem geschlossenen Raum z. B. unter einer Kochhaube oder in einem Kochofen zu kochen. Es ist hier dann zweckmäßig, die Stromzufuhr durch ein wärmeempfindliches Regelorgan steuern zu lassen. Da die Hausfrau dann durch keinerlei Beaufsichtigungszwang bei der Kocharbeit aufgehalten wird, kann die Erwärmungsdauer unbedenklich etwas länger gewählt werden, was sich technisch in einem verhältnismäßig geringen Anschlußwert des Gerätes auswirkt.

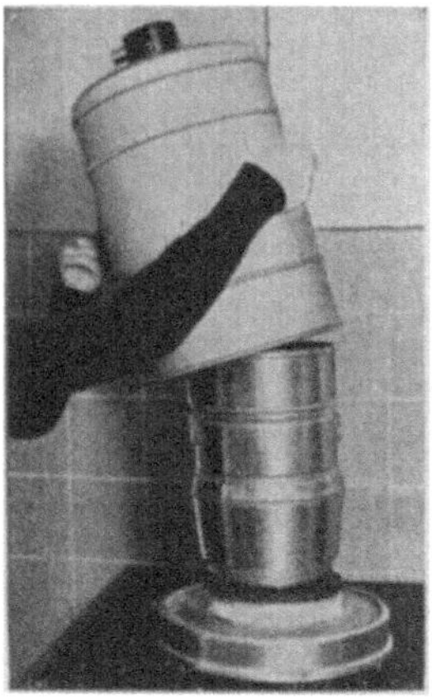

Abb. 53. Elektrisches Haubenkochgerät (Elektro-Ökonom).

Beim Kochen im geschlossenen Raum ist weiterhin von Vorteil, daß hier der Beschaffenheit der Topfböden keine so ausschlaggebende Bedeutung zukommt, wie beim Kochen auf Kochplatten, da die Wärme dem Gefäß von allen Seiten zugeführt wird. Auch verhindert der geschlossene Kochraum, daß irgendwelche Kochgerüche in die Wohnung eindringen, was vor allem bei beschränkten Wohnverhältnissen (Wohnküche usw.) von Vorteil ist.

Das erste nach diesen Grundsätzen arbeitende Gerät war der „Elektro-Ökonom". Auf eine verhältnismäßig gering belastete Kochplatte wurden die einzelnen Töpfe übereinandergestellt (s. Abb. 53) und mit einer wärmeisolierenden Haube bedeckt. Am Kopf der Isolierhaube ist ein Schalter eingebaut, der nach Erreichen einer bestimmten Temperatur den Strom unterbricht. Kochplatte und Wärmeschalter sind durch eine Anschlußschnur miteinander verbunden. Bei der meistverbreiteten Type (Anschlußwert 700 Watt) konnte je ein Topf von $1\frac{3}{4}$, 2 und $3\frac{1}{2}$ Liter eingesetzt werden. Derartige Geräte sind in den Jahren 1926—1927 zu vielen Tausenden in Deutschland verkauft worden und werden zum Teil heute noch verwendet.

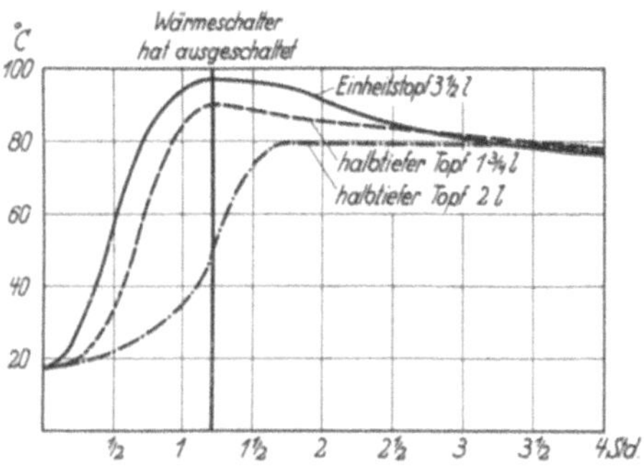

Abb. 54. Temperaturverlauf im Elektro-Ökonom.

Die Arbeitsweise geht deutlich aus Abb. 54 hervor. Der Wärmeschalter ist so eingestellt, daß er die Stromzufuhr unterbricht, nachdem der unterste Topf nahezu 100^0 C erreicht hat. (Bei vollbesetztem Gerät nach etwa $1\frac{1}{4}$ Stunde.) Die Temperatur sinkt infolge der guten Isolation nur langsam ab, auch der oberste Topf, der beim Abschalten nur etwa 50^0 erreicht hatte, steigt langsam bis auf etwa 80^0, eine Temperatur, bei der zarte Gemüse usw. bereits gar sind. Natürlich ist es zweckmäßig, für schwerer kochende Speisen den untersten Topf zu benutzen. Bei bestimmten Speisenfolgen ist ein vollständiges Kochen ohne jedes Nachheizen, nur durch die gespeicherte Wärme möglich. Meist jedoch müssen die Töpfe etwa eine Stunde nach dem Abschalten umgesetzt und unter Benutzung eines besonderen Zwischensteckers nochmal kurz nachgeheizt werden. Dieser Mißstand wird bei den neuesten Konstruktionen dieser Art vermieden, indem hier der Wärmeschalter den Strom nicht ganz abschaltet, sondern eine Fortkochleistung von 80 Watt dauernd eingeschaltet läßt. Es ist klar, daß sich das Gerät vor allem für sog. Eintopfgerichte eignet, während Essen mit gebratenem Fleisch usw. nur mit besonderen Kunstgriffen gleichzeitig im Gerät zubereitet werden können. Unter Benutzung eines besonderen Backgestells kann unter der Haube auch ein runder Kuchen gebacken werden.

Abb. 55. Elektrisches Bratrohr zum Kochen mit Schaltuhr und Wärmekammer.

Trotz der Vorteile der verhältnismäßig niedrigen Anschaffungskosten, des geringen Anschlußwertes und des besonders bei vorwiegenden Eintopfgerichten sehr niedrigen Stromverbrauchs hat das Gerät auf die Dauer nicht überall Fuß fassen können, da diese Kochweise doch eine völlige Umstellung des Altgewohnten und das Übersetzen der Haube, der Schnuranschluß usw. gewisse Unbequemlichkeiten mit sich bringen. In Gegenden, die vorwiegend suppige Essen bevorzugen (z. B. Mitteldeutschland, Sachsen usw.), sowie von berufstätigen Frauen (Heimarbeiterinnen) werden auch heute noch diese und ähnliche Haubenkochgeräte gern benutzt. Zu ihrer Ergänzung sind aber dann noch eine oder mehrere Kochplatten nötig.

Das Bestreben, dieses Gerät zur Verringerung der Anschaffungskosten auch zum Braten und Backen auszunutzen, führt zum Kochofen. An sich ist es möglich, in jedem Brat- und Backrohr auch zu kochen. Das erfordert zwar verschieden große Heizleistungen, was aber durch einfache Umschaltung ohne jede Schwierigkeit zu erreichen ist. Im allgemeinen wird diese Kochweise aber nur bei Speisen mit verhältnismäßig langer Garzeit mit Vorteil anzuwenden sein. Auch hier kann ein selbsttätiges Arbeiten z. B. durch Verwendung einer Schaltuhr erreicht werden. Diese Möglichkeit erschließt dem ganzen Haushaltbetrieb völlig neue Wege. Die Hausfrau kann früh ihr Essen vorbereitet in das Gerät einsetzen. Die auf Grund der Erfahrung auf einen bestimmten Zeitpunkt eingestellte Schaltuhr schaltet den Strom ein, und unterbricht ihn rechtzeitig. Die Hausfrau findet dann zur gewünschten Zeit ein wohlschmeckendes, nahrhaftes Essen vor. Abb. 55 zeigt ein derartiges Bratrohr mit einer Schaltuhr, auch Kleinküche genannt. Die Praxis hat gezeigt, daß sogar gleichzeitig im Bratofen Fleisch gebraten und Gemüse gekocht werden kann [47].

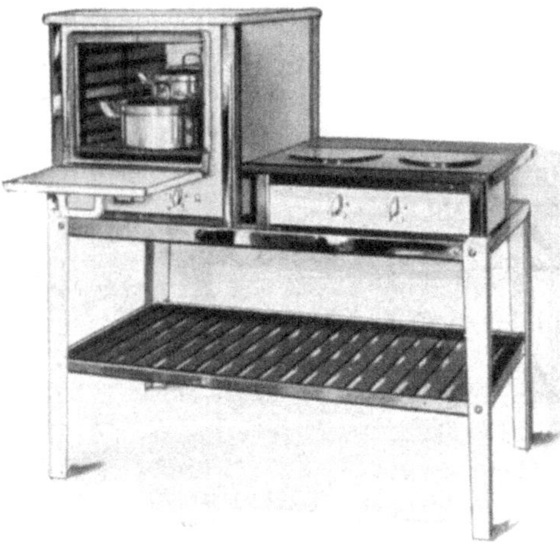

Abb. 56. Elektrische Kochröhre mit eingebautem Temperaturschalter mit Zweiplattentischherd zusammengebaut.

Man hat nun versucht, derartige Kochröhren mit dem vom Ökonom her bekannten Wärmeschalter [52, 49] auszurüsten, die Unterbrechung der Energiezufuhr also nicht, wie oben gezeigt, von der Zeit sondern von der Temperatur abhängig zu machen [30]. Abb. 56 zeigt eine derartige Kochröhre, die mit einem Zweiplattentischherd zusammengebaut ist. In der Regel arbeitet die Kochröhre ähnlich dem Ökonom mit einem Wärmeschalter. Um sie auch als Bratofen benutzen zu können, kann aber der Wärmeschalter durch einen besonderen Schalter überbrückt werden. Der Ofen wird dann wie ein normales Bratrohr geschaltet. Die Kombination der Kochröhre mit dem Zweiplattenherd ist zweifellos recht anpassungsfähig.

Abb. 57. Elektrisches Haubenkochgerät mit Temperaturregler.

Schließlich besteht die Möglichkeit, die Wärmezufuhr durch einen Temperaturregler zu steuern. Hiervon macht das in Abb. 57 dargestellte Haubenkochgerät Gebrauch. Das Gerät besteht aus einem Tischherd, über den eine Aluminiumhaube gestülpt wird [40]. Hierdurch wird der Wärmeverlust der auf die Kochplatten gestellten Töpfe auf ein Mindestmaß beschränkt. Ein eingebauter selbsttätiger Wärmeregler hält die Temperatur unter der Haube gerade auf der für die Zubereitung der Speisen erforderlichen Höhe. Wird die Kochtemperatur erreicht, so schaltet er den Strom ab; bei Unterschreitung einer nur um wenige Grade tiefer liegenden Temperatur schaltet er den Strom von selbst wieder ein. So wird erreicht, daß die Speisen dauernd im Kochen bleiben, und daß weder ein Überkochen noch ein Anbrennen stattfinden kann. Das Gerät besitzt zwei Kochstellen zu je 1200 Watt und einen Schalter, durch den entweder die vordere Kochstelle allein (Schalterstellung 1) oder beide Kochstellen (Schalterstellung 2) in Reihe, so daß auf jede nur 600 Watt entfällt, eingeschaltet werden. In beiden Schalterstellungen, also sowohl mit einer Kochstelle als auch mit zwei Kochstellen, kann das Gerät mit Haube verwendet werden. Zugleich kann man aber den Herd in Schalterstellung 1 ohne Haube gebrauchen. Die vordere Kochplatte arbeitet in dieser Schalterstellung mit 1200 Watt als normale Kochplatte, auf der alle Pfannengerichte wie Omelettes, Schnitzel usw. zubereitet werden können. Der Wärmeregler ist bei dieser Verwendung außer Betrieb gesetzt. Die Arbeitsweise geht aus Abb. 58 hervor [5, 17]. Der Regler läßt jeweils nur soviel Energie zuströmen, als zur Aufrechterhaltung einer bestimmten Temperatur nötig ist. Das Gerät arbeitet am besten, wenn beide Platten mit annähernd gleichen Kochgutmengen beschickt sind. Natürlich ist die Kochdauer, infolge der etwas niedrigeren Temperatur im Kochgut länger als auf der Kochplatte (etwa 2—4 h je nach Speisenfolge), was jedoch nicht nachteilig wirkt, da ja das Gerät selbsttätig, d. h. ohne jede Beaufsichtigung durch die Hausfrau arbeitet. Auch die zuweilen geäußerten Bedenken, daß die längere Zubereitungsdauer der Speisen diesen schädlich sei, hat sich durch einwandfreie Untersuchungen der Ernährungsphysiologen als irrig erwiesen. Ganz im Gegenteil hat die verhältnismäßig niedrige Temperatur zur Folge, daß keinerlei Nährwerte oder Mineralstoffe durch Verdampfen ausgetrieben werden. Derartige Kochgeräte haben sich vor allem in Sachsen, dann aber auch in Norddeutschland, z. B. in einer größeren Siedlung in Bremen mit 180 Wohnungen gut bewährt.

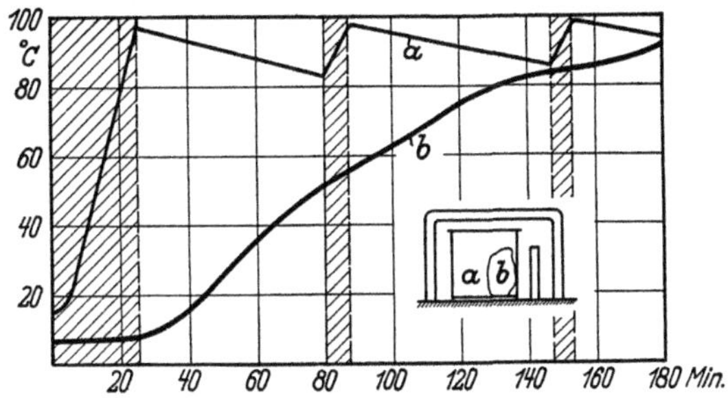

Abb. 58. Temperaturverlauf im Haubenkochgerät mit Temperaturregler.
a = Wassertemperatur, b = Fleischtemperatur.

Alle diese Kochgeräte für das Kochen im geschlossenen Raum geben die Möglichkeit zu einem besonders sparsamen Energieverbrauch. Da sie zudem der Hausfrau ein Sparen von Zeit und Mühe mit sich bringen, werden sie häufig Sparkochgeräte oder Sparherde genannt.

d) Auswahl der Herde und Kochgeschirre.

Einheitliche Richtlinien für die Auswahl elektrischer Herde lassen sich nicht ohne weiteres aufstellen [34], da Größe und Ausführung des Herdes nicht nur von der Größe der Familie, sondern auch von ihren Lebensgewohnheiten abhängen. Zunächst ist zu überprüfen, ob besser Sparkochgeräte (für Kochen im geschlossenen Raum) oder Plattenherde Verwendung finden. Man hat in Deutschland zunächst versucht, in erster Linie sog. Sparkochgeräte (Haubenkochgeräte) zu propagieren. Trotz der unleugbaren Vorteile dieser Geräte, wie selbsttätiges Arbeiten, geringerer Stromverbrauch, wird in Deutschland zur Zeit der Hochleistungsplattenherd bevorzugt. Der Grund für diese Entwicklung ist wohl darin zu suchen, daß die Sparkochgeräte eine gründliche Umstellung der hausfraulichen Kochweise bedingen, die man, schon aus propagandistischen Gründen, der Hausfrau vorerst nicht zumuten sollte. Die Mehrzahl der deutschen Elektrizitätswerke hat deshalb ihr Hauptaugenmerk dem Plattenherd zugewandt, zumal, wie später noch genauer dargelegt wird, die anfänglich gehegten Befürchtungen hinsichtlich der Belastungsspitzen sich als wenig begründet erwiesen haben. Die Haubenkochgeräte können aber in Sonderfällen (z. B. werktätigen Frauen) gute Dienste leisten. Auch könnten für die Zukunft kombinierte Herde (Haubenkochgeräte mit Plattenherd und Bratofen) Bedeutung erlangen. Die nachstehenden Ausführungen beziehen sich aber in erster Linie auf die Einführung von Plattenherden.

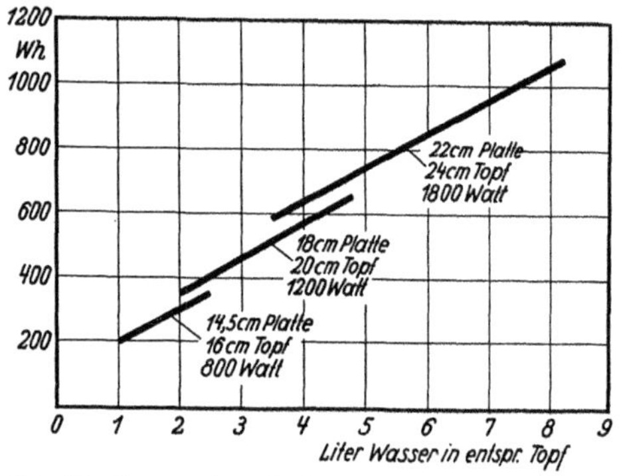

Abb. 59. Stromverbrauch beim Ankochen verschiedener Wassermengen auf Kochplatten verschiedener Größe.

Für die zweckmäßigste Auswahl des Plattenherdes ist vor allem zu erörtern, welche Plattengrößen der Herd aufweisen soll. Der Herd soll die Aufgabe erfüllen, möglichst alle im Haushalt vorkommenden Kochgutmengen mit einem Mindestmaß von Energieverbrauch kochen zu können. In Abb. 59 ist der Stromverbrauch beim Ankochen verschiedener Wassermengen auf Kochplatten verschiedener Größe dargestellt, wobei jeweils der Kochtopf so gewählt wird, daß er möglichst ganz mit Wasser gefüllt ist. Man erkennt, daß für kleine Kochgutmengen der geringste Stromverbrauch beim Kochen auf der kleinen Kochplatte erzielt wird. Es ist ferner erkennbar, daß die am häufigsten in Haushalten mittlerer Größe verwendete Kochgutmenge von 3—4 Liter am besten auf der 18 cm-Platte zubereitet werden kann. Die 18 cm-Platte sollte deshalb an keinem elektrischen Herd fehlen.

Mit einem Zweiplattenherd dürfte man im allgemeinen bei Familien von 3—4 Personen auskommen können, wobei man in städtischen Haushaltungen als zweite Platte am besten die 14,5 cm-Platte, in größeren Haushaltungen und auf dem Lande die 22 cm-Platte wählt. Wenn der Zweiplattenherd auch seine praktische Brauchbarkeit erwiesen hat, sollte man doch versuchen, nach und nach auf den Dreiplattenherd überzugehen, wenn man eine vollelektrische Küche erstrebt, d. h. von vornherein auf die auch nur aushilfsweise Benutzung eines kohle- oder anders beheizten Herdes verzichten will. Die Einführung des Dreiplattenherdes an Stelle des Zweiplattenherdes wird in letzter Zeit dadurch erleichtert, daß die bis vor kurzem noch bestehenden sehr großen Preisunterschiede zwischen Zwei- und Dreiplattenherden in neuester Zeit so stark verringert worden sind, daß eine Beschränkung auf zwei Platten aus diesem Grunde kaum gerechtfertigt erscheint.

Der Zweiplattentischherd ist unter diesen Gesichtspunkten gewissermaßen als Übergangsform aufzufassen. Auch bei der Einführung des Gases als Wärmequelle in der Küche wurden zunächst ausschließlich zweiflammige Kocher benutzt. Der Übergang auf den Gasvollherd hat sich erst verhältnismäßig spät vollzogen.

Für die vollelektrische Küche kommt demnach meist der Dreiplattenherd in Frage. Er soll zweckmäßig drei Kochplatten verschiedenen Durchmessers (1 Stück 145 mm, 1 Stück 180 mm, 1 Stück 220 mm Durchmesser) enthalten, da dann, wie Abb. 20 zeigt, alle Kochgutmengen unter annähernd gleich günstigen Bedingungen zubereitet werden können. Der großen Platte von 220 mm Durchmesser kommt dann eine besondere Bedeutung für die Zubereitung von Pfannensachen zu. Hier ist eine gewisse Fläche nötig, wenn für mehrere Personen die Bratsachen gleichzeitig zubereitet werden sollen. — Ob bei Vierplattenherden als vierte Platte eine solche von 180 oder 220 mm Durchmesser hinzugefügt wird, hängt von den jeweiligen Verhältnissen ab. Die meisten Herde sind heute so eingerichtet, daß auf Wunsch an Stelle der größeren Platte auch eine kleinere eingesetzt werden kann. Der entstehende freie Raum zwischen Herdplatte und Kochplatte wird dann durch einen sog. Zwischenring ausgefüllt. Wenn diese Möglichkeit auch begrüßt wird, so sollte sie doch nicht allzu sehr gefördert werden, da es unbedingt eine gewisse zusätzliche Komplikation des Herdaufbaues bedeutet.

Nach den bisher gemachten Erfahrungen ist es zweckmäßig, den Herd nicht unnötig groß zu wählen. Der Stromverbrauch steigt beim Vorhandensein einer größeren Anzahl von Kochplatten häufig dadurch an, daß die Hausfrau, oft ganz unbewußt, alle Platten benutzt. Der durch die unnötige Aufheizung der Plattenkapazität verursachte

Mehrverbrauch beeinflußt dann den Gesamtverbrauch. Da zudem der Höchstlastanteil der einzelnen Haushaltungen mit dem Anschlußwert des Herdes wächst, liegt es auch im Interesse der Elektrizitätswerke, daß nicht unnötig große Herde gewählt werden. Die Elektrizitätswerke müssen in den Fragen der zweckmäßigen Herdauswahl ihre Abnehmer weitgehend beraten.

Auf jeden Fall sollte jede elektrische Küche außer dem Herd noch einen *Tauchsieder* oder einen direktbeheizten *elektrischen Wasserkocher* erhalten, da dies den Kochbetrieb, vor allem die Frühstücksbereitung, wesentlich erleichtert.

Über die Bedeutung der elektrischen Heißwasserspeicher für die Küche s. S. 64 u. S. 79.

Besondere Überlegungen sind schließlich hinsichtlich der Auswahl *elektrischer Herde für landwirtschaftliche Betriebe* nötig. Bei der Einrichtung elektrischer Küchen auf dem Lande hat man sich bisher in erster Linie auf die in Städten gesammelten Erfahrungen gestützt. Dies war möglich, solange es sich um ausgesprochene Kleinbetriebe (Pfarrer, Lehrer, Beamte, Handwerker usw.) handelte. Auch für die elektrischen Küchen der Häusler und Instleute sowie der Haushaltungen von kleineren Gärtnereien und Landwirtschaftsbetrieben mögen ähnliche Voraussetzungen gelten. Anders liegen die Verhältnisse aber, sobald man daran geht, auch die Küchen der eigentlichen Gutsbetriebe zu elektrifizieren. Der Gutsbetrieb hat nicht nur größere Personenzahlen zu verpflegen, sondern stellt an die Küche noch eine Reihe besonderer Anforderungen, denen von vornherein Rechnung getragen werden muß, wenn Mißerfolge vermieden werden sollen.

Aufteilung der zu verpflegenden Personen auf Herrschafts- und Gesindeküche in landwirtschaftlichen Betrieben versch. Größe[1].

Größenklasse	Herrschaftsküche	Gesindeküche
2— 5 ha	2 bis 5	—
5— 10 „	3 „	—
10— 20 „	4 „ 6	0 bis 2
20— 50 „	4 „ 5	2 „ 5
50—100 „	4 „ 5	4 „ 15
100—200 „	4 „ 5	16 „ 45

Die Größe der zu wählenden Kochgeräte hängt in erster Linie von der Anzahl der zu verpflegenden Personen ab. Die Personenzahl schwankt nun je nach der Gutsgröße in ziemlich weiten Grenzen. Auch ist bei größeren Gütern zwischen der Herrschafts- und der Gesindeküche zu unterscheiden. Obenstehende Tabelle gibt hierüber einen Überblick. Hierzu kommen noch in gewissen Jahreszeiten die Saisonarbeiter. Im Durchschnitt kann hier mit folgenden Zahlen gerechnet werden:

[1] Nach Landwirtschaftliche Betriebsstatistik 1925.

Größe des landw. Betriebes	20—50 ha	50—100 ha	100—200 ha	über 200 ha
Zahl der Saisonarbeiter . .	2—3	5—7	12—15	30

Die Gesichtspunkte für die Einführung elektrischer Küchen in landwirtschaftlichen Betrieben sind ganz verschieden, je nachdem, ob es sich um

klein- und mittelbäuerliche Betriebe,
großbäuerliche Betriebe oder
Großbetriebe

handelt.

Bei kleinbäuerlichen Betrieben wird man im allgemeinen mit den üblichen Haushaltherdtypen auskommen.

Besondere Aufmerksamkeit ist auf die Frage der Futterbereitung zu richten. Man findet zuweilen in kohle- und holzbeheizten Küchen, daß die Futterbereitung mit auf dem Herd in der Küche erfolgt. Die Landwirte haben aber sehr wohl erkannt, daß dieser Zustand weder zweckmäßig noch erfreulich ist und verwenden deshalb meist schon besondere Futterdämpfer. Dies gilt in noch höherem Maße für die elektrische Küche. Hier sollte grundsätzlich davon abgesehen werden, das Futter auf dem elektrischen Herd zu kochen. Die zu verwendenden Futterdämpfer werden am besten mit elektrischer Beheizung gewählt, da sie dann mit billigem Nachtstrom betrieben werden können.

Auch der Frage der Heißwasserbereitung kommt für den ländlichen Haushalt besondere Bedeutung zu. Der Heißwasserspeicher stellt an sich ein hierfür geeignetes Gerät dar. Es darf jedoch nicht verkannt werden, daß seiner allgemeinen Einführung wegen der Erhöhung der Anschaffungskosten und dem in landwirtschaftlichen Betrieben stark schwankenden Heißwasserbedarf gewisse Schwierigkeiten entgegenstehen. Ein niedriger Nachtstrompreis ist dann die Voraussetzung dafür, daß der Landwirt auf die Dauer zufrieden bleibt.

Es darf nicht verschwiegen werden, daß in der Heißwasserversorgung der Gutsbetriebe die Hauptschwierigkeit für die Einführung des elektrischen Kochens in landwirtschaftlichen Betrieben liegt.

Dies gilt vor allem für die Einrichtung in großbäuerlichen Betrieben. Hier kommt hinzu, daß die üblichen Haushaltherde meist nicht mehr ausreichen, da häufig 10—15 Personen zu verpflegen sind.

Wenn man bedenkt, daß bei suppigem Essen auf dem Lande mit $\frac{3}{4}$—1 Liter Essen je Kopf gerechnet werden muß, so müssen z. B. bei 12 Personen gelegentlich etwa 10 Liter Essen zubereitet werden. Auf der 220 mm-Kochplatte können aber bei Benutzung der üblichen Topfgrößen höchstens 8 Liter Essen gekocht werden. Es ist deshalb nötig, daß alle derartigen Haushaltungen eine Kochplatte größeren Durchmessers, etwa eine solche von 300 mm Durchmesser, erhalten. Weiterhin erweist sich bei derartigen Personenzahlen der Bratofen in der beim Haushaltherd üblichen Abmessung als zu klein. Der Ofen muß mindestens 550 mm Tiefe und möglichst 400 mm Breite haben. Eine weitere Überlegung zeigt, daß man in derartigen Betrieben im allgemeinen nicht mit einem Bratofen ausreicht, sondern daß zwei größere oder mindestens ein größerer und ein kleinerer Bratofen vorhanden sein müssen.

Diese Forderung ergibt sich auch, wenn man die Frage des Brotbackens berücksichtigt. Ein 10- bis 12köpfiger Landhaushalt benötigt je Woche etwa 25—30 kg Brot, also etwa 12—15 Brote zu 2 kg. Die Bauernfrau will den Brotbedarf einer Woche an einem Tage backen. Da der angemachte Sauerteig nur etwa 5—6 Stunden stehen kann, ohne zu verderben, muß diese Backarbeit in fünf Stunden erledigt sein. Rechnet man für jedes Brot mit etwa 45 Minuten Backzeit, so ergibt sich schon hieraus, daß mit einem Bratofen, selbst wenn er zwei Brote gleichzeitig faßt, nur schwierig auszukommen ist. Beim Vorhandensein von zwei Backöfen können dagegen vier Brote gleichzeitig erbacken werden, so daß die ganze Backarbeit in etwa 3—4 Stunden bewältigt ist.

Abb. 60. Landwirtschaftsherd mit zwei Bratöfen und vier Kochplatten.

Die Anforderungen, die ein derartiger großer Gutshaushalt an die elektrische Küche stellt, haben zur Schaffung einer neuen Herdart geführt. Die sog. Landwirtschaftsherde sind gewissermaßen verstärkte, erweitere Haushaltherde (Abb. 60). Der Herd hat vier Kochplatten (zwei von 300 mm Durchmesser, zwei von 220 mm Durchmesser) sowie zwei Bratöfen von 550 mm Tiefe und 380 mm Breite. Der Gesamtanschlußwert beträgt 12,6 kW.

Noch schwieriger liegen die Verhältnisse in landwirtschaftlichen Großbetrieben. Wenn sämtliche Personen, also Herrschaft, Gesinde und Saisonarbeiter, aus der elektrischen Küche verpflegt werden sollen, ergeben sich in den meisten Fällen so viele Portionen, daß man auch mit den oben geschilderten Landwirtschaftsherden nicht mehr auskommt und zur Verwendung von Großküchengeräten übergehen müßte. Besondere Anforderungen werden während der Saisonarbeit, großer Jagdessen, während der Schlachttage und beim Einmachen größerer Obstmengen an die Küche gestellt.

Die Anschaffungskosten der meist in Einzelanfertigung hergestellten Großküchengeräte sind aber im Vergleich zu denen der Haushaltherde hoch, so daß sich deren Einführung in größerem Umfang wohl zunächst gewisse Schwierigkeiten entgegenstellen, zumal auch die Heißwasserversorgung derartiger Großbetriebe besondere Aufwendungen nötig macht. Man hat deshalb häufig den Weg gewählt, in der Gesindeküche den alten Kohleherd zu belassen und nur die Herrschaftsküche mit elektrischen Geräten auszustatten, da hier mit den vorhandenen Herdtypen ohne weiteres auszukommen ist. Die Elektrifizierung der Herrschaftsküche ist besonders leicht durchführbar, weil zumeist in derartigen Großbetrieben Herrschafts- und Gesindeküche völlig getrennt geführt werden, und die Küchen häufig sogar in ganz verschiedenen Räumen oder Gebäuden untergebracht sind.

Auswahl der Kochgeschirre. Jedem elektrischen Herd soll aus den oben angeführten Gründen (s. S. 14 ff.) das passende Elektrokochgeschirr gleich mitgeliefert werden, da nur dann eine Befriedigung aller Wünsche der Hausfrau möglich ist. Die einmaligen, verhältnismäßig goringen Anschaffungskosten machen sich bald bezahlt. Geeignete Kochgeschirre verschiedener Art und Größe sind heute auf dem Markt in allen Preislagen zu haben. Wie bei einer so jungen Entwicklung nicht anders zu erwarten, unterscheiden sich die Fabrikationsreihen der einzelnen Firmen nicht nur in den Topfgrößen, sondern auch darin, daß die listenmäßigen Bezeichnungen der Töpfe voneinander abweichen. Da die Elektrokochgeschirre meist beim Kauf des Herdes gleich mitgeliefert werden, braucht der Kunde eine Entscheidung über die Auswahl der Töpfe heute kaum zu treffen. Bei der weiteren raschen Entwicklung des elektrischen Kochens wird jedoch zweifellos das Topfgeschäft mehr und mehr auf die Haushaltgeschäfte übergehen. Dann ist aber die Vereinheitlichung der Kochgeschirre dringende Voraussetzung für eine einfache Auswahl der Töpfe. Neben einer Verringerung der Typenzahl ist vor allem auch die Festlegung der Größenverhältnisse, wie sie für gewöhnliche Kochgeschirre in den Normenblättern 6001 ff. aufgestellt sind, wichtig.

Erfreulicherweise sind Bestrebungen zu einer Normung der Elektrokochgeschirre bereits im Gange. Die Zahl der herzustellenden Töpfe soll verringert werden. Bei Töpfen gleichen Durchmessers soll jeweils ein hoher und ein niederer Kochtopf und ein hoher und ein niederer Bratentopf, außerdem eine Bratpfanne vorgesehen werden. Nachstehende Zahlentafel zeigt einen Normenvorschlag des Reichsbunds der deutschen Metallwarenindustrie.

Bezeichnung des Topfes	Nenninhalt in l (gestrichen voll) Topfdurchmesser mm				
	16	18	20	22	24
Hoher Kochtopf	2,8	3,9	5,3	7,0	9,0
Niederer Kochtopf	2,2	3,0	4,0	5,3	6,7
Hoher Bratentopf	1,6	2,2	3,1	4,1	5,4
Niederer Bratentopf . . .	1,25	1,75	2,4	3,2	4,1

Es wäre von Vorteil, die Typenreihen darüber hinaus noch weiter zu verringern, so daß für jede Kochplatte nur eine Reihe bestimmten Durchmessers zur Verwendung kommt. Hierbei tritt die Frage auf, ob die Reihe mit 14,18 und 22 cm Durchmesser, oder diejenige mit 16, 20 und 24 cm Durchmesser gewählt wird. Aus verschiedenen Gründen scheint die Bevorzugung der zweiten Reihe gerechtfertigt, obwohl dies eine Abkehr von dem bisher grundsätzlich festgehaltenen Standpunkt bedeutet, daß die Töpfe gleichen Durchmesser wie die Kochplatten haben sollen. Wie auf S. 14 gezeigt, bedeutet die Wahl eines etwas zu großen Topfes keinen nennenswerten Mehrverbrauch.

Für die Verwendung der Töpfe größeren Durchmessers spricht aber folgende Überlegung: Der größte heute auf dem Markt befindliche Topf mit 18 cm∅ hat einen Nenninhalt von 4 Liter, entsprechend einem Nutzinhalt von 3,5 Liter. Nun finden aber Zweiplattenherde mit je einer 14,5 und 18 cm-Platte sehr häufig auch bei Familien mit drei und vier Personen Verwendung. Für letztere erweist sich dann der 18 cm-Topf mit 3,5 Liter Nutzinhalt häufig als zu klein. Der entsprechende Topf mit 20 cm∅ aber hat einen Nenninhalt von 5,3 Liter, entsprechend einem Nutzinhalt von 4,75 Liter, wird also genügen; die gleiche Überlegung gilt für die Töpfe mit 14 und 16 cm∅. Auch hier sind die Töpfe größeren Durchmessers vielseitiger verwendbar.

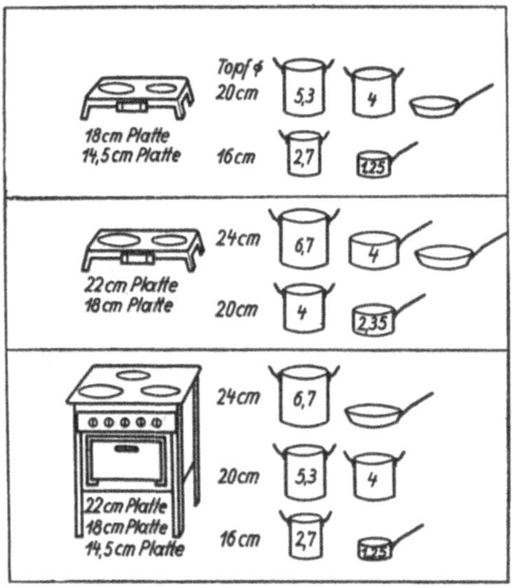

Abb. 61. Mindestauswahl von Kochgeschirren für Herde verschiedener Größe.

Schließlich ist zu beachten, daß bei der Verwendung von Stahlgeschirren mit außen abgerundeter Bodenkante ja sowieso Töpfe etwas größeren Durchmessers Verwendung finden müssen. Bei einer Festlegung der Durchmesser auf 16, 20 und 24 cm würde dieser Unterschied in Wegfall kommen. Voraussetzung für den ordnungsgemäßen Betrieb des Herdes bei der Wahl eines Topfes größeren Durchmessers ist allerdings, daß dann die Kochplatte einige Millimeter über der Herdplatte heraussteht, was bei richtiger Einstellung der Kochplatte leicht zu erreichen ist.

Um ein Aufeinandersetzen der verschiedenen Töpfe zum Zweck des Turmkochens zu ermöglichen, ist die Normung der Zwischenringe, wie sie heute schon bei einigen Fabrikaten üblich ist, erforderlich. Auch ist es wichtig, die Topfgriffe so auszubilden, daß sie das Übereinandersetzen nicht hindern.

Es bleibt nun zu erörtern, welche Topfgrößen den einzelnen Herdtypen zweckmäßig mitzugeben sind. Ausschlaggebend muß sein, daß die Hausfrau möglichst alle vorkommenden Kochgutmengen mit dem geringstmöglichen Energieverbrauch zubereiten kann. Abb. 59 zeigte, wie sich die Zubereitung verschiedener Kochgutmengen auf die einzelnen Kochplatten verteilt. Für Herde verschiedener Größe (Zweiplattentischherde sowie Vollherde) dürfte sich dann die Mitlieferung der in Abb. 61 aufgeführten Kochgeschirre als Mindestforderung ergeben. Dabei ist nicht berücksichtigt, daß die Hausfrau aus Bequemlichkeitsgründen oft noch einige Töpfe mehr benutzen will. Um jedoch die erstmaligen Anschaffungskosten nicht zu hoch werden zu lassen, scheint hier die Beschränkung auf das Notwendigste am Platze. Die Hausfrau wird dann wohl in den meisten Fällen nach kurzer Zeit von sich aus ihr Kochgeschirr noch etwas ergänzen.

Die Praxis hat gezeigt, daß heute für jeden Verwendungszweck geeignete Herdtypen und geeignete Kochgeschirre auf dem Markt sind, so daß vom Standpunkt des Gerätebaues der Einführung des elektrischen Kochens keine Hemmungen entgegenstehen.

2. Elektrische Zusatzgeräte.

a) Geräte für Heißwasserbereitung.

Im Haushalt wird täglich heißes Wasser in mehr oder weniger großen Mengen benötigt. In großstädtischen Wohnungen ist vielfach zentrale Warmwasserversorgung vorhanden. Den elektrischen Geräten obliegt dann lediglich die Aufgabe, das meist 50—60gradige Wasser gegebenenfalls zum Sieden zu bringen. Daneben muß aber auch für Genußzwecke kaltes Wasser erwärmt werden. In Wohnungen ohne zentrale Warmwasserversorgung kann die gesamte Heißwasserversorgung mit Vorteil elektrisch erfolgen. Dies kann in üblicher Weise auf dem elektrischen Herd geschehen. Nun ist der Vorgang der Heißwasserbereitung aber weder an die Einhaltung gewisser Temperaturen (keine Anbrenngefahr) gebunden, noch ist eine besondere Reinigung der Kochgeschirre nötig. Man hat deshalb hierfür besondere Geräte entwickelt, die die Erwärmung des Wassers mit einem geringstmöglichen Energieaufwand und in möglichst kurzer Zeit gewährleisten. Für die Zubereitung kleiner Mengen kommt der elektrische Tauchsieder oder der direkt beheizte Wasserkocher in Frage. Bequemer ist es aber natürlich, wenn die Hausfrau immer einen gewissen Vorrat heißes Wasser zur Verfügung hat. Man verwendet dann den elektrischen Heißwasserspeicher, der ganz selbsttätig, sauber und bequem arbeitet.

Der Tauchsieder. Das Prinzip des Tauchsieders beruht darauf, den Heizkörper direkt in das Kochgut hineinzulegen und so mit möglichst geringen Verlusten auszukommen. Der Heizkörper selbst kann dabei als Kolben-, Schleifen- oder Ringheizkörper ausgebildet sein (s. Abb. 62). Die besten Wärmeübertragungsverhältnisse werden im allgemeinen beim Ringheizkörper erreicht. Um ein möglichst schnelles Anheizen zu erzielen, ist man bestrebt, das Wärmespeichervermögen möglichst gering zu halten. Dann besteht allerdings die Gefahr, daß der Tauchsieder bei längerem Trockengehen schließlich zerstört wird. Durch zweckmäßigen Einbau der Heizkörper hat man aber auch hier wesentliche Fortschritte erzielt. Manche Fabrikate können tagelang trocken eingeschaltet bleiben, ohne durchzubrennen. Bei anderen wird das Durchbrennen durch Einbau einer besonderen Schmelzsicherung verhindert.

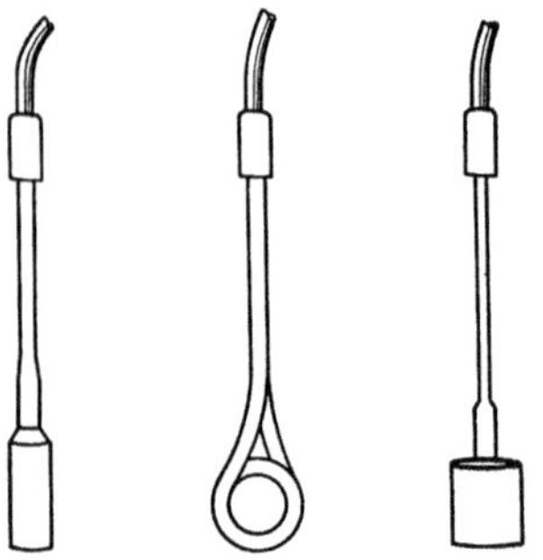

Abb. 62. Verschiedene Formen von Tauchsiedern.

Natürlich arbeitet auch der Tauchsieder nicht mit einem 100%igen Wirkungsgrad, da ja während der Aufheizzeit außer dem Wasser auch der Topf aufgewärmt wird, der wiederum an seine Umgebung und vor allem an seine Unterlage Wärme abgibt. Auch wird während des Ankochens Wasser verdampft. Die Wärmeverluste können verringert werden, wenn der Topf auf eine schlecht wärmeleitende Unterlage, z. B. Asbest, gesetzt wird [31]. Wirkungsgrade von 90% lassen sich erreichen.

Der Tauchsieder hat neben dem geringen Energieverbrauch und der kurzen Ankochzeit noch den Vorteil, in jedem beliebigen Gefäß (auch in einer Kanne, einem Glas oder dgl.) verwendet werden zu können. Sein Anwendungsgebiet ist deshalb sehr vielseitig. Üblich sind nachstehende Tauchsiedergrößen:

Für Wassermenge Liter	Anschlußwert Watt
¼	300
1—3	600—750
über 4	1000—1200

Tauchsieder finden auch in nicht vollelektrischen Haushaltungen vielfach Verwendung, zumal sie sich durch verhältnismäßig niedrige Anschaffungskosten auszeichnen.

Der Wasserkocher (auch Teekannen, Eierkocher, Kaffeebereiter usw.). Es liegt der Gedanke nahe, den Heizkörper direkt an den Boden eines Kochtopfes zu befestigen und somit einen direkt beheizten Kocher zu erhalten. Tatsächlich war auch die erste elektrische Küche mit derartigen Einzelgeräten ausgerüstet (s. Abb. 158). Die Schwierigkeit der Reinigung führte dann dazu, diesen Weg zu verlassen und zur Kochplatte überzugehen. Elektrisch beheizte Töpfe werden aber auch heute mit großem Vorteil zur Heißwasserbereitung benutzt. Während in den Anfängen der Elektrowärmetechnik die Heizkörper dadurch hergestellt wurden, daß Metallbronze direkt auf den Boden des Emailletopfes aufgemalt und dann eingebrannt wurde, ging man dann dazu über, einen selbständigen Heizkörper [bestehend aus dem Heizleiter und der Isolation (Mikanit oder dgl.)] an den Topfboden anzupressen (s. Abb. 63). Der Topf selbst besteht meistens aus vernickeltem Messingblech oder aus Aluminium. Erst in neuester Zeit ist man bei dem sog. Expreßkocher [28] wieder dazu übergegangen, den Topfboden selbst als Heizkörper auszubilden, indem dieser genau wie das bekannte Oberteil der Kochplatte, aber aus Spezialtombakguß, ausgebildet wird. An den Topfboden mit dem in keramischer Masse eingebetteten Heizleiter werden dann die Seitenwände des Topfes durch ein Spezialverfahren befestigt.

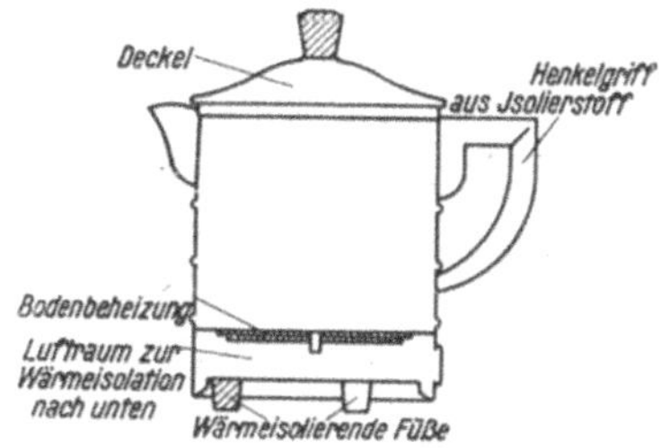

Abb. 63. Aufbau eines Wasserkochers.

Der elektrische Wasserkocher ist das wichtigste Zusatzgerät der elektrischen Küche und sollte am besten von vornherein jedem elektrischen Herd, gewissermaßen als Zubehör, mitgeliefert werden. Er ge-

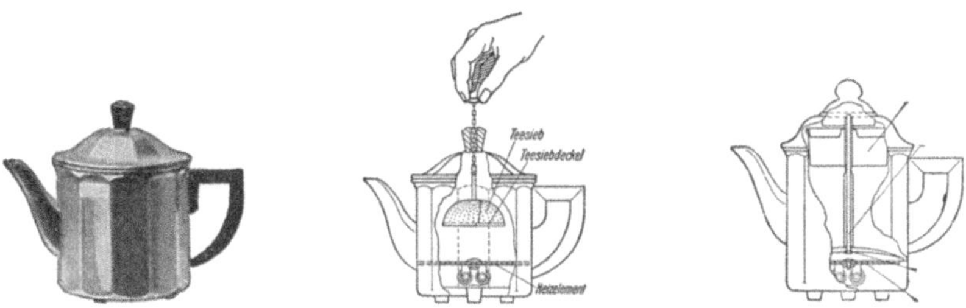

Abb. 64. Abwandlung des Wasserkochers zur Tee- oder Kaffeemaschine.

stattet in kurzer Zeit und mit geringem Energieaufwand [19] (Wirkungsgrad etwa 80—85%) die Zubereitung von kochendem Wasser und ist deshalb, vor allem für die Frühstücksbereitung (Kaffee, Tee), unentbehrlich. Üblich sind Wasserkocher für 1, 1,5 oder 2 Liter Inhalt mit 600 Watt Anschlußwert. Für ein Liter werden dann 13 Minuten, für zwei Liter 22 Minuten Ankochzeit benötigt. Die erwähnten Expreßkocher erreichen bei einer Leistung von 1,2 kW den Siedepunkt für 1 Liter bereits nach 6,5 Minuten, bei 2 Liter nach 11,5 Minuten. Der Kocher kann auf Wunsch auch mit einer Heizleistung von 1,8 kW ausgestattet werden, was eine weitere Verküzung der Anheizzeit bewirkt.

Außer dem eigentlichen Wasserkocher finden auch besondere elektrische *Teekannen* und *Kaffeebereiter* Verwendung, die aber in ihren Grundprinzipien alle auf den Wasserkocher zurückgehen (s. Abb. 64). Bei den Kaffeemaschinen wird das siedende Wasser durch ein besonderes Rohr hochgeführt und übersprudelt das Kaffeemehl, so daß bei bester Ausnutzung des Kaffees ein guter Geschmack erzielt wird. Abb. 65 zeigt eine größere Kaffeemaschine.

Abb. 65. Kaffeemaschine.

Zur Verwendung als Eierkocher erhält der Wasserkocher einen besonderen Einsatz. Es werden aber auch besondere Eierkocher gebaut, bei denen die geringe Wassermenge durch direkte Elektrodenheizung (das Wasser selbst bildet den Widerstand) erwärmt und verdampft wird.

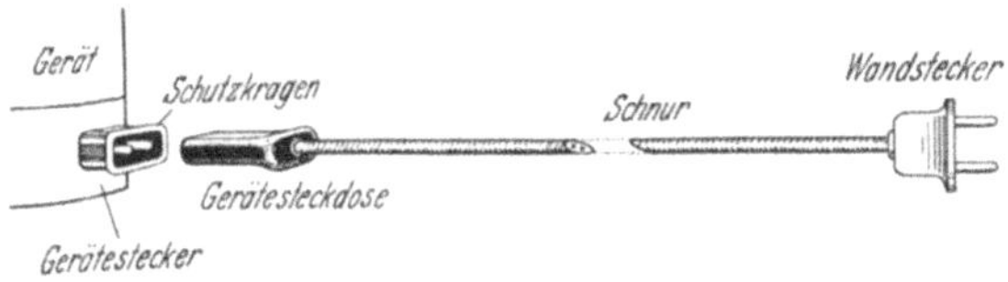

Abb. 66. Schema des Geräteanschlusses durch Gerätesteckvorrichtung.

Der Anschluß aller dieser Geräte erfolgt meist durch eine sog. Geräteanschlußschnur (s. Abb. 66).

Der Heißwasserspeicher. Oft wünscht die Hausfrau aber auch größere Heißwassermengen rasch zur Verfügung zu haben. Es besteht grundsätzlich die Möglichkeit der Verwendung eines elektrisch beheizten Durchlauferhitzers. Wenn aber größere Durchflußgeschwindigkeit erzielt werden soll, werden derartig hohe Anschlußwerte erreicht, daß eine Benutzung größerer Durchlauferhitzer für Haushaltzwecke praktisch unmöglich wird.

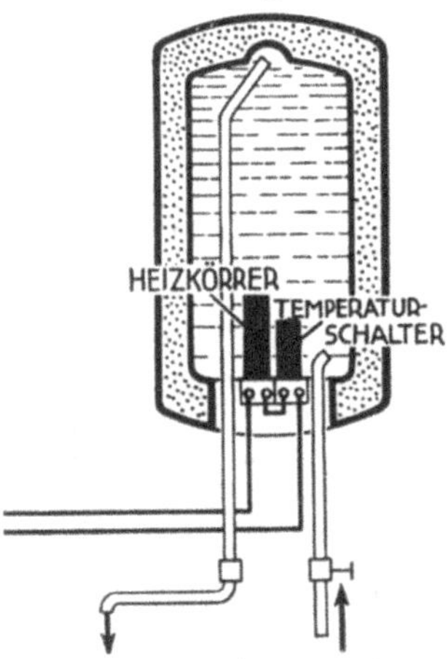

Abb. 67. Schema eines elektrischen Heißwasserspeichers.

Zur Bereitung größerer Heißwassermengen im Haushalt wird vielmehr der sog. *Heißwasserspeicher* benutzt. Dieser besteht aus einem Wasserbehälter mit Zu- und Ablauf, der von einer starken Wärmeisolationsschicht umschlossen ist, die ihrerseits wieder durch einen Blechmantel umkleidet wird. In dem Behälter ist ein Heizwiderstand eingebaut, der zur Erwärmung des Wassers dient. Kurz vor Erreichen des Siedepunktes, bei etwa 85° C bewirkt ein in den Wasserbehälter eingebauter Temperaturschalter eine Unterbrechung des elektrischen Stromes (s. Abb. 67). Die ausgezeichnete Wärmeisolation hält das Wasser viele Stunden lang heiß, so daß auch nach mehrstündigem Stehen die Temperatur nur um wenige Grade gesunken ist. Durch diese Speicherfähigkeit ist es möglich, die Erwärmungsperiode von der Entnahmezeit unabhängig zu machen. Man kann z. B. die Beheizung in den Nachtstunden vornehmen, während die Wasserentnahme erst am folgenden Tag stattfindet.

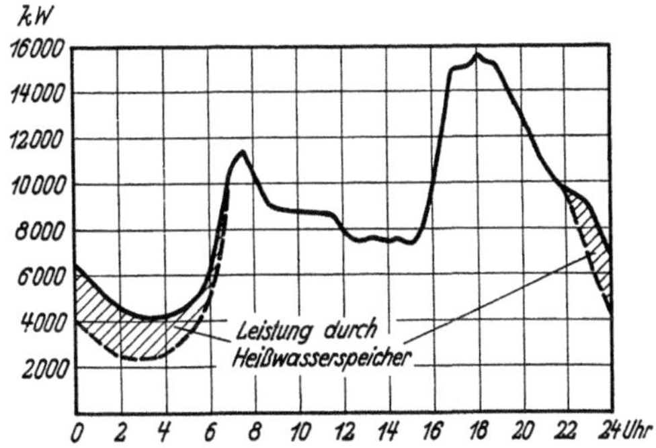

Abb. 68. Belastung eines städtischen Elektrizitätswerks mit und ohne Heißwasserspeicher.

Da die Elektrizitätswerke nachts nur eine sehr geringe Stromabnahme aufweisen (s. Abb. 68), eine möglichst gleichmäßige Ausnutzung ihrer Anlagen aber natürlich erstreben, geben sie nachts Strom zu wesentlich verbilligtem Preis ab. Um mit möglichst geringen Kosten das Wasser erhitzen zu können, wird deshalb heute fast ausschließlich von der Nachtheizung der Heißwasserspeicher Gebrauch gemacht.

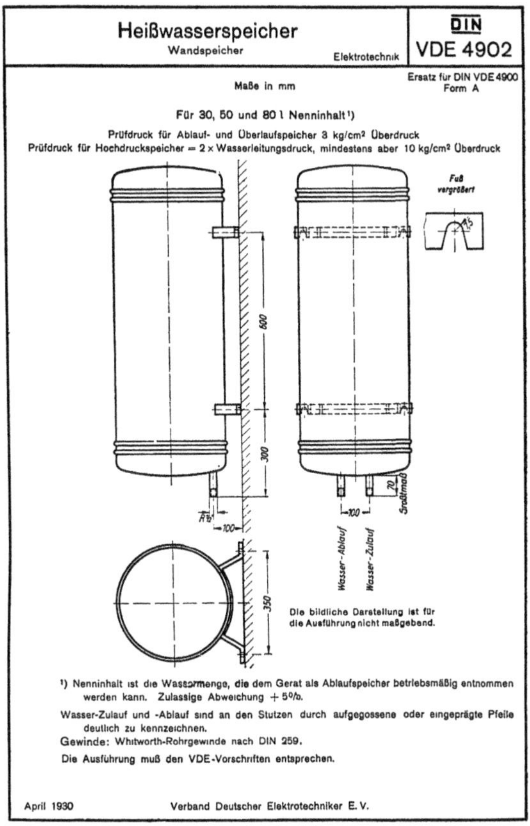

Abb. 69. Genormte Hauptabmessungen von Heißwasserspeichern DIN VDE 4902. (Wiedergabe erfolgt mit Genehmigung des Deutschen Normenausschusses. Verbindlich ist die jeweils neueste Ausgabe des Normblattes im DIN-Format A 4, das durch den Beuth-Verlag, Berlin S. 14, zu beziehen ist.)

Der Heißwasserspeicher arbeitet dann ganz selbsttätig. Er wird von Hand oder durch eine Schaltuhr abends eingeschaltet, während die Stromunterbrechung durch den Temperaturschalter erfolgt. Die Wiedereinschaltung geschieht dann erst am folgenden Abend. Der Speicher muß deshalb so bemessen sein, daß er für den voraussichtlichen Warmwasserbedarf des Tages genügende Mengen hält.

Heißwasserspeicher werden heute mit einem Wasserinhalt von 5 bis 10000 Litern hergestellt. Die für den Haushalt üblichen Größen von 30, 50 und 80 Liter Inhalt sind in ihren Hauptabmessungen (Aufhängevorrichtung und Abmessung der Rohrstutzen) genormt (DIN VDE 4902), (s. Abb. 69), so daß nicht nur die verschiedenen Fabrikate, sondern auch die drei Größen untereinander ohne größere Montagearbeiten ausgetauscht werden können. Bei vorhandenem Wasseranschluß brauchen nur vier Schrauben befestigt, die Rohrverbindung und der elektrische Anschluß hergestellt zu werden.

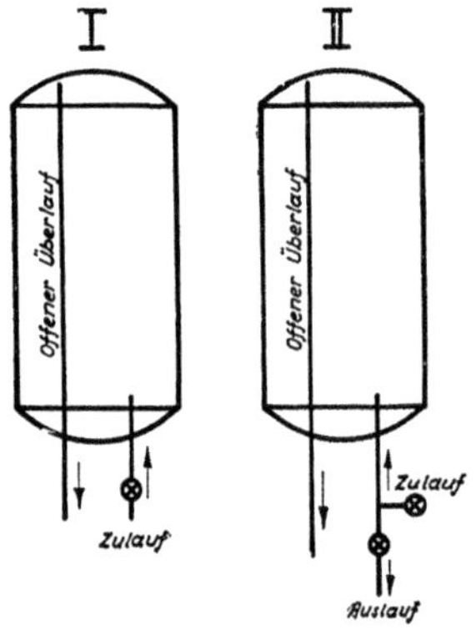

Überlaufbetrieb Auslaufbetrieb

Abb. 70 Schema des Wasseranschlusses eines Niederdruckspeichers.

Je nach Art des Wasseranschlusses unterscheidet man Hoch- und Niederdruckspeicher [35]. Der Hochdruckspeicher steht unter dem jeweiligen Wasserleitungsdruck und muß deshalb für einen Prüfdruck von 10—12 Atm. geprüft werden. Es werden dann meist verzinkte Eisenkessel verwendet, die aber von bestimmten Wassersorten leicht angegriffen werden. Es sind deshalb heute meist verzinnte Kupferbehälter in Gebrauch, die für hohen Druck aber aus Gründen der Anschaffungskosten keine Anwendung finden können [46]. In Deutschland werden deshalb fast ausschließlich kupferne Niederdruckspeicher verwendet. Auch hier sind zwei Betriebsarten möglich.

Beim Überlaufspeicher (I) tritt das Kaltwasser von unten ein (s. Abb. 70). In der oben im Speicher abzweigenden Ablaufleitung darf sich kein Ventil befinden, so daß der Kessel nur unter dem normalen Luftdruck steht. Die Heißwasserentnahme erfolgt, indem durch das Öffnen des Kaltwasserventils durch das unten eintretende Kaltwasser das Heißwasser oben herausgedrückt wird. Durch geeignete Ausbildung der Eintrittsöffnung kann erreicht werden, daß eine Vermischung des Heiß- und Kaltwassers erst dann auftritt, wenn dem Speicher etwa $^2/_3$—$^3/_4$ des Heißwasserinhalts entnommen ist (s. Abb. 71). Beim Ablaufspeicher (II) (s. Abb. 70) dagegen wird der Kessel am Abend mit Kaltwasser gefüllt, das während der Nacht erhitzt wird. Die Bildung eines Überdruckes wird dadurch vermieden, daß der Innenkessel durch ein Überlaufrohr mit der Atmosphäre in Verbindung steht. Die Heißwasserentnahme erfolgt durch einen besonderen Ablaufstutzen am Boden des Speichers.

Der Speicher wird dann erst nach seiner völligen oder teilweisen Entleerung am Abend wieder mit Kaltwasser gefüllt.

Vom Ablaufspeicher können ohne weiteres auch mehrere Zapfstellen versorgt werden, während das beim Überlaufspeicher nur unter Verwendung besonderer Umschaltventile [46] oder dgl. möglich ist. Da eine Vermischung von Kalt- und Heißwasser nicht eintritt, ist der letzte Rest des Heißwassers heißer beim Auslaufspeicher (s. Abb. 71). Auch kann mit Hilfe eines Wasserstandzeigers leicht überprüft werden, wieviel Heißwasser jeweils noch zur Verfügung steht.

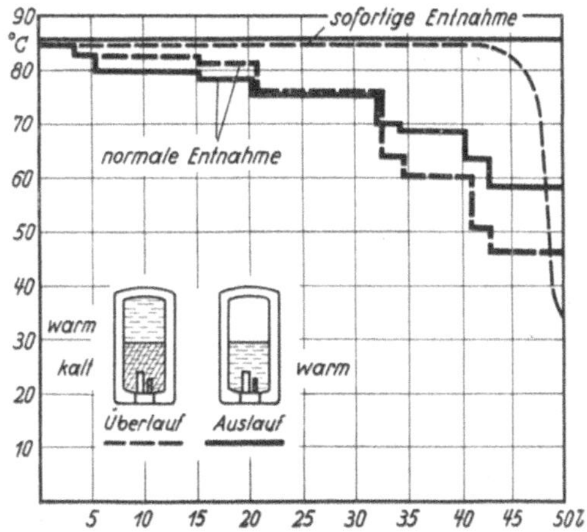

Abb. 71. Wassertemperatur eines 50-Liter-Speichers bei Entnahme in sofortigem Anschluß an die Aufheizung und der im Haushalt üblichen Wasserentnahme.

Der Überlaufspeicher weist aber im allgemeinen einen etwas geringeren Energieverbrauch auf [74]. Nachteilig für den Ablaufspeicher ist ferner, daß er abends von Hand gefüllt werden muß, während der Überlaufspeicher ja ständig gefüllt ist. Ein Trockenschutz verhindert allerdings, daß beim Versäumen der Nachfüllung eine Störung eintritt.

In Deutschland werden heute zumeist für Küchenzwecke die Speicher nach dem Ablaufprinzip betrieben, während für Badezwecke Überlaufspeicher bevorzugt werden (Abb. 72 u. 73).

Abb. 72. Heißwasserspeicher in einer elektrischen Küche.

Abb. 73. Heißwasserspeicher für das Bad.

Der Wirkungsgrad bzw. der spezifische Energieverbrauch der Heißwasserspeicher hängt von der Größe des Speichers und von der Art seiner Ausnutzung ab. Der Anheizwirkungsgrad ist sehr gut wie nachstehende Zahlentafel zeigt [20, 33, 74].

Speichergröße Liter	Anheizwirkungsgrad %
30	83
50	85—88
80	86—89

Dank der guten Wärmeisolation kühlt sich das Wasser, auch wenn es länger steht, nur verhältnismäßig wenig ab. Man kann je nach der Größe mit etwa 1,2—0,6° C je Std. rechnen [20, 22, 33, 75]. Im praktischen Haushaltbetrieb, bei dem sich die Wassermengen auf viele zeitlich auseinander liegende, verschieden große Wasserentnahmen verteilen, ergeben sich dann z. B. für den 50 Liter-Speicher die in Abb. 74 dargestellten Betriebswirkungsgrade [74]. Bei voller Ausnutzung des Speichers gilt also angenähert die Faustformel:

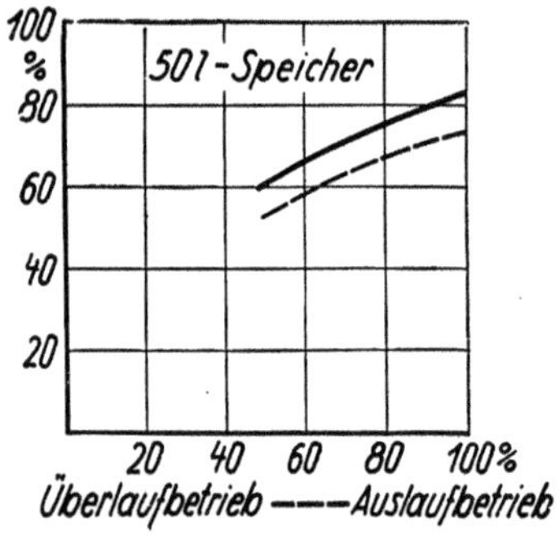

Abb. 74. Wirkungsgrad eines 50-Liter-Heißwasserspeichers im normalen Haushaltbetrieb in Abhängigkeit von der Ausnutzung.

Stromverbrauch 1 kWh für 10 Liter.

Bemessung der Speicher. Wichtig für ein befriedigendes Arbeiten des Speichers ist die richtige Bemessung [39]. Die Höhe des Heißwasserverbrauchs hängt stark von den Lebensgewohnheiten ab. Allgemein wird festgestellt, daß die große Bequemlichkeit des Heißwasserspeichers schnell zu einer wesentlichen Steigerung des Bedarfs führt, womit von vornherein gerechnet werden muß. Wenn auf ein Mindestmaß von Energieverbrauch Wert gelegt wird, dürfen die Heißwasserspeicher nicht zu groß bemessen werden. Abb. 74 zeigt, wie der Wirkungsgrad bei sinkender Ausnutzung des Heißwasserspeichers fällt. Die Speicher sollen in der Regel so bemessen sein, daß sie im Mittel mit etwa 75% ausgenutzt werden. Dann ist eine genügende Reserve für gelegentliche höhere Anforderungen vorhanden, ohne daß ein zu großer Speicher den Stromverbrauch wesentlich erhöht. Es empfiehlt sich, die Käufer von Heißwasserspeichern über diese Verhältnisse aufzuklären und ihnen deutlich zu sagen, daß die Anschaffung eines zu großen Heißwasserspeichers wegen eines nur gelegentlich auftretenden Sonderfalles einen entsprechenden höheren dauernden Energieverbrauch zur Folge hat. Aus diesem Grunde ist es auch unzweckmäßig, für Bad und Küche einen gemeinsamen Speicher aufzustellen, da hier an den Tagen, an denen nicht gebadet wird, der Speicher schlecht ausgenutzt ist. Auch bedeuten die meist unvermeidlichen Rohrleitungen stets einen Wärmeverlust.

Im allgemeinen wird mit folgenden Speichergrößen auszukommen sein.

Küchenspeicher.

Familiengröße Personen .	2	3	4	5	6
Speichergröße Liter . . .	30	30	30 oder 50	50	50
Anschlußwert bei Nachtheizung Watt	400	400	400	600	600

Heißwasserspeicher für Badezwecke erfordern größere Typen. Da das Wasser mit etwa 85° Temperatur vorrätig ist und ein Bad etwa 150—180 Liter Wasser von 35° erfordert, muß also je Bad mit etwa 60—75 Liter Inhalt des Heißwasserspeichers gerechnet werden. Es ergeben sich dann folgende Speichergrößen:

Zahl der täglichen Wannenbäder .	1	2	3	4
Speichergröße Liter	80	120	200	2—400
Anschlußwert bei Nachtheizung Watt	1000	1300	2400	4800

Auf das Baden aller Familienmitglieder am „Samstagabend“, dessen Anlaß ja sicher nur die Beschwerlichkeit beim Anheizen des alten Kohlebadeofens war, wird gern verzichtet, wenn der Heißwasserspeicher täglich in so bequemer und gefahrloser Weise heißes Wasser zur Verfügung stellt.

Elektrische Kleinspeicher. In letzter Zeit werden in größerem Umfang auch sog. Klein- oder Durchlaufspeicher mit 3—8 Liter Inhalt verwendet, die dann mit Tagstrom beheizt werden (Abb. 75). Bei 5 Liter Inhalt erhält der Speicher einen Anschlußwert von etwa 600 Watt, so daß sein Inhalt in etwa 3/4 Stunde auf 85° erwärmt wird. Ein Temperaturregler schaltet bei Erreichen dieser Temperatur ab, schaltet aber den Heizkörper sofort wieder ein, wenn das Wasser eine bestimmte Temperatur entweder durch sehr langes Stehen oder durch das Nachströmen von Kaltwasser infolge Entleerung unterschritten hat. Das Gerät arbeitet demnach auch völlig selbsttätig und paßt sich den jeweiligen Entnahmeverhältnissen aufs beste an. Der Kleinspeicher eig-

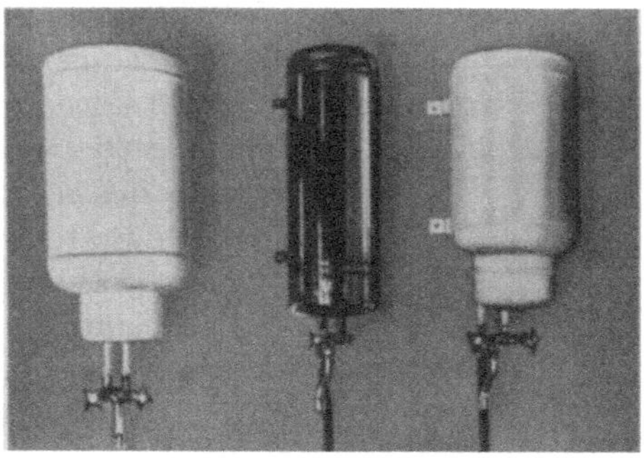

8 Liter 3 Liter 5 Liter

Abb. 75. Elektro-Kleinspeicher für Tagstrombeheizung.

net sich deshalb vor allem für Betriebe mit stark schwankendem Wasserbedarf (z. B. Friseure, Ärzte, Zahnärzte usw.).

Den unter Berücksichtigung des höheren Tagesstrompreises sich ergebenden etwas höheren Energiekosten der Kleinspeicher stehen als Vorteil die sehr niedrigen Anschaffungskosten (50 RM bis 80 RM) entgegen. Ein elektrizitätswirtschaftlicher Nachteil ist, daß sie nicht zur Auffüllung der Nachtbelastung beitragen. Dem Nachteil der Erhöhung der Tageslast kann gegebenenfalls durch Einführung von Sperrstunden während der Kraftwerkhöchstlast entgegengetreten werden. Alles in allem dürften die Kleinspeicher eine wertvolle Ergänzung der bisher auf dem Markt befindlichen Geräte darstellen und in Fällen mit stark schwankendem Heißwasserbedarf sowie zur Ergänzung bereits vorhandener nachtstrombeheizter Heißwasserspeicher gute Dienste leisten.

Der Hauptvorteil des elektrischen Heißwasserspeichers gegenüber allen anders beheizten Warmwasserbereitern ist, daß er ganz selbsttätig, bequem, sauber und gefahrlos arbeitet, und einfach, auch bei beschränkten Raumverhältnissen, überall angebracht werden kann, ohne daß Abgaskanäle, Schornsteine, Lüftungsschächte u. dgl. nötig sind.

Der Heißwasserspeicher bedeutet in der Küche natürlich eine wesentliche Erleichterung für die Hausfrau, ist andererseits aber nicht als Voraussetzung für das elektrische Kochen anzusehen. Tausende von Herden sind in Küchen auch ohne Heißwasserspeicher zur vollständigen Zufriedenheit in Betrieb. Über den Einfluß des Heißwasserspeichers auf den Stromverbrauch s. auch S. 79.

b) Geräte für Bratarbeiten.

Alle Pfannenarbeiten können natürlich gut in einer Bratpfanne auf den Kochplatten des Herdes erledigt werden. Um aber auch Haushaltungen, die noch nicht auf vollelektrische Küche übergegangen sind, die besonders großen Vorteile des elektrischen Bratens und Backens zuteil werden zu lassen, hat man besondere elektrische Brat- und Backgeräte geschaffen, die dann als Zusatzgeräte Verwendung finden und auch in vollelektrischen Haushaltungen gern benutzt werden.

Abb. 76. Direkt beheizte elektrische Bratpfanne.

Bei den direkt beheizten Bratpfannen (siehe Abb. 76) ist der Heizkörper am Boden der aus Stahlblech, Nirosta oder Gußeisen bestehenden Pfannen befestigt. Üblich sind Anschlußwerte von 600—900 Watt. Der Anschluß erfolgt mittels Geräteanschlußschnur. Die Pfannen zeichnen sich durch sehr kurze Anheizzeit, gleichmäßige Wärmeverteilung und verhältnismäßig geringen Stromverbrauch aus.

Nachdem das Grillen von Fleisch schon seit langen Jahren im Großküchenbetrieb üblich ist, geht man nun mehr und mehr auch dazu über, im Haushalt diese schmackhafte und bequeme Zubereitungsart zu verwenden. In dem in Abb. 77 gezeigten Haushaltgrill sind die Heizkörper als Glühspiralen oben angebracht und weisen einen Anschlußwert von 1000 Watt auf. Derartige Grillgeräte werden auch zum Anbau an elektrische Herde geliefert.

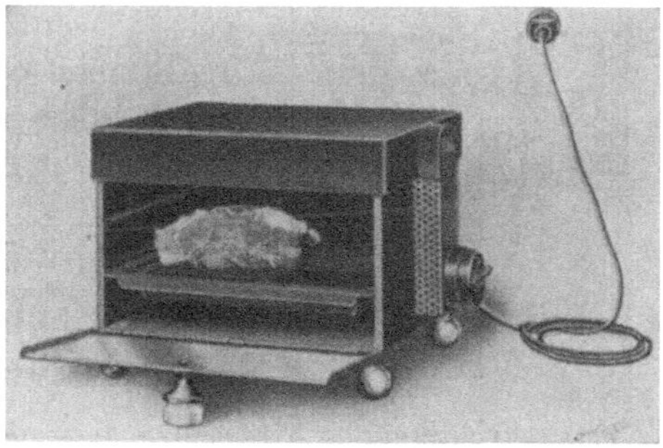

Abb. 77. Elektrischer Grill für Haushaltzwecke.

Schließlich sind noch die unter dem Namen Stromküche bekannten Geräte zu erwähnen [21]. Hier ist die Heizung im Deckel eines kuchenformähnlichen Topfes untergebracht (s. auch Abb. 78). Auch sind Konstruktionen auf dem Markt, bei denen sich die Beheizung im Rand der Topfform befindet. Bei einem Anschlußwert von 600 Watt eignen sich diese Geräte, vor allem als Zusatzgeräte in anders beheizten Küchen, zum Braten, Backen und Schmoren.

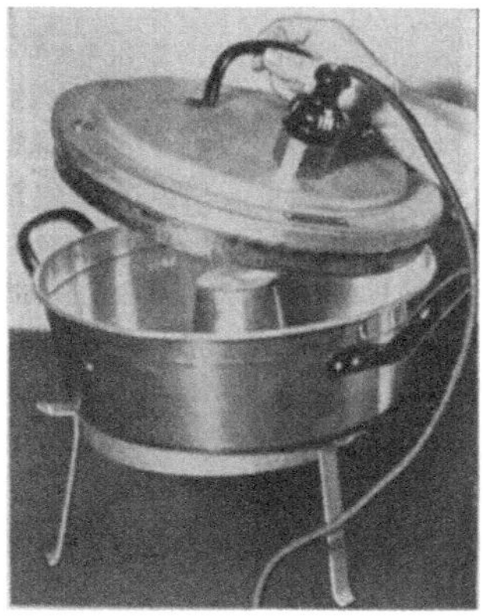

Abb. 78. Elektrische „Stromküche" mit Deckelbeheizung.

c) Geräte zum Warmhalten der Speisen.

In größeren Haushaltungen ist es oft erwünscht, die Speisen längere Zeit warm zu halten. Zu diesem Zweck sind manche Herdtypen mit besonderen Wärmekammern ausgerüstet (s. z. B. Abb. 89c), die dann meist keine besondere Beheizung erhalten, sondern durch die eingeschalteten Kochplatten bzw. den Bratofen mit erwärmt werden. Diese Wärmekammern können ferner zum Anwärmen von Tellern Verwendung finden. Zuweilen werden auch besonders aufgestellte kleine Wärmeschränke benutzt.

Um auch auf dem Speisetisch bei längeren Essen die Speisen warmhalten zu können, werden besondere Wärmeplatten benutzt, die aus Metall, Porzellan oder Holz (Stuwa) bestehen, etwa 50—200 Watt Anschlußwert aufweisen und durch eine Geräteanschlußschnur angeschlossen werden (s. Abb. 79). Um auf dem Speisetisch den Schnuranschluß zu vermeiden, sind Speicherwärmeplatten gebaut worden, die vor Benutzung etwa $^1/_4$ Stunde angeheizt werden und dann in einem gußeisernen Speicherkörper die Wärme längere Zeit halten.

Abb. 79. Elektrische Wärmeplatte.

3. Die Prüfung elektrischer Geräte für die Haushaltküchen.

Ein befriedigendes Arbeiten elektrischer Kochgeräte und Heißwasserspeicher ist nur dann zu erwarten, wenn die Geräte in technisch einwandfreier Form geliefert werden. Hierbei ist einerseits zu fordern, daß sie allen an sie zu stellenden Forderungen nach Betriebssicherheit voll genügen und darüberhinaus gewisse technische Mindestforderungen erfüllen.

Die VDE-Vorschriften.

Seit langen Jahren hat sich der Verband Deutscher Elektrotechniker (VDE) besonders mit der Festlegung von Vorschriften für elektrische Kochgeräte befaßt [38]. Bereits im Jahre 1911 wurde auf Anregung des damaligen Generalsekretärs G. Dettmar eine besondere Kommission für Koch- und Heizapparate gegründet. 1912 wurden die ersten Normalien für Koch- und Heizapparate vorgelegt. Diese wurden im Laufe des Jahres dann durch gewisse Sicherheitsvorschriften ergänzt. Einer vollständigen Neubearbeitung der Vorschriften für Koch- und Heizgeräte vom Jahre 1920 folgte eine weitere im Jahre 1925 unter dem Namen „Vorschriften für elektrische Heizgeräte und Heizeinrichtungen (VEHZ 1925)".

Der raschen Entwicklung der Elektrowärmegeräte Rechnung tragend, sind dann in den letzten Jahren diese Vorschriften vollständig neu bearbeitet worden und werden unter dem Titel „Vorschriften für Elektrowärmegeräte (VWG)" am 1. Januar 1933 in Kraft treten. Für die elektrischen Kochgeräte sind vor allem folgende Bestimmungen von Wichtigkeit:

Ortsveränderliche Geräte für den Hausgebrauch sind nur für Betriebsspannungen bis höchstens 250 V zulässig.

Die Geräte müssen eine Abweichung von der Nennspannung von $\pm$ 5% dauernd aushalten, ohne gebrauchsunfähig zu werden. Geräte mit Angabe eines Spannungsbereiches müssen eine Abweichung von $\pm$ 5% der oberen Spannungsgrenze dauernd aushalten, ohne gebrauchsunfähig zu werden.

Für die Nennaufnahme der Geräte sind Abweichungen von $\pm$ 10% zulässig.

Selbstverständlich müssen alle Vorschriften hinsichtlich des Schutzes gegen zu hohe Berührungsspannung auch bei Kochgeräten vertreten sein.

Für die in die Kochgeräte einzubauenden Schalter gelten die Vorschriften für Geräteschalter. Die Schalter sind dabei so anzubringen, daß sie möglichst geringer Erwärmung ausgesetzt sind. Sind an den Stromschluß bewirkenden Teilen und an den Schalterteilen im betriebswarmen Zustand des Gerätes Übertemperaturen von mehr als 40° zu erwarten, so sind hierfür besonders geeignete Schalter (mit T-Zeichen) zu verwenden. Die Ein- und Ausschalt- sowie die Regelstellungen bei Schaltern müssen durch Worte, Zahlen oder Zeichen gekennzeichnet sein. Bei Verwendung von Zahlen muß dann für die Kennzeichnung der Regelstellungen der höheren Aufnahme die höhere Zahl und der Ausschaltstellung die Zahl 0 entsprechen. Auch bei eingebauten Schaltern muß diese Kennzeichnung der Schaltstellung gewährleistet sein.

Auf jedem Gerät sind anzugeben:

Ursprungszeichen,

Nennspannung oder Spannungsbereich (wobei die Nennspannung zwischen den Spannungsgrenzen anzugeben ist).

Nennaufnahme in Watt.

Die Heizkörper (z. B. Herdeinsatzplatten) müssen mit dem Ursprungszeichen ihres Herstellers, Angaben der Nennaufnahme und der Nennspannung bzw. des Spannungsbereiches oder Angabe des Widerstandes versehen sein.

Alle Geräte, also auch alle Kochgeräte, sind einer Stückprüfung zu unterziehen.

Zunächst sind die Geräte auf Innehaltung der auf dem Schild angegebenen Nennaufnahme zu prüfen. Hiernach müssen die Geräte eine Wechselspannung

bei Einzelprüfung	1 min	von 1000 V oder
bei Massenprüfung	1 sek	von 1250 V

gegen Körper aushalten, ohne daß Durch- oder Überschlag eintritt. Die zur Prüfung benutzte Stromquelle soll eine Leistung von wenigstens 0,5 kVA haben.

Ferner gilt für die Kochgeräte hinsichtlich des Feuchtigkeitsschutzes folgendes:

Spannungführende und isolierende Teile der Geräte müssen gegen überfließendes Wasser und gegen Verschmutzung durch Kochgut geschützt sein. Ausgenommen sind Geräte, bei denen spannungführende Teile betriebsmäßig mit der Flüssigkeit in Berührung kommen.

Die Geräte müssen so hergestellt sein, daß überfließendes Kochgut nicht in den Heizraum eindringen und Flüssigkeit nicht aufgesaugt werden kann.

Bei Kochplatten, Bratröhren und Backgeräten ist dann ferner dafür zu sorgen, daß die unter Spannung stehenden Teile, z. B. freiliegende Heizleiter, im Handbereich — auch mit gebrauchsmäßig verwendeten Hilfsmitteln (Gabel u. dgl.) — gegen zufällige Berührung geschützt sind.

Die Überlastungsprüfung wird an elektrischen Kochgeräten besonders scharf durchgeführt.

Die Geräte sind bei einer Raumtemperatur von 20° einer Überlastungsprüfung ohne Koch- oder Backgut mit der 1,18 fachen Nennspannung bei einer Einschaltezeit von 1 h und darauffolgender Abkühlung auf Raumtemperatur zu unterwerfen. Diese Prüfung ist 25mal auszuführen. Nach dieser Prüfung muß das Gerät den Spannungs- und Isolationsprüfungen genügen.

Während bei anderen Elektrowärmegeräten diese Probe nur viermal durchgeführt wird, werden Kochgeräte demnach 25mal eine Stunde lang überlastet. Die oben erwähnte Forderung des Feuchtigkeitsschutzes wird durch folgende Prüfungen festgestellt.

Bei Tischkochplatten wird ein bis zum Rand mit Wasser gefüllter Topf gleichen Außendurchmessers auf die Kochplatte gestellt und durch Erhitzen auf Siedetemperatur zum Überlaufen gebracht. Das Überlaufen ist durch Hinzugießen von kochendem Wasser 1 min in eingeschaltetem Zustand und 1 min in ausgeschaltetem Zustand aufrecht zu erhalten. Das Gerät steht bei dieser Prüfung in einem Wasserbad von 2 mm Tiefe. Nach Abkühlung an Ort und Stelle muß das Gerät die erwähnten Isolationsprüfungen aushalten.

Bei Brat- und Backöfen wird ein zur Hälfte mit Wasser gefüllter Kochtopf in den Bratraum eingesetzt. Der Ofen wird dann so lange mit der Nennaufnahme belastet, bis 1 Liter Wasser verdampft ist. Danach muß das Gerät den Isolationsprüfungen genügen.

Auf die Prüfung der Gefäße mit eingebautem Heizkörper soll hier nicht näher eingegangen werden. Besondere Bestimmungen sind schließlich hinsichtlich der Speicherkessel (Heißwasserspeicher u. dgl.) aufgestellt worden.

Zur Reinigung des Innenraums von Heißwasserspeichern u. dgl. muß eine Öffnung von mindestens 75 mm Durchmesser vorhanden sein.

Eine Vorrichtung zur völligen Entleerung des Innenraums ist vorzusehen.

Innen- und Außenmantel des Gerätes müssen elektrisch gut leitend miteinander verbunden sein.

Die Abdeckung muß so gestaltet sein, daß sich Wasser nicht sammeln kann.

Die Befestigung der Abdeckung muß durch plombierbare Schrauben oder andere starre Befestigungsmittel erfolgen, biegsame Splinte oder ähnliche Vorrichtungen sind unzulässig. Wasserzulauf und -ablauf an Heißwasserspeichern u. dgl. sind an den Stutzen durch aufgegossene oder eingeprägte Pfeile zu kennzeichnen.

Bei Auslauf- und Überlaufspeichern müssen die Wasserzu- und -ablaufleitungen so ausgebildet sein, daß unzulässiger Überdruck im Gerät nicht auftreten kann.

Heizkörper und Temperaturregler müssen auswechselbar sein.

Bei Speichergeräten erfolgt die Überlastungsprobe nicht mit der 1,18fachen, sondern mit der 1,23fachen Nennspannung derart, daß der Speicherkessel bis zum Erreichen der Abschalttemperatur aufgeheizt wird. Nach erfolgtem Auslauf und Wiederauffüllung des Speicherkessels mit kaltem Wasser ist dieser Versuch viermal zu wiederholen. Für Heißwasserspeicher, die auch als Ablaufspeicher verwendet werden sollen, wird schließlich der Trockenschutz geprüft, indem nach betriebsmäßiger Entleerung der Speicher eine Ladeperiode lang (10 Stunden) mit der Nennspannung eingeschaltet wird. Nach dieser Prüfung muß das Gerät noch gebrauchsfähig sein.

III. Die Wirtschaftlichkeit der elektrischen Haushaltküche.

Die Entscheidung über die zweckmäßigste Wärmequelle, für das Kochen und die Heißwasserbereitung im Haushalt wird heute häufig nur von der Frage der Energiekosten abhängig gemacht, während wesentliche andere Gesichtspunkte, die ebenfalls größeren Einfluß auf die Höhe der Gesamtkosten haben, oft gänzlich unberücksichtigt bleiben. Nicht immer ist ja die Betriebsart die zweckmäßigste, die scheinbar die niedrigsten Kosten verursacht. Vor allem im Haushalt wird derjenigen Energieform die Zukunft gehören, die den gesunden Forderungen des Menschen nach Bequemlichkeit, Arbeitsersparnis, Sauberkeit und Hygiene mit den einfachsten und geeignetsten Mitteln nachkommt. Wenn auch das elektrische Kochen eine ganze Reihe wesentlicher Vorteile aufweist, so ist mit einer allgemeinen Verbreitung aber doch nur dann zu rechnen, wenn die entstehenden Energiekosten im Vergleich zu denen anderer Beheizungsmittel als angemessen bezeichnet werden können. Voraussetzung für die Ermittlung des wirtschaftlich tragbaren Strompreises ist die möglichst genaue Kenntnis der Höhe des Kochstromverbrauchs.

Wie bereits durch die Überlegungen auf S. 21 gezeigt wurde, ist es natürlich nicht möglich, aus dem Ergebnis von Einzelmessungen auf die Höhe des Gesamtstromverbrauchs oder gar auf die Wirtschaftlichkeit des elektrischen Kochens zu schließen.

1. Der Stromverbrauch beim elektrischen Kochen.

Als einzig brauchbare Methode, zu vergleichbaren Zahlen für den Energieverbrauch im Haushalt zu gelangen, kommt nur die Ermittlung derartiger Zahlen im praktischen Haushaltbetriebe in Frage. Selbstverständlich schwanken die hierbei ermittelten Zahlenwerte in sehr weiten Grenzen. Nicht nur die verschiedenen Lebensgewohnheiten und Ansprüche der Bewohner, sondern auch die mehr oder weniger große Geschicklichkeit der Hausfrau beeinflußt die Zahlenergebnisse, so daß auch bei Familien mit ähnlichen Lebensverhältnissen größere Unterschiede immer wieder festgestellt werden. Eine Erhebung hat deshalb um so mehr Bedeutung, je mehr Abnehmer verschiedener Art durch sie erfaßt werden. Die so ermittelten Durchschnittszahlen können nicht als Garantiewerte angenommen werden, da sie weder die unterste Grenze, die bei sparsamer und geschickter Ausnutzung der verschiedenen Geräte erreicht werden kann, darstellen, noch aber einen bindenden Schluß auf die oberen Grenzwerte zulassen. Bei derartigen Untersuchungen ist natürlich genau zu beachten, zu welchen Zwecken die elektrische Energie verwendet wird.

Besonders großen Einfluß auf die Höhe des Verbrauchs hat die Heißwassererzeugung. Es sollte deshalb grundsätzlich unterschieden werden, ob das Energiemittel lediglich zur Speisenbereitung oder auch zur Bereitung des Heißwassers für die Küche, bzw. für Küche und Bad benutzt wird. Man kann danach drei Betriebsfälle unterscheiden:

Kochgeräte zur Speisenbereitung und zur Warmwasserbereitung für die Küche (keine besonderen Geräte, wie z. B. Heißwasserspeicher, Durchlauferhitzer u. a. zur Heißwasserbereitung vorhanden).

Kochgeräte nur zur Speisenbereitung; Warmwasserbereitung für die Küche, bzw. für Küche und Bad in besonderen Heißwasserbereitern (Heißwasserspeicher, Durchlauferhitzer u. a.).

Kochgeräte zur Speisenbereitung, zentrale Warmwasserversorgung vorhanden.

Der letzte Fall unterscheidet sich vom zweiten nur unwesentlich dadurch, daß die Hausfrau im allgemeinen Heißwasser aus der Zentralwarmwasserversorgung nur zu Spülzwecken verwendet, während sie das Heißwasser aus dem Speicher ohne weiteres auch zur Speisenbereitung benutzen kann.

Die Ermittlung des Stromverbrauchs für die einzelnen Familien ist verhältnismäßig einfach an Hand der Zählerableseergebnisse möglich. Allerdings ergibt sich hierbei häufig die Schwierigkeit, daß der verwendete Zähler nicht nur den Kochstromverbrauch, sondern auch den Verbrauch des elektrischen Lichtes sowie der elektrischen Hand- und Heizgeräte anzeigt. Um den reinen Kochstromverbrauch zu erhalten muß dann von dem Gesamtverbrauch derjenige für Licht und Kleingeräte abgezogen werden. Der Verbrauch für Licht und Kleingeräte ist nun auch in den einzelnen Landesteilen je nach den Lebensgewohnheiten, der Größe der Wohnung und der Größe der Familie recht verschieden. Bei verschiedenen Elektrizitätswerken wurden die Stromverbrauchszahlen in Abhängigkeit von der Wohnungsgröße wie folgt ermittelt:

Wohnungsgröße	1	2	3	4	5	6	7 Zimmer
Jahresstromverbrauch in kWh	30—100	50—140	80—180	140—240	200—320	260—400	320—520

Da die späteren Untersuchungen über den Kochstromverbrauch im allgemeinen in Abhängigkeit von der Familiengröße und nicht in Abhängigkeit von der Wohnungsgröße durchgeführt worden sind, ist es wünschenswert, auch den Lichtverbrauch in der Abhängigkeit von der Personenzahl zu ermitteln, obwohl natürlich dieser Verbrauch in Wirklichkeit in höherem Maße durch die Größe der Wohnung beeinflußt wird. In Abb. 80 sind die Ergebnisse umfangreicher Untersuchungen der VDEW wiedergegeben [75].

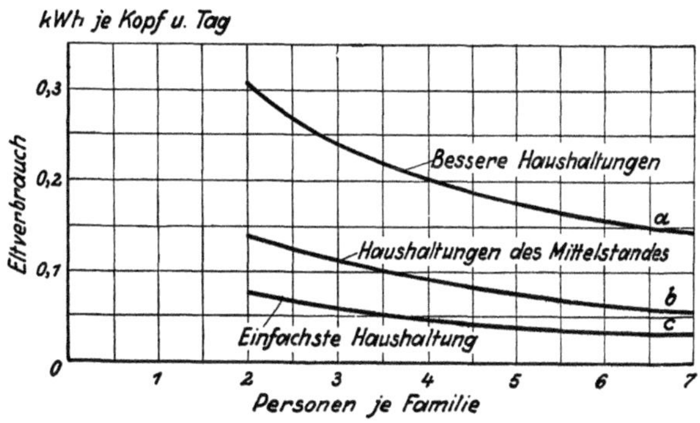

Abb. 80. kWh-Verbrauch für Licht, Heiz- und Handgeräte.
a) Gehobene Lebenshaltung mit reichlicher Beleuchtung und größerem Verbrauch für Heiz- und Handgeräte.
b) Mittlere Lebenshaltung mit normalem Verbrauch für Licht-, Heiz- und Handgeräte.
c) Einfachste Lebenshaltung mit geringstem Lichtverbrauch und keinerlei nennenswertem Verbrauch für Heiz- und Handgeräte.

a) Abhängigkeit des Kochstromverbrauchs von der Familiengröße, den Lebensgewohnheiten und der Art der Geräte.

Die ersten umfangreichen Untersuchungen über den Elektrizitätsverbrauch in Küchen, in denen keine besonderen Warmwasserbereiter zur Verfügung standen, wurden in der Schweiz von Härry angestellt [60, 62]. Er untersuchte 1125 Haushaltungen im Versorgungsgebiet des Elektrizitätswerks des Kantons Zürich, in denen vor allem Familien des Mittelstandes, der Landwirtschaft und der Industrie ihren Wohnsitz haben. Da erwartungsgemäß der Stromverbrauch je Kopf und Tag mit zunehmender Größe der Familie abnimmt, ordnete er die in der Erhebung einbegriffenen Familien nach ihrer Größe, trug die ermittelten Zahlenwerte graphisch auf und bildete daraus die Mittelwerte. In nachstehender Tabelle sind die Stromverbrauchszahlen je Kopf und Tag aufgetragen. Die Zahlen enthalten den Kochstromverbrauch sowie einen Teil des Kleingeräteverbrauchs, jedoch nicht den Lichtverbrauch.

Personenzahl je Familie	2	3	4	5	6
Eltverbrauch je Kopf und Tag in kWh	1,38	1,14	0,95	0,85	0,76

In Deutschland sind derartige umfangreiche Untersuchungen von der VDEW durchgeführt worden [75]. Die Ergebnisse, die sich nur auf den reinen Kochstromverbrauch, also ohne Licht und Hausgeräte, beziehen, sind in Abb. 81 dargestellt. Die Untersuchungsergebnisse fanden eine Bestätigung durch die Untersuchungen von Kittler [64] im Versorgungsgebiet der Neckarwerke A. G., Eßlingen (s. Abb. 81).

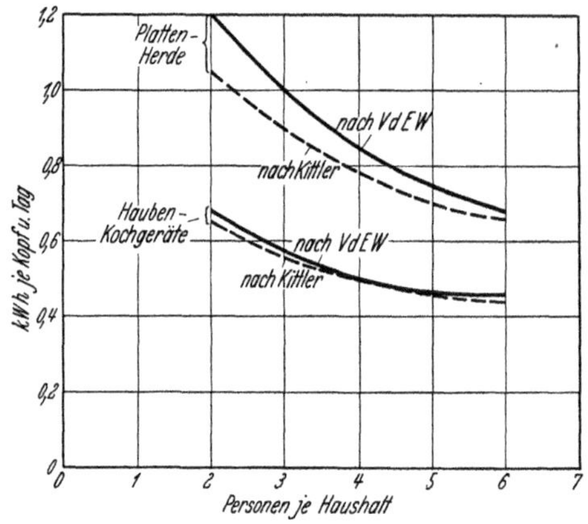

Abb. 81. Kochstromverbrauch von Plattenherden (normale Verhältnisse) und Haubenkochgeräten (einfachste Verhältnisse) in Abhängigkeit von der Familiengröße.

Wie sehr die Höhe des Stromverbrauchs aber auch von den Lebensgewohnheiten und der Art der Geräte beeinflußt werden kann, zeigen die in Abb. 81 aufgeführten Stromverbrauchsziffern in einfachen Haushaltungen mit Verwendung von Haubenkochgeräten. Selbstverständlich bringt die Verwendung einer Kochhaube infolge der Verringerung der Wärmeverluste bereits eine gewisse Ermäßigung des Stromverbrauchs, deren Höhe von der Art der zubereiteten Speisen abhängig ist. Einen weit größeren Einfluß üben aber die Lebensgewohnheiten aus. Werden z. B. in Haushaltungen mit derartigen Geräten vorwiegend sog. Eintopfgerichte zubereitet, so geht der Durchschnittsstromverbrauch auf die oben angegebenen Werte zurück.

Für die weiteren Untersuchungen sollen als Durchschnittswerte die von der VDEW ermittelten Zahlen gelten, die eher über als unter dem deutschen Durchschnitt liegen. Diese Zahlenwerte lauten:

Personenzahl je Familie .	2	3	4	5	6
Mittlerer Kochstromverbrauch je Kopf und Tag in kWh	**1,20**	**1,00**	**0,85**	**0,76**	**0,68**

Stromverbrauch in deutschen Haushaltungen mit Plattenherden ohne besonderen Warmwasserbereiter.

Man erkennt hiernach, daß bei der in Deutschland üblichen Durchschnittsfamiliengröße von vier Köpfen je Familie, mit etwa 0,85 kWh für die gesamten Kocharbeiten auszukommen ist, selbst wenn das für Speisen- und Spülzwecke benötigte Warmwasser auf dem Herd zubereitet wird. Die in früheren Veröffentlichungen häufig genannte Zahl von 1 kWh je Kopf und Tag schließt also noch eine gewisse Reserve ein und ist demnach als etwas zu hoch zu bezeichnen.

b) Einfluß des Heißwasserspeichers auf den Kochstromverbrauch.

Bei Vorhandensein einer zentralen Warmwasserversorgung oder eines elektrischen Heißwasserspeichers geht natürlich der Kochstromverbrauch zurück, da ja dann die Zubereitung von Spülwasser auf dem Herd wegfällt, und auch ein Teil der Speisen bereits mit heißem Wasser angesetzt werden kann. Die von der VDEW durchgeführten Erhebungen in Küchen mit vorhandenen Heißwasserbereitern hatten folgendes Ergebnis [75]:

Personenzahl je Familie	2	3	4	5
Kochstrom - Durchschnittsverbrauch in kWh je Kopf und Tag	1,0	0,82	0,73	0,68

Kochstromverbrauch in deutschen Haushaltungen mit Plattenherden und bes. Heißwasserspeichern.

Diese Untersuchungen finden auch ihre Bestätigung durch die Erhebungen in der Siedlung Römerstadt bei Frankfurt a. M., in der 1220 Haushaltungen mit elektrischen Herden und Heißwasserspeichern ausgerüstet worden sind [84]. Die in der Schweiz von Härry bereits 1928 ermittelten Zahlen, sowie die von Locher in Wohnhaussiedlungen in der Stadt Zürich [68] und neuerdings die von Härry in der Gemeinde Kaltenbrunn [61] ermittelten Zahlen liegen nur wenig höher, wobei aber zu berücksichtigen ist, daß in diesen Zahlen auch ein Teil des Kleingeräteverbrauchs enthalten ist, und wohl auch die Schweizer Lebens- und Kochgewohnheiten einen etwas höheren Verbrauch bedingen.

Man erkennt, daß das Vorhandensein einer besonderen Heißwasserquelle den Kochstromverbrauch nur in verhältnismäßig geringem Umfang (etwa 15—20%) vermindert. Dieses zunächst überraschende Ergebnis erklärt sich daraus, daß ein Teil des Spülwassers ja auf dem Herd ohne besondere Stromzufuhr, lediglich durch Ausnutzung der vorhandenen Nachwärme der Kochplatten bereitet werden kann, während die Hausfrau bei der so bequemen Handhabung eines Heißwasserspeichers keinen oder nur seltenen Gebrauch davon macht.

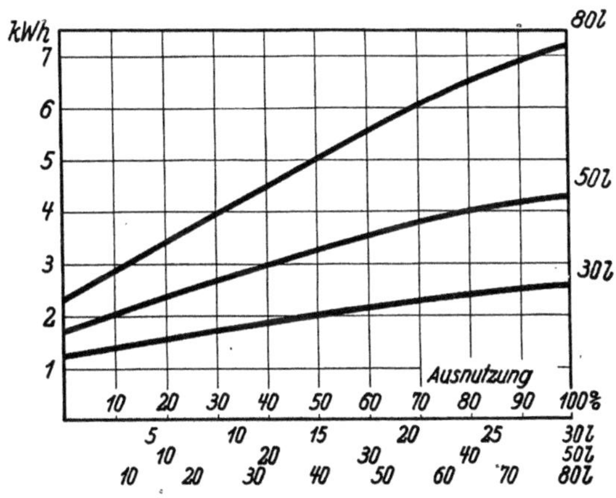

Abb. 82. Stromverbrauch von Heißwasserspeichern verschiedener Größe bei verschiedener Ausnutzung (übliche Wasserentnahme).

Wenn keine zentrale Heißwasserversorgung vorhanden ist, tritt nun zu dem Kochstromverbrauch der Stromverbrauch des Heißwasserspeichers hinzu, der in die Nachtstunden fällt.

Die Ermittlung von Durchschnittsverbrauchsziffern für die Heißwasserversorgung ist bedeutend schwieriger, da der Heißwasserverbrauch je nach den Lebensgewohnheiten in noch weit größerem Umfange schwankt. Auch liegen bisher vor allem für Heißwasserspeicher, die lediglich die Küche versorgen, noch nicht derartig umfangreiche praktische Erhebungen vor. Der Stromverbrauch von Heißwasserspeichern verschiedener Größe hängt in hohem Maße von der Art des Betriebes und von der Größe der Ausnutzung ab. In Abb. 82 sind die Verbrauchswerte aufgetragen [74], die von Professor Voigt (Technische Hochschule Darmstadt) unter Zugrundelegung eines dem Haushaltbetrieb entsprechenden Entnahmeprogramms ermittelt worden sind. Wenn man den in der Praxis üblichen Verbrauch von durchschnittlich 8 Liter Heißwasser je Tag und Person annimmt, so ergeben sich bei Verwendung von 30 Liter-Heißwasserspeichern je nach der Familiengröße folgende Zahlen:

Personenzahl je Familie	2	3	4
Stromverbrauch des Heißwasserspeichers je Kopf und Tag in kWh	1,0	0,8	0,65

Diese Zahlen stimmen gut mit den von Härry für 30 Liter-Küchenheißwasserspeicher in der Gemeinde Kaltenbrunn ermittelten tatsächlichen Verbrauchsziffern überein [61]. Werden dagegen größere Heißwasserspeicher, z. B. solche von 50 Liter Inhalt verwendet, so dürfte der Stromverbrauch im allgemeinen etwa um reichlich 30% höher liegen. Andererseits hat eine frühere Untersuchung der VDEW [75] ergeben, daß die Stromverbrauchszahlen von Heißwasserspeichern mit z. B. 15 oder 25 Liter Inhalt bei sparsamster Verwendung etwa um 25% niedriger liegen.

Wird der Heißwasserspeicher gleichzeitig für Bad und Küche verwendet, was aus den bereits auf S. 66 erörterten Gründen möglichst vermieden werden sollte, so hängt der Stromverbrauch natürlich ganz davon ab, wie häufig die Bewohner baden. Das ist aber je nach der sozialen Lage und den örtlichen Gewohnheiten sehr verschieden. Bekanntgeworden sind Untersuchungen aus der Siedlung Römerstadt bei Frankfurt a. M. [84], sowie aus Züricher Siedlungen [68]. Es ergaben sich hierbei folgende Verbrauchsziffern:

Personenzahl je Familie	2	3	4	5
Stromverbrauch des Heißwasserspeichers für Küche und Bad in Römerstadt in kWh je Kopf u. Tag . .	2,13	1,43	1,26	—
Stromverbrauch des Heißwasserspeichers für Küche und Bad in Zürich in kWh je Kopf u. Tag	2,07	1,59	1,30	1,15

Es ist nun interessant, zu untersuchen, inwieweit der Gesamtstromverbrauch einer elektrischen Küche durch das Vorhandensein eines Heißwasserspeichers beeinflußt wird. Wie Abb. 83 zeigt, steht dem verhältnismäßig geringen Rückgang des Kochstromverbrauchs eine wesentliche Steigerung des Stromverbrauchs durch den Heißwasserspeicher gegenüber, so daß der Gesamtstromverbrauch um etwa 60% steigt. Aus diesen Verhältnissen darf aber nicht geschlossen werden, daß der Heißwasserspeicher mit einem besonders ungünstigen Wirkungsgrad arbeitet. Tatsache ist vielmehr, daß die große Bequemlichkeit des elektrischen Heißwasserspeichers die Hausfrau zu einer wesentlichen Steigerung ihres Heißwasserverbrauchs führt, so daß sie dann mehr als die dreifache Heißwassermenge verbraucht. Die gleichen Feststellungen konnten übrigens auch in Gasküchen gemacht werden. Es ist deshalb nicht richtig, wenn man den Stromverbrauch von Küchen mit und ohne Heißwasserspeicher ohne weiteres miteinander vergleicht. Der erstere Haushalt steht gewissermaßen auf einem ganz anderen Lebensniveau, was sich natürlich auch in einem höheren Energieverbrauch auswirkt. Auch wenn der Heizstromverbrauch mit einem wesentlich verbilligten Nachtstrompreis berechnet wird, ist im allgemeinen die Gesamtrechnung eines Haushalts mit Heißwasserspeicher aber doch höher als diejenige eines solchen ohne, obwohl der etwa 20proz. Unterschied zwischen dem Kochstromverbrauch und dem Gesamtverbrauch mit billigem Nachtstrompreis an Stelle des bisherigen Kochstrompreises berechnet wird, was einen gewissen Ausgleich der Rechnung bewirkt. Die Hausfrau wird aber gern den höheren Rechnungsbetrag zahlen, wenn sie die Bequemlichkeit, immer größere Heißwassermengen von etwa 80° C zur Verfügung zu haben, dafür eintauscht. Selbstverständlich sollen die Hausfrauen aber rechtzeitig darauf aufmerksam gemacht werden, daß auch eine elektrische Küche ohne Heißwasserspeicher ohne weiteres betriebsfähig ist und den Verhältnissen entsprechend auch einen geringeren Stromverbrauch aufweist.

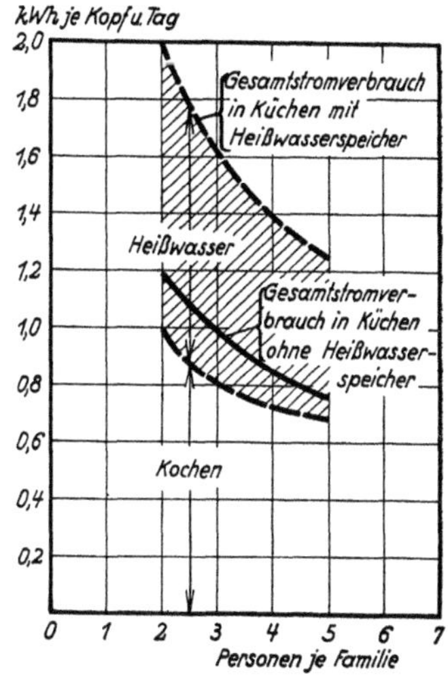

Abb. 83. Einfluß des Heißwasserspeichers auf den Gesamtverbrauch elektrischer Küchen.

c) Einfluß der Jahreszeiten auf den Stromverbrauch.

In Wohnungen mit Zentralheizung sind erhebliche Unterschiede des Koch- und Heißwasserspeicherstromverbrauchs während der einzelnen

Jahreszeiten kaum feststellbar. Nur vereinzelt findet man, daß in den heißen Sommermonaten der Heißwasserstromverbrauch für das Bad etwas zurückgeht. Ganz anders liegen dagegen die Verhältnisse, wenn die Küche keine besondere Heizquelle aufweist. Wie bereits auf S. 46 eingehend erörtert, muß dann für die Erwärmung der Küche in den meisten Fällen ein besonderer Raumheizofen mit Kohle- oder Koksfeuerung aufgestellt werden. Zuweilen wird auch der Kohleherd mit dem Elektroherd kombiniert. Es ist nun naheliegend, daß dann die Hausfrau den Kohleherd auch zur Durchführung der Kocharbeiten benutzt, so daß der Stromabsatz für das elektrische Kochen in diesen Monaten wesentlich zurückgeht. Dieser Rückgang wird jedoch längst nicht so groß, wie zunächst angenommen werden sollte. Nach Untersuchungen von Zerelles [95] in der Hindenburgsiedlung in Elberfeld (s. Abb. 84) zeigt sich z. B., daß während der Wintermonate der Kochstromverbrauch nur um etwa 50% geringer als in den Sommermonaten ist, woraus hervorgeht, daß die Hausfrau auch im Winter den Elektroherd häufig benutzt. Die für die Frühstücksbereitung üblichen Geräte, wie Tauchsieder und Wasserkocher, finden wohl regelmäßig Verwendung. Aber auch zu einer Reihe anderer Arbeiten wird der Elektroherd trotz des Vorhandenseins des Kohleherdes herangezogen. Die Abb. 84 zeigt deutlich, daß der Heißwasserspeicherstromverbrauch das ganze Jahr über annähernd gleich hoch liegt.

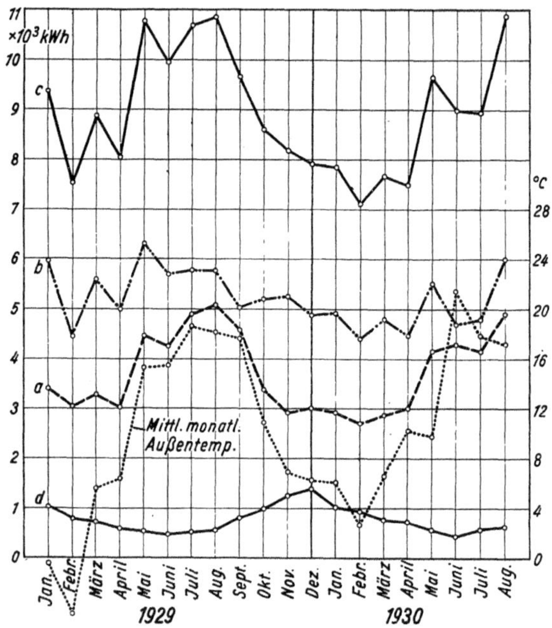

Abb. 84. Einfluß der Jahreszeit auf den Stromverbrauch einer Siedlung mit elektrischen Küchen und Heißwasserspeichern (nach Zerelles).
a) Kochstromverbrauch b) Heißwasserspeicherverbrauch
c) Gesamtverbrauch d) Lichtverbrauch vor Einführung des elektrischen Kochens.

Besonders interessant in dieser Beziehung sind auch Untersuchungen in der Siedlung Römerstadt [26, 84], wo etwa die Hälfte aller Wohnungen mit Zentralheizung, die anderen ohne Zentralheizung eingerichtet sind. Alle Küchen haben aber den gleichen Herdtyp (Elektroherd mit Kohleteil) erhalten. Abb. 85 zeigt nun, daß in den Küchen mit Zentralheizung der Verbrauch das Jahr über annähernd gleichbleibend ist, woraus geschlossen werden kann, daß der Kohleteil hier wohl niemals oder nur in Ausnahmefällen Verwendung findet. In den Wohnungen ohne zentrale Küchenbeheizung dagegen beträgt der Stromabsatzrückgang im Winter etwa 40—50%.

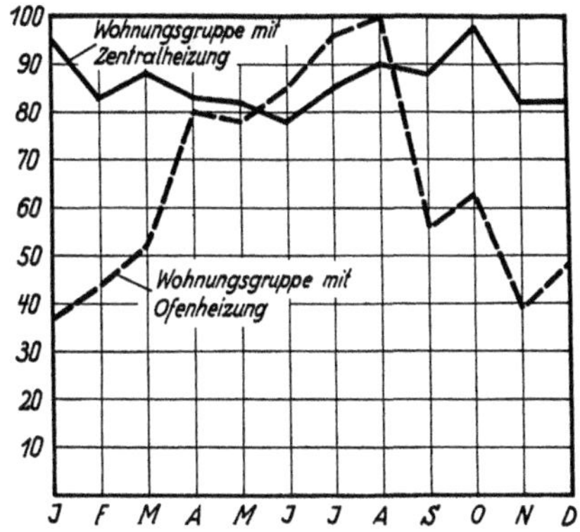

Abb. 85. Kochstromverbrauch in Küchen mit und ohne Kohlenheizung (Siedlung Römerstadt).

Größere Unterschiede ergeben sich häufig in Küchen, die nur einen Zweiplattentischherd verwenden, der dann im Sommer die gesamte Kocharbeit übernimmt und häufig auf der Herdplatte des noch vorhandenen Kohleherdes Aufstellung findet. Im Winter wird dann häufig der Elktroherd in solchen Küchen, die häufig auch zu Wohnzwecken Verwendung finden, ganz stillgelegt und der alte Kohleherd wieder in Betrieb gesetzt. Aus der Tatsache, daß die Hausfrauen aber jedes Jahr, wenn es die Witterungsverhältnisse nur einigermaßen gestatten, wieder auf das elektrische Kochen übergehen, ist zu schließen, daß sie mit den elektrischen Geräten überaus zufrieden sind.

2. Vergleich des Elektrizitätsverbrauchs mit dem Energieverbrauch in Küchen anderer Beheizungsart.

Es ist schon eingangs darauf hingewiesen worden, daß die Wirtschaftlichkeit dieses oder jenes Energiemittels nicht ausschließlich beeinflußt wird von der Höhe des Energieverbrauchs, sondern daß vielmehr eine ganze Reihe anderer Gesichtspunkte von nicht minder großer Bedeutung sind. Wenn man z. B. bedenkt, daß im allgemeinen der Anteil der Energiekosten zur Zubereitung der Speisen nur etwa 4—8% der für den Einkauf der Rohlebensmittel benötigten Summe darstellt, ist es klar, daß z. B. Einsparungen an Kochgut oder Fett, die durch eine besondere Eigenart der Kochmethode bedingt sind, einen wesentlich größeren Einfluß auf die Wirtschaftlichkeit ausüben können, als ein geringfügiger Mehr- oder Minderverbrauch ausmacht. Trotzdem ist es verständlich, wenn immer wieder nachgeprüft wird, in welchem Verhältnis der Energieverbrauch beim elektrischen Kochen zum Energieverbrauch bei anderen Beheizungsarten, insbesondere dem Gas, liegt.

Die Ermittlung vergleichbarer Energieverbrauchszahlen stößt aber auf große Schwierigkeiten, da es nur selten möglich ist, eine größere Anzahl von Haushaltungen gleicher Lebensbedingungen, ähnlicher Wohnungsgröße und sozialer Verhältnisse mit Gas- bzw. Elektroherden für eine gleichartige statistische Erhebung zu finden. Man hat deshalb den Versuch gemacht, das Verhältnis des Energieverbrauchs bei Gas- bzw. elektrisch betriebenen Küchen durch Einzelversuche zu ermitteln, indem inbesonderen Versuchsstellen verschiedene Gerichte einmal in elektrischen und dann in Gasgeräten zubereitet wurden. Daß hieraus jedoch nicht ohne weiteres auf die tatsächlichen Verbrauchsverhältnisse geschlossen werden kann, ist klar, da natürlich die Eigenheiten der einzelnen Zubereitungsmethoden sich bei verschiedenen Speisen ganz anders auswirken. Selbst wenn in denselben Haushaltungen eine gewisse Zeit lang auf Gas und dann auf elektrischen Herden gekocht wird, liegen gegen die Verallgemeinerung derartiger Ergebnisse Bedenken vor, da natürlich die Eigenheit des betreffenden Haushalts keineswegs dem Durchschnitt entsprechen muß und auch die Geschicklichkeit der Hausfrau einen gewissen Einfluß ausübt. Es verbleibt also auch hier nur die Möglichkeit, auf möglichst breiter Basis praktische Erhebungen anzustellen und die so gewonnenen Durchnittsergebnisse miteinander zu vergleichen.

Bei einem Vergleich der an verschiedenen Orten gesammelten Gasverbrauchszahlen ist dabei zu beachten, daß der Heizwert des Gases, d. h. die in einem Kubikmeter enthaltenen Wärmeeinheiten, je nach der Gasbeschaffenheit sehr verschieden ist. Wenn man einen absoluten Maßstab für die Güte des Gases haben will, werden zweckmäßig alle Werte auf einen Normalzustand reduziert. Im allgemeinen bezieht man den Heizwert auf 0° und einen Druck von 760 mm Quecksilberhöhe. Der untere Heizwert ist dann rund 10% niedriger als der obere Heizwert.

In Deutschland wird im allgemeinen sog. Mischgas verwendet, das den vom Deutschen Verein von Gas- und Wasserfachmännern in Krummhübel 1921 und Köln 1925 festgesetzten, nachstehend aufgeführten Bedingungen genügen soll:

> Das von den Gaswerken abzugebende Mischgas soll als normal betrachtet werden, wenn es einen oberen Heizwert von 4000—4300 kcal je cbm bei 0° und 760 mm besitzt.

Es beträgt also im allgemeinen:

Oberer Heizwert $H_o = 4000—4300$ WE (0° 760 mm).

Unterer Heizwert $H_u = 3600—3870$ WE (0° 760 mm).

Im praktischen Betriebe wird jedoch das Gas nicht 0° Temperatur haben, sondern etwa 12—15° C aufweisen. Nur der bei dieser Temperatur noch vorhandene Heizwert des Gases kommt aber für Vergleichsrechnungen in Frage. Mit Hilfe der üblichen Reduktionstabellen[1] kann der hierfür in Frage kommende Heizwert leicht errechnet werden. Im allgemeinen hat das in Deutschland zur Verwendung kommende Gas bei den üblichen Temperaturen einen unteren Heizwert

$$H_u = 3600 \text{ WE/m}^3.$$

Auf diesen Einheitswert sind dann zweckmäßig alle Werte zu beziehen.

Will man die an verschiedenen Orten ermittelten Verbrauchszahlen miteinander vergleichen, so bleibt nichts anderes übrig, als unter Zugrundelegung des am Ort festgestellten Heizwertes die Verbrauchszahlen auf das übliche Normalgas umzurechnen. Wenn eine proportionale Umrechnung auch nicht mathematisch genau zutrifft, da der Verbrennungsvorgang bei Steinkohlengas ein anderer als bei dem allgemein üblichen Mischgas ist, so ist der hierbei auftretende Fehler doch so gering, daß er innerhalb der üblichen Fehlergrenzen liegt. In der Schweiz und auch in manchen Teilen Deutschlands wird z. B. das sog. Steinkohlengas verwendet, das einen oberen Heizwert von etwa 5000—5500 WE (0°, 760 mm) besitzt.

Es liegt nun nahe, zu ermitteln, wieviel kWh nötig sind, um 1 m³ Gas im Haushalt zu ersetzen. Man nennt diese Zahl „Äquivalenzverhältnis“.

Bei der Ermittlung des Äquivalenzverhältnisses für den Elektrizitätsverbrauch im Haushalt ist grundsätzlich zu trennen zwischen dem eigentlichen Kochstromverbrauch und dem für die Bereitung von Heißwasser, wenn mit den fraglichen Vergleichszahlen tatsächlich ein Rückschluß auf die entstehenden Kosten gezogen werden soll [75]. Da Heißwasserspeicher fast immer zu anderen Strompreisen betrieben werden als die elektrischen Kochgeräte, ist die Ermittlung einer gemeinsamen Äquivalenzzahl zwecklos und nur dazu angetan, Verwirrung zu stiften. Man muß darauf um so gründlicher hinweisen, als vielfach die Formel: „dreifacher Aufwand an Energieeinheiten, also dreifache Kosten“ ausgesprochen wird. Auch dürfen natürlich nicht einfach die Gesamt-Stromverbrauchszahlen eines Haushaltes mit Heißwasserspeicher mit dem Wärmeverbrauch einer gas- oder kohleversorgten Küche ohne besonderen Heißwasserbereiter verglichen werden, da erfahrungsgemäß die bequeme Handhabung des Heißwasserspeichers zu einer wesentlichen Steigerung des Wasserverbrauchs führt.

Äquivalenzverhältnis beim Kochen. Zunächst sollen die Verhältnisse in Küchen ohne besonderen Heißwasserbereiter betrachtet werden. Für Deutschland ist ein derartiger Vergleich mangels vergleichbaren Materials leider nicht ohne weiteres möglich. Es dürfte

[1] Z. B. Karl Ludwig: Reduktionstabelle für Heizwert und Volumen von Gasen. Verlag Oldenbourg, München.

jedoch angängig sein, die in der Schweiz gefundenen Verhältniszahlen auf deutsche Verhältnisse zu übertragen, da ja die anderen Lebensgewohnheiten sich zweifellos in beiden Verbrauchszahlen widerspiegeln. Natürlich muß aber der Gasverbrauch auf deutsches Durchschnittsgas umgerechnet werden. Dann ergeben sich nach den Untersuchungen von Härry [60] die in nachstehender Tabelle aufgeführten Werte:

Elektrizitäts- und Gasverbrauch Schweizer Haushaltungen nach Härry.

Personenzahl je Familie	2	3	4	5	6
Eltverbrauch je Kopf und Tag in kWh	1,38	1,14	0,95	0,85	0,76
Gasverbrauch je Kopf und Tag in cbm (umgerechnet auf $H_u = 3600$	0,49	0,42	0,395	0,38	0,37
Verhältnis des Eltverbrauchs in kWh zum Gasverbrauch in cbm	**2,8**	**2,7**	**2,4**	**2,2**	**2,0**

Hierbei ist jedoch zu beachten, daß, wie oben dargelegt, in den Härryschen Stromverbrauchszahlen ein Teil des Gerätestroms (für Bügeln usw.) enthalten ist. Unter Berücksichtigung dieser Einschränkung dürfte sich für eine mittlere Familiengröße etwa eine Äquivalenzzahl von 1 : 2,3 für das Kochen ergeben, d. h. **zum Ersatz von 1 cbm Gas sind 2,3 kWh nötig,** oder aber, der Strompreis muß etwas weniger als die Hälfte des Gaspreises, betragen, wenn gleiche Energiekosten erreicht werden sollen.

Diese Zahl deckt sich auch durchaus mit den bei Einzelversuchen ermittelten Verhältnissen. So stellte z. B. Scheuer [83] für das elektrische Kochen ein Mittel von 1:2,4 sogar in einem Haushalt von drei Personen fest. Auch bei einem von den schwedischen Gas- und Elektrizitätsvereinigungen durchgeführten Vergleichskochen ergab sich, wenn man die verschiedenen Heizwerte des Gases berücksichtigt, ein Verhältnis von 1:2,6, obwohl hier die Art der Speisenfolge für das elektrische Kochen als ungünstig anzusprechen war.

Die Verhältniszahl ist natürlich je nachdem, ob es sich um Koch-, Brat- oder Backarbeiten handelt, sehr verschieden. Für Braten und Backen im Bratofen kann im allgemeinen mit einer Verhältniszahl zwischen 1:1 und 1:2 gerechnet werden. Je nachdem, welchen Anteil die Bratarbeit an der gesamten Speisenzubereitung hat, fällt die Gesamtverhältniszahl höher oder niedriger aus.

Äquivalenzverhältnis für die Heißwasserbereitung. Wesentlich anders liegen die Verhältnisse für die Heißwasserbereitung. Dem erstrebenswerten Weg, auch hier einfach einen Vergleich der in der Praxis ermittelten Energieverbrauchswerte durchzuführen, stellen sich besondere Schwierigkeiten entgegen. Der Heißwasserverbrauch schwankt je nach den Lebensgewohnheiten der Familien in weiten Grenzen. Dazu kommt, daß der zur Erwärmung einer gewissen Wassermenge nötige Energieverbrauch auch nach der Art der Wasserentnahme, der Ausnutzung und dem jeweiligen Zustand der Geräte verschieden ist. Vergleichbare Zahlen aus der Praxis stehen heute noch nicht oder nur in sehr

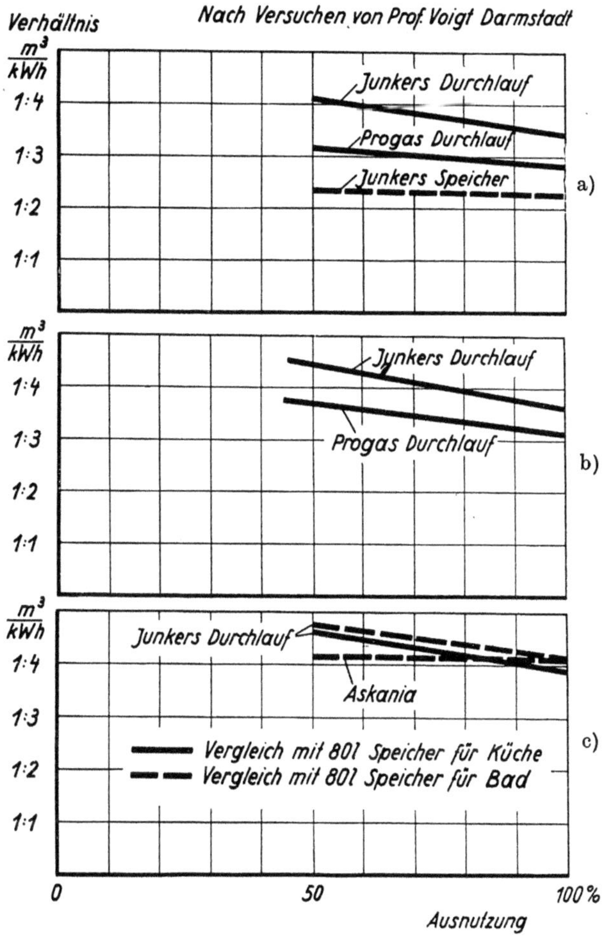

Abb. 86. Vergleich des Gasverbrauchs von Warmwasserbereitern mit dem Stromverbrauch eines
a) 30-l-Heißwasserspeichers bei gleichartiger Entnahme,
b) 50-l-Heißwasserspeichers bei gleichartiger Entnahme,
c) 80-l-Heißwasserspeichers bei gleichartiger Entnahme.

beschränktem Umfange zur Verfügung. Um aber wenigstens annähernd die Verhältnisse bestimmen zu können, hat sich die VDEW bemüht, Unterlagen zu erlangen, indem in Versuchen die Praxis möglichst getreu nachgeahmt wurde [74].

Man findet in Firmenprospekten und Propagandaschriften häufig Angaben von Wirkungsgradziffern und daraus abgeleitet Wirtschaftlichkeitsrechnungen. Es muß nachdrücklich darauf hingewiesen werden, daß die Angabe unter ganz bestimmten technischen Voraussetzungen gewonnener Wirkungsgradziffern nicht ohne weiteres einen Schluß auf die Wirtschaftlichkeit zuläßt. Bei elektrischen Heißwasserspeichern wird meist der Anheizwirkungsgrad der Speicher angegeben, während für Gasdurchlauferhitzer der sog. Dauerwirkungsgrad, d. h. der Wirkungsgrad, der sich bei dauernder Heißwasserentnahme ergibt, bestimmt wird. Im normalen Betrieb treten ganz andere Verhältnisse auf. Um vergleichbare Zahlenwerte zu erhalten, muß den Untersuchungen ein bestimmtes Wasserentnahmeprogramm zugrunde gelegt werden, das den in der Praxis am häufigsten festzustellenden Verhältnissen möglichst nahe kommt.

Die Messungen wurden auf Veranlassung der VDEW in dankenswerter Weise im Wärmeinstitut der Technischen Hochschule Darmstadt von Herrn Professor Dr. Ing. Voigt und Herrn Dipl.-Ing. Germann durchgeführt [74]. Untersucht wurden 30-, 50- und 80-Liter-Heißwasserspeicher und unter gleichen Bedingungen auch verschiedene Gasdurchlauferhitzer. Die Ergebnisse dieser Untersuchungen sind in Abb. 86 dargestellt. Es zeigt sich, daß die Äquivalenzzahl etwa zwischen 1:3 bis 1:4,5, je nach der Größe und der Ausnutzung der Geräte, liegt. Wenn man davon ausgeht, daß der Heißwasserspeicher in der Regel mit etwa 75% Ausnutzung betrieben wird, ergeben sich die in nachstehender Zahlentafel aufgeführten Äquivalenzzahlen, d. h. also, daß der Nachtstrompreis für Küchenheißwasserspeicher etwa ein Drittel des Gaspreises betragen darf, wenn auf gleiche Energiekosten Wert gelegt wird.

Nenninhalt des Speichers in Liter	30	50	80
Verhältnis m^3 : kWh	1 : 3,0 bis 1 : 3,7	1 : 3,4 bis 1 : 5,0	1 : 4,1 bis 1 : 4,5

Es ist nunmehr auch möglich, zu untersuchen, inwieweit das Äquivalenzverhältnis durch das Hinzutreten des Heißwasserspeichers beeinflußt wird (s. Abb. 87). Für das Kochen gilt nach wie vor die Verhältniszahl von etwa 1:2,3. Wenn nun der Heißwasserspeicher hinzutritt, werden die reinen Energieverhältniszahlen für den elektrischen Betrieb zunächst ungünstiger, besonders dann, wenn der Heißwasserspeicher für Küche und Bad Verwendung findet. Andrerseits bietet diese Untersuchung den besten Beweis für die Richtigkeit der Feststellung, daß für das Kochen allein eine Verhältniszahl von 1:2,3 gilt. Es ist bekannt und wird auch von der Gasseite nicht bestritten, daß in

Haushaltungen, in denen sowohl für Küche und Bad die Wärme mit Gas oder Elektrizität erzeugt wird, eine Energieverhältniszahl von 1:3 bis 1:3,5 gilt. Auch die hier angestellten Untersuchungen bestätigen dies in gewissem Umfang. Da aber allein für die Warmwasserbereitung sich ein Verhältnis von 1:4,3 feststellen läßt, muß ja die Verhältniszahl für das Kochen allein wesentlich günstiger, d. h. etwa 1:2,3 sein.

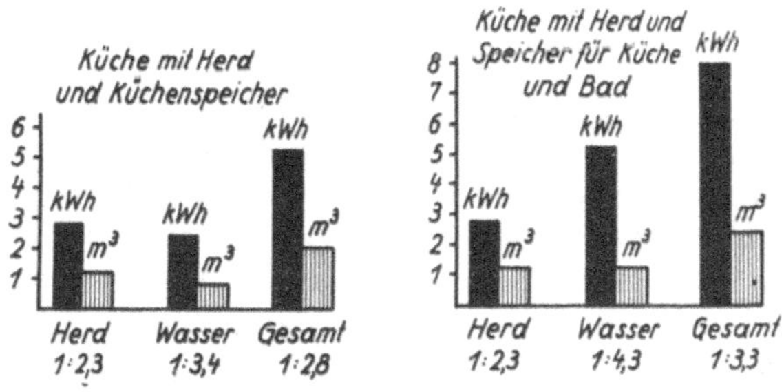

Abb. 87. Vergleich des Elektrizitäts- und Gasverbrauchs eines vierköpfigen Haushalts mit Warmwasserbereitern für Küche oder für Küche und Bad.

Es wird zuweilen behauptet, daß sich die Kosten des Gas- und Elektrohaushaltes mit Küche und Warmwasserbeheizung wie 1:3 bis 1:3,5 verhalten. Das ist nicht richtig, da das bei der Warmwasserbereitung rein wärmetechnisch ungünstigere Verhältnis zum größten Teil durch den niedrigen Nachtstrompreis wieder aufgehoben wird.

Vergleich mit dem Kohleherd. Ein derartiger, reiner Zahlenvergleich zwischen dem Kohleherd und dem Elektroherd ist weder einfach möglich, noch kommt einer solchen Untersuchung besondere Bedeutung zu, da ja die so ganz verschiedenartige Bedienung und Betriebsführung der Herde bei einem ausschließlichen Vergleich des Energieverbrauchs nicht berücksichtigt werden. Die Annehmlichkeit des sauberen, bequemen elektrischen Herdes und die durch den Wegfall des Anheizens, Kohlenachlegens und Ascheausräumens bedingten Zeiteinsparungen lassen hier die Einschätzung des wirtschaftlich tragbaren Strompreises in einem ganz anderen Licht erscheinen.

3. Haushalttarife der Elektrizitätswerke.

Die oben angestellten Untersuchungen haben gezeigt, daß beim Kochen etwa ein Kubikmeter Gas durch 2,3 Kilowattstunden ersetzt werden muß, wenn gleiche Energiekosten erzielt werden sollen. Nun beträgt in Deutschland der durchschnittliche Gaspreis etwa 18—24 Pf. je cbm. Es ergibt sich hieraus, daß für das elektrische Kochen von den Elektrizitätswerken Strom zum Preise von 8—10 Pf. geliefert werden muß, wenn die elektrische Küche nicht teurer arbeiten soll als der Gasherd. Tatsächlich hat heute die überwiegende Anzahl aller Elektrizitätswerke für diesen Zweck besondere Haushalt- oder Kochtarife eingeräumt. Über 70% aller Stromabnehmer in Deutschland wohnen in Versorgungsgebieten, die bereits einen derartigen Tarif mit einem kWh-Preis von 8—10 Pf. besitzen. Es hat sich gezeigt, daß bei Strompreisen von 8 bis 10 Pf. der elektrische Herd nicht teurer, sondern eher sogar billiger als der Gasherd arbeitet.

Für die Heißwasserspeicher werden heute allgemein Nachtstrompreise von etwa 5—6 Pf. je kWh eingeräumt; auch hier ergeben sich dann, wie nach dem oben Gesagten leicht nachgeprüft werden kann, etwa gleiche oder etwas niedrigere Energiekosten als bei Gas.

Die Form der Tarife ist natürlich bei den einzelnen Elektrizitätswerken, den jeweiligen örtlichen Verhältnissen Rechnung tragend, recht verschieden. In vielen Fällen werden sog. Grundgebührentarife verwendet. Die monatlich zu entrichtende Grundgebühr richtet sich meist nach der Größe der Wohnungen. Der Arbeitspreis der kWh ist dann für alle Verbrauchsarten tagsüber mit 10 Pf. festgesetzt. Die Grundgebühr wird dabei im allgemeinen so bemessen, daß für den bisherigen Stromverbrauch für Licht und Kleingeräte etwa der bisher übliche Lichtstrompreis gezahlt wird, während für den darüberhinausgehenden Verbrauch, also für das Kochen usw., nur 10 Pf. je kWh anzusetzen sind.

Eine Dreizimmerwohnung z. B. habe einen monatlichen Stromverbrauch für Licht und Kleingeräte von 10 kWh gehabt, der mit 45 Pf. je kWh berechnet worden ist, so daß sich eine Monatsrechnung von RM. 4,50 ergab. Beim neuen Haushalttarif betrage die monatliche Grundgebühr RM. 3,60 und der Arbeitspreis 10 Pf. je kWh. Dann ergibt sich, wenn der Lichtstromverbrauch nach wie vor 10 kWh beträgt, daß auf diesen die Grundgebühr in Höhe von RM. 3,60 und 10 kWh à RM. 0,10 = RM. 1,—, insgesamt also RM. 4,60, entfallen. Der gesamte Kochstromverbrauch, der z. B. 80 kWh im Monat betragen möge, wird mit 10 Pf. je kWh berechnet, so daß hierauf ein Betrag von RM. 8,— monatlich entfällt. Die gesamte Stromrechnung beträgt dann im Monat RM. 12,60, ein Betrag, der etwa in derselben Höhe liegt, wie er früher für die Strom- und Gasrechnung zusammen bezahlt werden mußte.

Da den Grundgebührentarifen von den Stromabnehmern nicht immer das richtige Verständnis entgegengebracht wird, haben eine Reihe von Elektrizitätswerken sog. Regelverbrauchstarife eingeführt. Hier wird ein gewisser monatlicher Stromverbrauch, der etwa dem bisherigen Verbrauch für Licht und Kleingeräte entspricht, zum Preise von etwa 45 Pf. je kWh in Anrechnung gebracht, während aller darüber hinausgehende Tagverbrauch mit 10 Pf. je kWh berechnet wird. Die

Höhe des Regelverbrauchs richtet sich ebenfalls nach der Wohnungsgröße und kann entweder in jedem Monat in gleicher Höhe, oder aber den tatsächlichen Abnahmeverhältnissen entsprechend, in den einzelnen Monaten verschieden hoch angesetzt werden. Dem Vorteil des leichteren Verständnisses des Tarifes steht gegenüber, daß das Elektrizitätswerk dann keine garantierte monatliche Einnahme, wie beim Grundgebührentarif besitzt.

Schließlich hat sich für die Einführung des elektrischen Kochens noch eine dritte Tarifart entwickelt, bei der eine getrennte Verrechnung des Kochstroms vorgenommen wird. Es macht sich dann die Aufstellung eines besonderen Kochstromzählers nötig. Diese Verrechnung hat den Vorteil, daß dann ganz eindeutig festgestellt werden kann, welcher Verbrauch tatsächlich auf die Küche und welcher auf die sonstigen Stromverbraucher im Haushalt entfällt. In der richtigen Erkenntnis, daß ein Stromabnehmer mit größerer Wärmestromentnahme für das Elektrizitätswerk einen hochwertigeren Abnehmer darstellt, wird bei einigen Tarifen, vor allem beim RWE-Haushaltungstarif, eine gewisse Ermäßigung auf die Lichtstrompreise gewährt, wenn ein bestimmter Mindestkochstromverbrauch vorliegt. Der Haushalttarif des RWE weist nachstehenden Wortlaut auf (s. S. 90).

Bei größerer Abnahme von Wärmestrom entfällt dann der besondere Licht- und Kraftstromzähler, so daß schließlich bei einem monatlichen Stromverbrauch von etwa 150 kWh der gesamte Stromverbrauch durch einen Zähler zum Preise von 8 bzw. 9 Pf. je kWh berechnet wird.

Aus alledem geht klar hervor, daß die Tarife der Elektrizitätswerke heute so gestaltet sind, daß das elektrische Kochen neben seinen vielen anderen Vorteilen auch in wirtschaftlicher Beziehung anderen Kochverfahren mindestens gleichwertig ist.

Für die Heißwasserspeicher wird, wie bereits erwähnt, allgemein ein besonderer Nachtstrompreis in der Größenordnung von etwa 5—6 Pf. gewährt. Zu diesem Zweck sind besondere Doppeltarifzähler nötig, die eine getrennte Anzeige des Tagstroms und des Nachtstroms (meist in der Zeit zwischen 22 und 6 Uhr) ermöglichen. Bei einigen Elektrizitätswerken ist man noch weiter gegangen, indem der billige Nachtstrompreis für die Heißwasserspeicher auch durchgehend in der Zeit von Sonnabend mittag bis Montag früh um 6 Uhr eingeräumt wird (sog. Wochenendtarif), was den Vorteil hat, daß für den am Wochenende größeren Badewasserbedarf dann auch tagsüber nachgeheizt werden kann.

Bei anderen Elektrizitätswerken wird der Stromverbrauch von Heißwasserspeichern nach Pauschaltarifen berechnet. So werden z. B. von den Hamburgischen Elektrizitätswerken Heißwasserspeicher wahlweise nach einem Nachtstrom-kWh-Tarif oder pauschaliert für einen Preis von monatlich 1 Pf. je Watt Anschlußwert angeschlossen. Letztere

Verrechnungsart hat den wesentlichen Vorteil, daß die Hausfrau von vornherein weiß, mit welchem Betrag sie zu rechnen hat.

Rheinisch-Westfälisches Elektrizitätswerk A.-G., Essen

Haushaltungstarif

Stufe 1

Wärmestrom: 8 Rpf. (9 Rpf.) je Kilowattstunde (kWh)
(9 Rpf. je kWh in Gemeinden mit Finanzaufschlag)

Lichtstrom: $33\frac{1}{3}$ Rpf. ($38\frac{1}{3}$ Rpf.) je kWh
Wärmestrom wird geliefert an **Privathaushaltungen** zum Betrieb von Küchenherden, Warmwasserspeichern (Boilern), Bügeleisen und allen sonstigen Elektrowärmegeräten, sowie von Staubsaugern, Bohnerapparaten, Küchenmotoren, elektrischen Waschmaschinen usw.

Stufe 2

Wärmestrom: 8 Rpf. (9 Rpf.) je kWh
Lichtstrom: $15\frac{3}{4}$ Rpf. ($18\frac{1}{3}$ Rpf.) je kWh
bei einer Entnahme von mindestens 100 kWh in jedem Monat an Wärmestrom, vorausgesetzt, daß elektrisch gekocht wird.

Stufe 3

Wärmestrom: 8 Rpf. (9 Rpf.) je kWh
Lichtstrom: 8 Rpf. (9 Rpf.) je kWh
für vollelektrischen Haushalt bei ausschließlich elektrischem Kochen und Benutzung von Wasserspeichern und bei einer Mindestabnahme von 150 kWh je Monat.

Mehrverbrauch: 5 Rpf. je kWh
das heißt, die 150 kWh je Monat überschreitende Strommenge wird mit 5 Rpf. je kWh berechnet. Für größere Wohnungen ist ein höherer Mindestverbrauch vorgesehen.

Nähere Bedingungen beim Elektrizitätswerk erhältlich

Abb. 88. Haushaltungstarif des Rhein.-Westf. Elektrizitätswerks.

4. Anschaffungskosten elektrischer Geräte und Zubehör.

Der allgemeinen Einführung des elektrischen Kochens haben in erster Linie die verhältnismäßig hohen Anschaffungskosten der elektrischen Herde im Wege gestanden. Man konnte bisher im allgemeinen hinsichtlich des Aufbaues elektrischer Herde zwei Typen unterscheiden: von fast allen

Firmen wurden elektrische Vollherde in verhältnismäßig schwerer Ausführung geliefert, die mit viereckigen Bratöfen und auswechselbaren Kochplatten ausgerüstet waren, und deren Anschaffungskosten etwa zwischen RM 250 und RM. 350 (Bruttopreis) lagen. In dem Bestreben, die Anschaffungskosten der Elektroherde denen des Gasherdes mehr und mehr anzugleichen, sind dann kleine Herdtypen leichterer Ausführung entwickelt worden, die sich durch verhältnismäßig niedrige Preise auszeichneten.

a — Abb. 89. Kleiner Herd; b — Normalherd; c — Extra schwere Ausführung

Nunmehr ist zu diesen beiden Typen eine Zwischenstufe geschaffen worden. Es wurden elektrische Herde normaler Bauart, d. h. mit viereckigen Bratöfen, auswechselbaren Kochplatten usw. gebaut, deren Anschaffungskosten aber trotzdem nur in der Preislage von etwa RM. 180 bis RM. 200 (Bruttopreis) liegen. Die Herde, die in ihrer äußeren Form durchaus den bisher üblichen Vollherden gleichen und lediglich z. T. etwas kleinere Bratrohrabmessungen aufweisen, dürften für die weitere Einführung des elektrischen Kochens von ganz besonderer Bedeutung sein. Abb. 89 zeigt die drei Herdtypen eines Fabrikates.

Die Anschaffung der elektrischen Herde wird ferner durch die Elektrizitätswerke wesentlich dadurch erleichtert, daß sie ihren Stromabnehmern den Kauf der Geräte durch Teilzahlung ermöglichen.

Die Elektrizitätswerke kaufen die Herde in größeren Mengen zu wesentlich niedrigeren Preisen ein. Wenn dann lediglich die entstehenden Geschäftsunkosten und die Verzinsung aufgeschlagen wird, so können die Herde zu überaus günstigen Preisen angeboten werden.

Das Gleiche gilt für die Anschaffung der Kochgeschirre. Auch hier sind die Anschaffungskosten in letzter Zeit wesentlich niedriger geworden, zumal wenn neben den verhältnismäßig teueren Aluminiumtöpfen die Stahlgeschirre und die besonders preiswerten Gußeisengeschirre verwendet werden.

Es hat sich als richtig erwiesen, keinen Herd ohne eine dazu passende Mindestauswahl von Kochgeschirren zu liefern. Bei vielen Elektrizitätswerken sind deshalb in den Verkaufspreis der Herde bereits die Anschaffungskosten für die Kochgeschirre, und bei einigen Werken auch die Kosten für die Herdanschlußdose, bereits eingeschlossen.

Auch die Installationskosten für den Anschluß der elektrischen Herde sind in den meisten Fällen nicht besonders hoch. Schwierigkeiten ergeben sich manchesmal in großstädtischen Altwohnungen, in denen häufig sehr schwache Haupt- und Steigeleitungen verlegt sind. Das nachträgliche Verstärken dieser Leitungen verursacht dann zuweilen erhebliche Kosten. Zum Teil hilft man sich hierbei durch Einbau besonderer Überstromschalter, sog. Tarifwächter [91]. Es ist aber unbedingt danach zu streben, daß bei allen Neu- und Umbauten von vornherein die Haupt- und Steigeleitungen so reichlich bemessen werden, daß der nachträgliche Anschluß von elektrischen Herden und Heißwasserspeichern ohne weiteres möglich ist.

IV. Belastungsverhältnisse beim elektrischen Kochen.

Die zunehmende Verbreitung des elektrischen Kochens zwingt die Elektrizitätswerke, aufs genaueste zu überprüfen, welche Belastung hierdurch verursacht wird. Ferner ist zu untersuchen, wie die Verteilungsnetze, Haupt- und Anschlußleitungen zu bemessen sind, um die durch das elektrische Kochen hervorgerufenen Belastungen aufnehmen zu können und mit welchen Rückwirkungen auf die Werk- und Netzbelastung zu rechnen ist.

Zur Beantwortung dieser Fragen ist

I. die genaue Kenntnis der Höhe der zu erwartenden Belastungen und

II. die Kenntnis des zeitlichen Belastungsverlaufs notwendig.

1. Höhe und Verlauf der Kochbelastung.

a) Höhe der Kochbelastung.

Die Höhe der durch das Kochen verursachten Belastung eines Einzelhaushaltes wird durch die verschiedensten Ursachen beeinflußt. Wider Erwarten wird normalerweise der volle Anschlußwert des Herdes in Haushaltungen kaum beansprucht [71]. Dies wird verständlich, wenn man bedenkt, daß die Belastungsspitze ja in erster Linie durch die Ankochleistung (Stellung III) der Kochplatte oder des Bratofens verursacht wird. Der Fall, daß sämtliche Kochplatten und Ober- und Unterhitze des Bratofens voll eingeschaltet sind (Stellung III), kommt in der Praxis im allgemeinen nicht vor. Durch Messungen in den verschiedensten Haushaltungen konnte ermittelt werden, daß man mit folgender mittleren Höchstlast des Einzelhaushaltes rechnen kann:

Bei Herden mit 5—6 kW Anschlußwert: 3,5—4 kW
Bei Herden mit 3—4 kW Anschlußwert: 2,4—2,8 kW.

Die Kochhöchstlast des Einzelhaushaltes beträgt somit in der Regel nur 60—80% des Herdanschlußwertes (s. Abb. 90). Die höchsten Spitzen treten dabei in der Regel an Sonn- oder Feiertagen und gelegentlich an Sonnabenden auf. Auch sind die verschiedenen Witterungsverhältnisse nicht ohne Wirkung auf die Belastungshöhe. Außer diesen üblichen Haushaltspitzen treten, wenn auch sehr selten, sog. Zufallspitzen auf (z. B. bei großen Familienfesten und beim gelegentlichen Vorführen des Herdes). Inwieweit diese Zufallspitzen bei der Bemessung der elektrischen Anlage zu berücksichtigen sind, wird später noch eingehend behandelt.

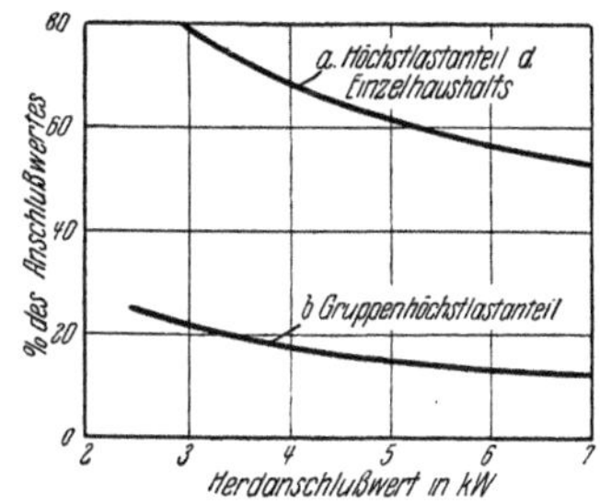

Abb. 90. Abhängigkeit des Höchstlastanteils eines Einzelhaushaltes sowie des Gruppenhöchstlastanteils vom Herdanschlußwert.

Der Höchstlastanteil geht nun sehr stark mit der Zahl der an einem Speisepunkt liegenden Haushaltungen zurück. In einer größeren Wohnhaussiedlung in Berlin-Siemensstadt mit Herden von 6,6 kW Anschlußwert konnten vom Verfasser folgende Werte festgestellt werden [71]:

Zahl der Wohnungen	Höchstlastanteil je Haushalt in kW
1	3,6
2	2,7
6	1,7
18	0,98
54	0,91
90	0,885

Dieser Rückgang oder mit anderen Worten der niedrige Gleichzeitigkeitsfaktor der Kochbelastung ist in erster Linie in der verschieden langen Zubereitungszeit der einzelnen Speisen zu suchen. Er kann auch leicht versuchsmäßig nachgeprüft werden, wenn man einmal die Belastungen verschiedener Speisenfolgen aufträgt (s. Abb. 91). Ähnliche Verhältnisse ergeben sich auch, wenn man die Belastungskurven komplizierter Speisenfolgen überlagert.

Weiter wird der Höchstanteil natürlich in der Praxis dadurch herabgesetzt, daß nicht alle Familien genau zur gleichen Zeit essen. Bereits bei einer Gruppe von 20 Herden wird der Betrag von 1 kW unterschritten. Der Wert bei 100 Herden möge als „Gruppenhöchstlastanteil" bezeichnet werden. Er beträgt nach diesen und anderen im Fachschrifttum bekannt gewordenen Messungen:

Bei Herden mit 5—6 kW Anschlußwert: 0,9 kW
Bei Herden mit 3—4 kW Anschlußwert: 0,7 kW

Auch hier tritt dieser Wert in der Regel nur Sonnabends und Sonntags auf. An Werktagen sind häufig nur 500—600 Watt feststellbar.

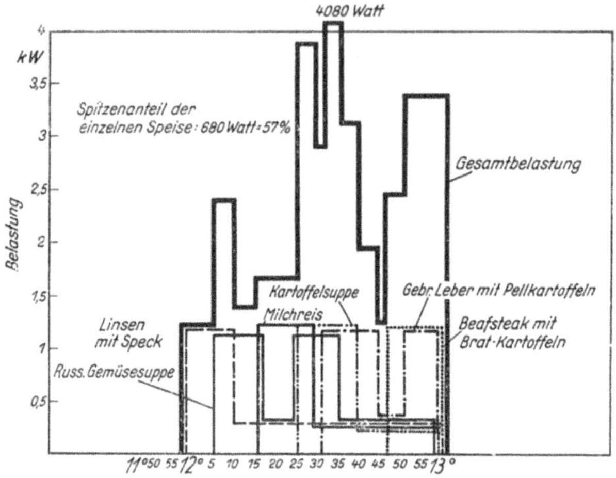

Abb. 91. Überlagerung der Kochbelastung verschiedener Einzelspeisen zur Ermittlung des Gruppenanteils (Kochplatte 1200 Watt, 4-Personen-Haushalt).

Der Gruppenhöchstlastanteil erreicht demnach höchstens etwa 15—20% des Herdanschlußwertes (s. Abb. 90), was für die gesamte Beurteilung des Kochproblems vom elektrizitätswirtschaftlichen Standpunkt aus

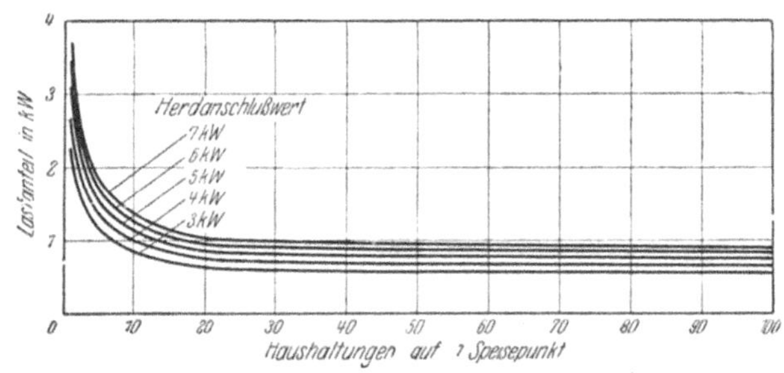

Abb. 92. Abhängigkeit des Höchstlastanteils von der Anzahl der Haushaltungen für Herde verschiedener Leistung.

von ausschlaggebender Bedeutung ist. Unter Zugrundelegung der erwähnten Meßwerte kann dann leicht für Herde verschiedenen Anschlußwertes die Abhängigkeit des Höchstlastanteils von der Größe der Abnehmergruppe ermittelt werden (s. Abb. 92).

b) Verlauf der Kochbelastung.

Der Belastungsverlauf vollelektrischer Haushaltungen hängt natürlich in hohem Maße von den Lebensgewohnheiten und der sozialen

Stellung der Bewohner, sowie der Arbeitszeit des Hausherrn ab. Man kann grundsätzlich folgende Fälle unterscheiden [66, 80]:

1. Klein- und Mittelstädte mit geteilter Arbeitszeit. Hauptmahlzeit bei allen Familien mittags.
2. Landkreise. Essenszeit hängt von der Beschäftigungsart und der Jahreszeit ab, meist aber mittags.
3. Großstädte mit geteilter Arbeitszeit. Die Mehrzahl der Familien ißt mittags. Bei weiten Arbeitswegen ißt der Hausherr und zuweilen auch die Familie erst nach der abendlichen Heimkehr.
4. Großstädte mit durchgehender Arbeitszeit. Die Mehrzahl der Familien ißt nach Rückkehr des Hausherrn. Familien mit Kindern und Dienstpersonal essen mittags.

Es ist klar, daß sich diese Verhältnisse auch in dem Belastungsverlauf der Haushaltungen widerspiegeln müssen.

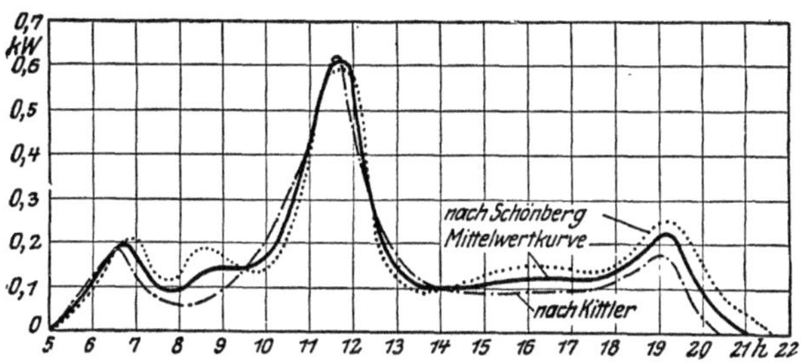

Abb. 93. Verlauf der Kochbelastung in ländlichen Gebieten (nach Schönberg und Kittler). (Werktag.)

Untersuchungen über den Verlauf der Kochbelastung in ländlichen Gebieten sind von Kittler in einem württembergischen Überlandwerk angestellt worden [64]. Die Ergebnisse stehen in guter Übereinstimmung mit den von Schönberg ermittelten Kochbelastungen in ländlichen Kleinstädten [85, 86]. Aus beiden Kurven wurde ein Mittelwert gebildet.

Die in Abb. 93 dargestellte Kurve zeigt, daß die Höchstbelastung etwa 11,30 Uhr auftritt. Der Gruppenhöchstlastanteil beträgt hierbei 0,61 kW und stimmt somit mit den oben angegebenen Werten überein. Eine zweite, wesentlich geringere Spitze, hervorgerufen durch die Zubereitung des Frühstücks, tritt früh kurz vor 7 Uhr auf. Die abendliche Spitze, verursacht durch die Zubereitung des Abendessens, tritt kurz vor 19 Uhr auf und beträgt 0,3 kW. Es ist beachtenswert, daß während der Hauptbelastungszeiten der Elektrizitätswerke (Winterlichtspitze zwischen 16 und 17 Uhr) die Belastung überaus gering ist (Gruppenlastanteil etwa 0,15 kW). Der Arbeitsinhalt der Kurve entspricht einem jährlichen Stromverbrauch von etwa 950 kWh je Haushalt. Er stimmt mit dem in der Praxis festgestellten mittleren Jahresstromverbrauch ländlicher Haushaltungen gut überein.

Weitere Untersuchungen hat das Märkische Elektrizitätswerk A.-G. angestellt [63, 56]. In Abb. 94a ist der Belastungsverlauf in Kleinstädten, in Abb. 94b derjenige für das flache Land dargestellt. Die Doppelspitze in der Stadtkurve (Frühstück 6,45 Uhr und 7,15 Uhr,

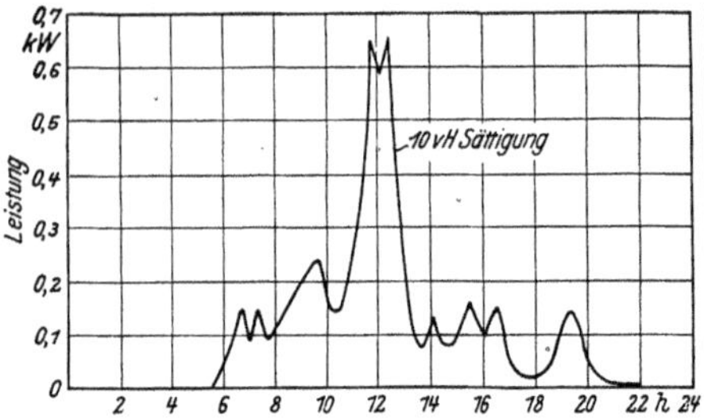

Abb. 94a. Mittlere Herdbelastung in Kleinstädten (nach Buch).

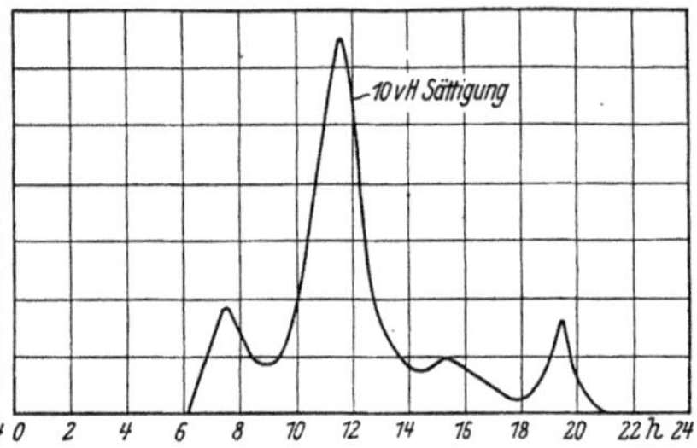

Abb. 94b. Mittlere Herdbelastung für flaches Land (nach Buch).

Mittag 11,45 Uhr und 12,30 Uhr) dürfte u. a. ihren Grund darin haben, daß die Bevölkerung der untersuchten brandenburgischen Kleinstadt (4000 Einwohner) sich aus Angestellten und Arbeitern zusammensetzt, die verschiedene Lebensgewohnheiten besitzen.

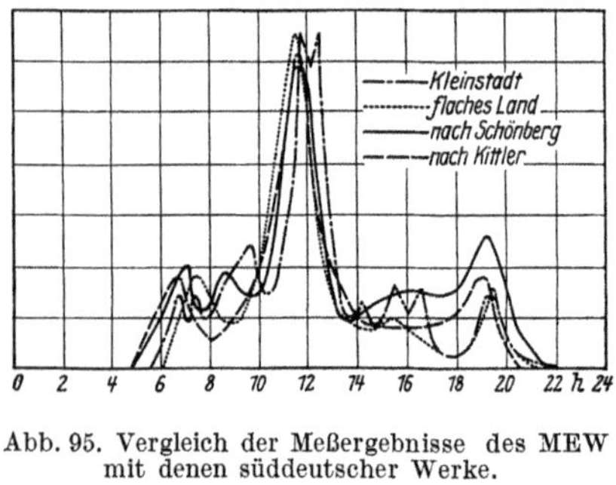

Abb. 95. Vergleich der Meßergebnisse des MEW mit denen süddeutscher Werke.

Wie ein Vergleich dieser Meßergebnisse mit den bisher erwähnten süddeutschen deutlich zeigt (s. Abb. 95), weisen aber alle Kurven einen grundsätzlich ähnlichen Verlauf und fast gleich große Belastungshöhe auf. Bei genauerer Untersuchung der Lastverhältnisse muß natürlich den geringen Unterschieden z. B. hinsichtlich der Zeit der Mittagsspitze Rechnung getragen werden.

Ähnliche Belastungskurven sind auch in *Mittel- und Großstädten* mit nicht durchgehender Arbeitszeit feststellbar [95] (s. Abb. 100).

Wie stark jedoch die örtlichen Verhältnisse den Belastungsverlauf beeinflussen können, zeigt besonders deutlich das Beispiel der Siedlung Römerstadt bei Frankfurt a. M. [84]. Hier wurden 1220 Wohnungen mit elektrischen Herden (5,4 kW) und Heißwasserspeichern (80 Liter, 0,95 kW) ausgerüstet. Die verhältnismäßig große Entfernung zur Stadt (6 km) hat zur Folge, daß ein erheblicher Teil der Familien erst abends ißt, so daß die Abendkochspitze wesentlich größer als die Mittagsspitze wird (s. Abb. 96). Über den Einfluß der Heißwasserspeicher s. S. 98). Ähnliche Ergebnisse zeigen auch Messungen der Hessischen Eisenbahn-A.-G. [65] in einer kleinen Siedlung bei Darmstadt (s. Abb. 101).

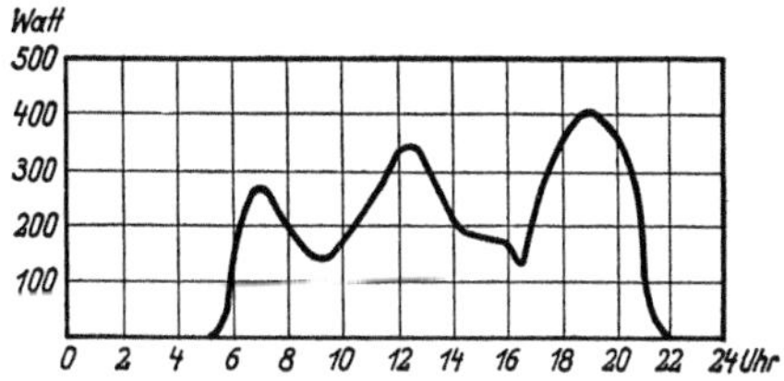

Abb. 96. Kochbelastung einer Siedlung in der weiteren Umgebung einer westdeutschen Großstadt.

Am wenigsten übersichtlich sind die Verhältnisse in Groß-städten mit durchgehender Arbeitszeit (z. B. Berlin, Hamburg usw.). Hier ergeben sich in den einzelnen Stadtteilen große Unterschiede. Während in wohlhabenderen Gegenden die Familien mittags warm essen, auch wenn der Hausherr nicht nach Hause kommt, überwiegt in einfachen Verhältnissen wohl der Fall, daß erst nach Rückkehr des Hausherrn warm gegessen wird. Ein sehr interessantes Beispiel hierfür bietet die Untersuchung in der Siedlung Heimat in Berlin-Siemensstadt [66, 67, 71, 80]. Zunächst wurden 90 Wohnungen mit $4\frac{1}{2}$ bzw. $3\frac{1}{2}$ Zimmern bezogen (s. Abb. 97). Die Bewohner sind zum überwiegenden Teil

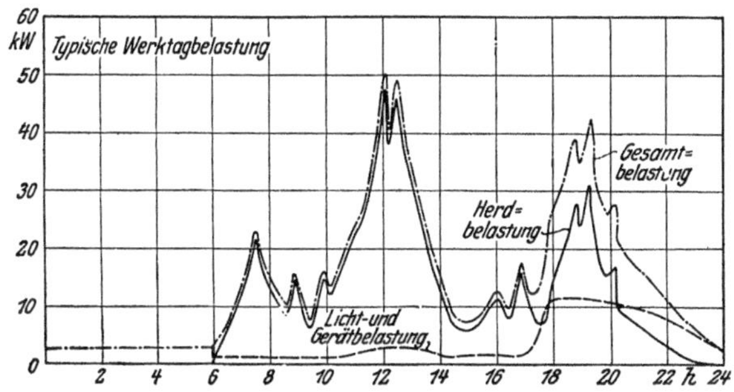

Abb. 97. Haushaltbelastung in einer Siedlung in Berlin-Siemensstadt (höhere Lebenshaltung) (90 Wohnungen).

Angestellte eines großen Industriekonzerns. Kennzeichnend für die Wirtschaftslage der Bewohner ist, daß etwa 30% aller Familien ein Dienstmädchen beschäftigen. Es handelt sich also um besser situierte Leute. Tatsächlich zeigt der Verlauf, daß die höchste Spitze mittags auftritt, obwohl etwa 80% der Hausherren mittags nicht nach Hause kommen, sondern im Werkskasino essen.

Der Verlauf änderte sich aber grundsätzlich, nachdem noch weitere 400, meist kleinere Wohnungen mit einfachen Bewohnern hinzukamen (s. Abb. 98). Jetzt sind drei Kochspitzen feststellbar. Ein Teil der Familien ißt danach mittags, ein Teil nach Rückkehr des Hausherrn nachmittags. Daß tatsächlich die anderen Lebensgewohnheiten der neuen Bewohner diesen Verlauf verursachen, zeigt deutlich ein Vergleich mit der Sonntagsbelastung des gleichen Wohnblocks (s. Abb. 98). Die Kurven geben die Gesamtbelastung, also für Licht, Geräte, Nebenanlagen (Läden, Postamt usw.), wieder. Beachtenswert ist, daß aber selbst in diesem, vom Werksstandpunkt aus ungünstigen Belastungsfall zur Zeit der Werkshöchstlast (17 Uhr) auf die Kochbelastung des Einzelhaushalts nur etwa 180—200 Watt entfallen.

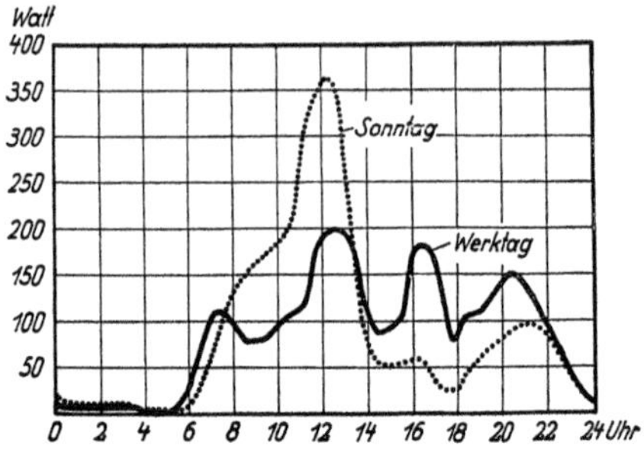

Abb. 98. Haushaltbelastung in einer Siedlung in Berlin-Siemensstadt (einfache Verhältnisse) (490 Wohnungen) nach Pick.

Ein einheitliches Bild für die Belastung in Großstädten mit durchgehender Arbeitszeit läßt sich aus diesen Teilergebnissen natürlich nicht gewinnen. Die Klärung dieser Frage stellt aber zunächst weniger ein technisches als ein statistisches Problem dar, da es letzten Endes in erster Linie darauf ankommt, zu ermitteln, welche Teile der Bevölkerung ihre Hauptmahlzeit mittags bzw. nachmittags einnehmen.

c) Einfluß der Heißwasserspeicher auf den Lastverlauf.

Natürlich muß sich auch das Vorhandensein von Heißwasserspeichern in der Belastungskurve widerspiegeln. Abb. 99 zeigt z. B. den Verlauf

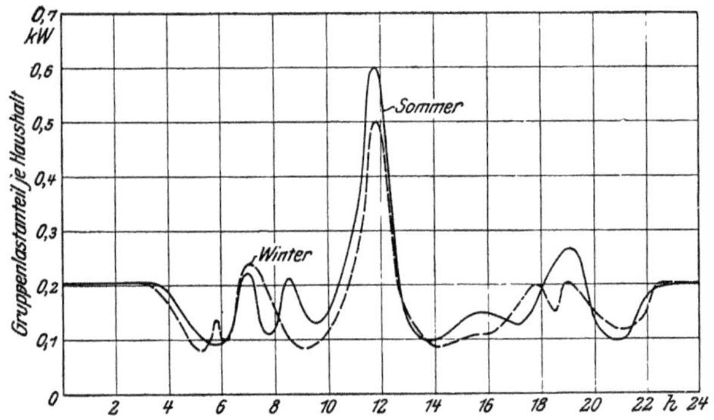

Abb. 99. Belastungsverlauf von Haushaltungen mit Herden und Küchenheißwasserspeichern (25 l) in Mittelstädten (nach Schönberg).

für Küchen mit Herden von 3—4 kW Anschlußwert und 25 Liter-Küchen-Heißwasserspeichern in süddeutschen Kleinstädten mit einfachen Verhältnissen, wie sie Schönberg ermittelt hat [85, 86]. Die Kurve zeigt zugleich den von Schönberg festgestellten Unterschied der Kochbelastung im Sommer und Winter. Der verhältnismäßig niedrige Lastanteil der kleinen Küchenspeicher dürfte bei regerer Benutzung wohl etwas höher liegen.

Ganz andere Verhältnisse ergeben sich aber, wenn der Speicher (80 Liter) auch für das Bad benutzt wird. In Abb. 100 sind Messungen

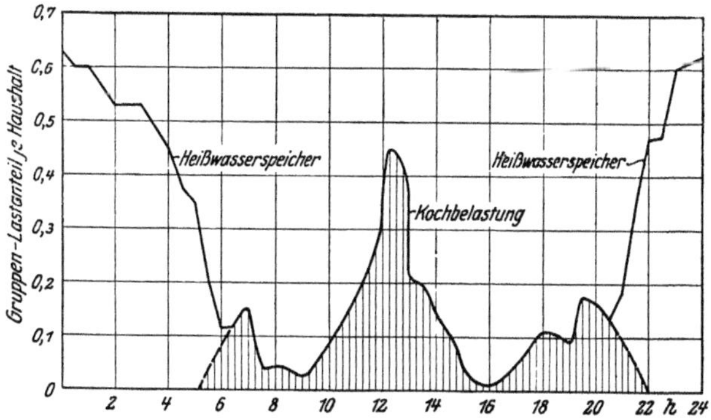

Abb. 100. Belastungsverlauf in der Hindenburg-Siedlung in Elberfeld (72 Wohnungen mit elektr. Küchen und Heißwasserspeichern für Küche und Bad). Sommerbelastung (nach Zerelles).

von Zerelles in der Hindenburgsiedlung in Elberfeld dargestellt [95]. Die Heißwasserspeicherbelastung wird hier größer als die Kochbelastung und ist deshalb für die Netzbemessung maßgebend. Allerdings tritt

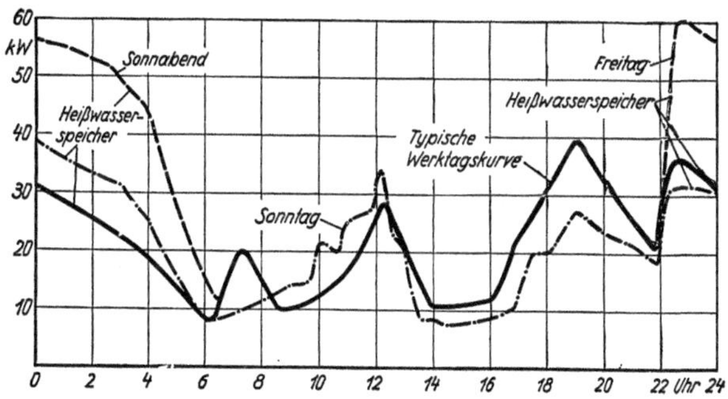

Abb. 101. Einfluß des Wochenendes auf die Höhe der Heißwasserspeicherbelastung (nach Krauß).

diese hohe Belastung meist nur am Wochenende auf, wenn alle Speicher zu Badezwecken benutzt werden. Die Belastung kann hier nahezu den vollen Anschlußwert aller Speicher erreichen.

Besonders deutlich zeigt sich der Einfluß des Wochenendes auf die Höhe der Heißwasserspeicherbelastung bei der erwähnten Untersuchung von Krauß [65] in einer Siedlung bei Darmstadt (s. Abb. 101). Hier besitzen die Küchen einen 30-Liter-Speicher, während das Bad mit einem besonderen 80-Liter-Speicher ausgerüstet ist.

d) Lastverhältnisse bei Verwendung von Sparkochgeräten.

Alle diese Untersuchungen haben sich auf die Lastverhältnisse bei Verwendung von Plattenherden erstreckt. Untersuchungen über die Verhältnisse bei Verwendung anderer elektrischer Kochgeräte, vor allem der sog. Sparkochgeräte sind nur von Matthias und Junck in Bremen für eine Siedlung von 180 Wohnungen, sowie von Berndt für 15 Sparherde in einer mitteldeutschen Gemeinde [55] angestellt worden [70].

Ein Vergleich dieser Kurven mit den bisher bei Plattenherden gefundenen ist nicht ohne weiteres möglich, da hierbei auch die verschie-

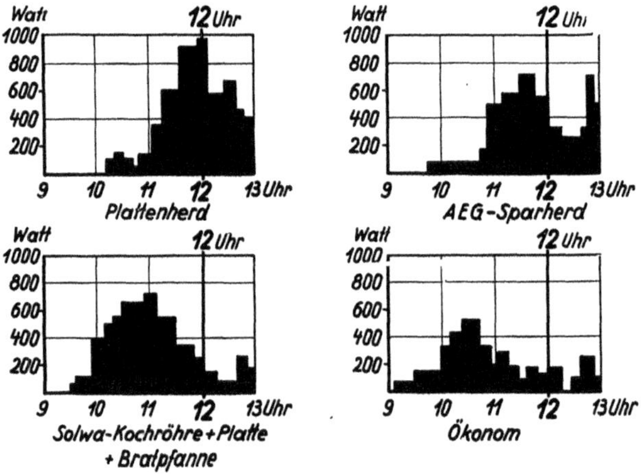

Abb. 102. Gruppenlastanteil beim Kochen gleicher Speisenfolgen auf verschiedenen Kochgeräten (Gruppe mit 15 Haushaltungen).

denen Lebensgewohnheiten berücksichtigt werden müssen. Um den Einfluß der Gerätebauart auf die Lastverhältnisse allein betrachten zu können, müßten ganz gleichartige Lebensverhältnisse vorliegen.

Mangels derartiger Vergleichsmöglichkeiten hat der Verfasser Untersuchungen derart angestellt, daß 15 verschiedene Eingerichte, jeweils für vier Personen bestimmt, auf

einem Plattenherd,
einem AEG-Sparherd,
einer Solwa-Kochröhre,
einem Elektro-Ökonom

bei genauer Messung des jeweiligen Lastverlaufs [7] zubereitet wurden. Die Überlagerung der 15 Teilkurven ergab die in Abb. 102 dargestellten typischen Belastungskurven (Essenszeit 1 Uhr). Man erkennt, daß eine Verwendung von Sparkochgeräten den Gruppenlastanteil des Haushaltes zwar verringert, aber andrerseits eine zeitliche Verschiebung der Kochspitze bewirkt. Während beim Plattenherd der Abstand zwischen Kochspitze und Essenszeit etwa 1 h oder weniger beträgt, ist er beim AEG-Sparherd 1,5 h und wächst schließlich beim Elektro-Ökonom auf 2,5 h. Diese Erkenntnis kann bei bestimmten Lastverhältnissen im Netz oder Kraftwerk von großer Bedeutung sein, da es u. U. leichter tragbar ist, um 12 Uhr eine zwar größere Kochspitze aufzunehmen, als zwischen 10 und 11 Uhr eine zusätzliche Last zu erhalten.

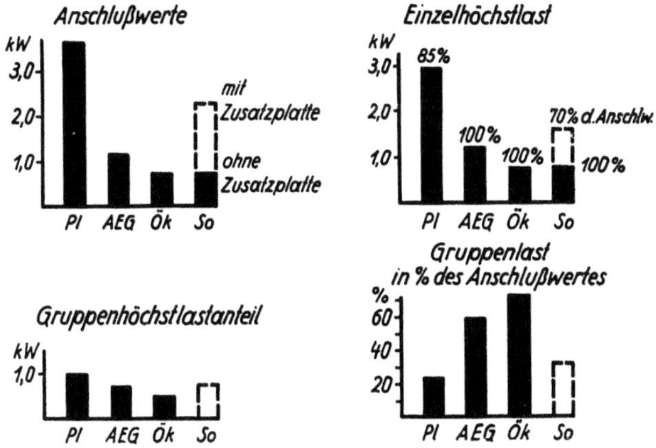

Abb. 103. Lastverhältnisse bei 15 Haushaltungen mit gleichem Kochprogramm auf verschiedenen Geräten.

Es ist ferner beachtenswert, daß die Unterschiede in der Leistungshöhe mit der Zahl der Haushaltungen immer geringer werden; während das Verhältnis der Anschlußwerte zwischen Elektro-Ökonom und dem verwendeten Plattenherd z. B. sich wie 1:4 verhält, betrugen die Unterschiede der Höchstlast eines Einzelhaushalts in diesem Falle nur noch 1:3, während schließlich der Gruppenlastanteil nur noch ein Verhältnis von etwa 1:2 zeigt (s. auch Abb. 103). Der Gruppenlastanteil beträgt beim Plattenherd hier nur etwa 25 % des Anschlußwertes, während er bei den Sparherden 60—70 % ausmacht. Hieraus läßt sich ableiten, daß der verhältnismäßig geringe Anschlußwert der Sparkochgeräte sich zwar für den Einzelhaushalt wie auch im Niederspannungsnetz günstig auswirken kann, daß dieser Vorteil jedoch nach dem Kraftwerk hin immer geringer wird.

2. Rückwirkung der Kochbelastung auf die Werks- und Netzbelastung.

Die bisher getroffenen Feststellungen ermöglichen nunmehr, rechnungsmäßige Grundlagen für die Bemessung der elektrischen Anlagen nach Einführung des elektrischen Kochens zu geben. Man muß unterscheiden zwischen

Einfluß auf die Werksbelastung,

Einfluß auf die Belastung der Hochspannungsnetze,

Einfluß auf die Niederspannungsnetze, Herdanschluß- und Hausleitung.

Am deutlichsten läßt sich dieser Einfluß darstellen, wenn die Kochbelastung unter Annahme einer verschieden dichten Verbreitung der elektrischen Herde der bisherigen Werks- bzw. Netzbelastung überlagert

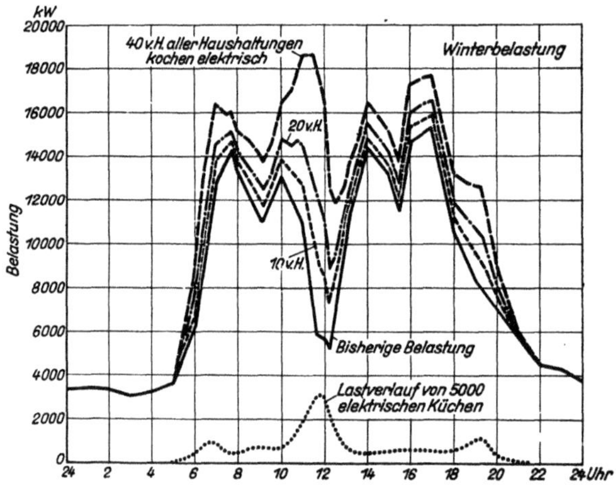

Abb. 104. Änderung der Lastverhältnisse eines bayerischen Überlandwerkes bei verschieden starker Verbreitung des elektrischen Kochens.

wird. Genau genommen, dürfen dabei natürlich nur die in gleichen Gebieten gewonnenen Kochkurven der dortigen Licht- und Kraftbelastung zugeordnet werden, da ja zweifellos ein gewisser Zusammenhang zwischen dem zeitlichen Verlauf der Kochlast und der Kraftbelastung bestehen muß. Für überschlägige Untersuchungen wird jedoch oft mangels geeigneter Unterlagen hiervon abgewichen werden müssen. Im nachstehenden soll an einigen Beispielen nur grundsätzlich die Methode derartiger Untersuchungen gezeigt werden.

Um zunächst den Einfluß der Kochlast auf die Werksbelastung eines Überlandwerkes mit vorherrschender Landwirtschaft zu zeigen, wurden in Abb. 104 die Verhältnisse eines bayerischen Überlandwerkes, das etwa 50000 Haushaltungen angeschlossen hat, gezeigt [71]. Der vorhandenen Belastung (Licht und Kraft), die durch die im Herbst auftretende Dreschbelastung beherrscht wird, wurde nun die in Abb. 93 dargestellte, mittlere Kochlast überlagert. Es wurde angenommen, daß 10, 20 und 40% aller Haushaltungen elektrisch kochen. Man erkennt deutlich, daß die mittägliche Kochbelastung zunächst zur Ausfüllung der Belastungskurve dient, während die Abendkochbelastung eine geringfügige Erhöhung der abendlichen Belastung mit sich bringt. Erst bei größerer Verbreitung des elektrischen Kochens (über 30%) übersteigt die Mittagskochspitze die bisherige Abendbelastung. Da die Höchstlast des Haushaltes nicht mit der des Werkes zusammenfällt, kommt für die Erhöhung der Werkshöchstlast also zunächst nicht die Kochhöchstlast, sondern nur ein wesentlich geringerer Lastanteil in Frage, der hier je Haushalt nur etwa 150 W beträgt. Erst wenn bei stärkerer Verbreitung des elektrischen Kochens die Mittagsspitze größer als die Abendspitze wird, ist für jeden hinzukommenden Haushalt mit der Höchstlast von werktags etwa 600 W zu rechnen. Wie bereits eingangs erwähnt, ist erfahrungsgemäß an Sonnabenden und Sonntagen die Mittagsspitze infolge der reicheren Speisefolge etwas höher. Da aber zumeist die Werksbelastung an Sonnabenden und Sonntagen wesentlich niedriger als an anderen Werktagen ist, dürfte es in den meisten Fällen genügen, wenn nur der Werktagshöchstlastanteil von 600 W der Berechnung zugrunde gelegt wird. In gewissen Fällen — vor allem in ländlichen Gebieten und Werken mit überwiegendem Kraftstromabsatz — entwickelt sich nach Einführung des elektrischen Kochens die Höchstlast auch zu anderen Zeiten, so daß natürlich auch mit anderen Lastanteilen des Haushaltes zu rechnen ist. Auf jeden Fall ist eine genaue Nachprüfung unter Berücksichtigung der örtlichen Verhältnisse unerläßlich.

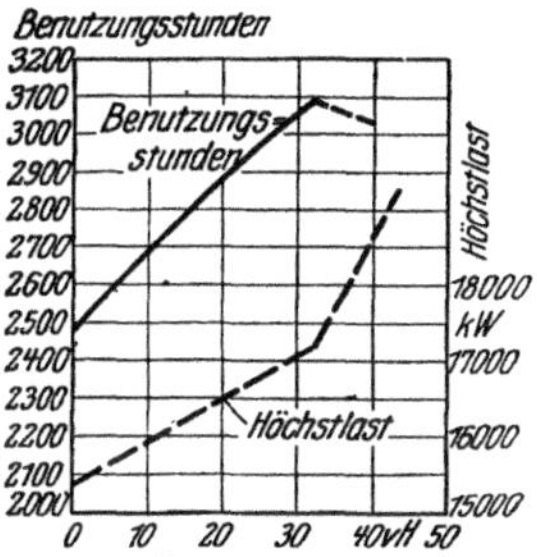

Abb. 105. Änderung der Höchstlast und der Benutzungsstunden eines bayerischen Überlandwerkes bei verschieden starker Verbreitung des elektrischen Kochens.

Bereits dieses Beispiel zeigt aber, daß einer zunächst nur geringfügigen Erhöhung der Werkslast eine ganz beachtliche Erhöhung der Arbeitsabgabe gegenübersteht, was sich in einer wesentlichen Verbesserung der Benutzungsstunden[1] der Höchstlast auswirken muß, wie Abb. 105 deutlich zeigt. Die günstigste Ausnutzung wird hier erreicht,

[1] Die Benutzungsstunden wurden hier der Einfachheit halber aus der nutzbaren Stromabgabe und der Werkhöchstlast errechnet, obwohl richtiger der Berechnung die von der Werksammelschiene abgegebene Arbeit zugrunde gelegt würde. Die errechneten Benutzungsstundenzahlen sind aber für einen Vergleich der Güte verschiedener Belastungen durchaus geeignet.

wenn etwa 30% aller Haushaltungen elektrisch kochen. Obwohl sich die Werkhöchstlast nur um 1800 kW, d.i. knapp 12%, erhöht, wird eine Verbesserung der Benutzungsstundenzahl von 2485 auf 3090, das sind fast 25%, erreicht. Dabei ist hier eine Verwendung von Heißwasserspeichern, die eine weitere Lastverbesserung bringen, zunächst unberücksichtigt geblieben.

Die Verhältnisse sind natürlich in jedem Gebiet je nach der vorhandenen Grundlast sehr verschieden. Sie werden ungünstiger bei Werken, deren Belastung nicht einen so ausgesprochen tiefen Mittagsattel aufweisen. In fast allen Fällen dürfte aber zunächst eine beachtens-

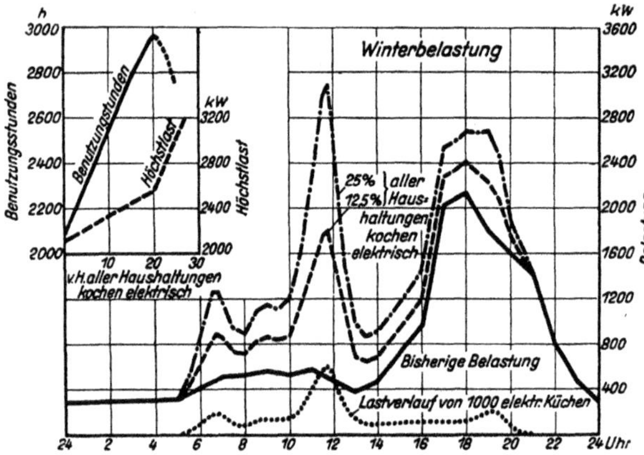

Abb. 106. Änderung der (Winter)-Lastverhältnisse sowie Zunahme der Benutzungsstunden und der Höchstlast bei verschieden starker Verbreitung des elektrischen Kochens in ländlichen Kleinstädten in Ostdeutschland.

werte Verbesserung der Ausnutzung der vorhandenen Anlage feststellbar sein.

Besonderes Interesse kommt den Untersuchungen der Lastverhältnisse in ländlichen Kleinstädten zu. Zu diesem Zweck wurden die in Abb. 106 dargestellten mittleren Kochlastlinien der Gesamtbelastung einer Reihe ostdeutscher Kleinstädte überlagert [71]. Wie Abb. 106 zeigt, bewirkt auch hier die Kochlast zunächst eine Auffüllung der Vormittagsbelastung und damit eine wesentliche Steigerung der Benutzungsstunden.

Man erkennt deutlich, daß die günstigsten Belastungsverhältnisse erreicht werden, wenn 20% aller Haushaltungen elektrisch kochen. Es ergibt sich dann eine Verbesserung der Benutzungsstunden um 35%, wobei die Höchstlast um 400 kW, das sind 20% der bisherigen, steigt. Bei einer größeren Verbreitung des elektrischen Kochens erfolgt dann natürlich ein stärkeres Anwachsen der Höchstlast. Die sich ergebenden Benutzungsstunden sind aber immer noch wesentlich besser, als vor Einführung des elektrischen Kochens.

Die Untersuchungen stehen in guter Übereinstimmung mit den von Buch [56] in einer brandenburgischen Kleinstadt durchgeführten Messungen. Er fand die günstigste Ausnutzung bei einer 25proz. Verbreitung der Herde und stellte hierbei eine Verbesserung der Benutzungsstunden von 60% fest.

Recht übersichtlich zeigt auch nachstehende Tabelle, wie selbst eine verhältnismäßig geringe Anzahl von Herden und Speichern die Absatzverhältnisse einer Kleinstadt verbessern kann.

Einfluß des elektrischen Kochens auf die Belastung einer westdeutschen Kleinstadt (3000 Einwohner, vereinzelt Landwirtschaft, Weinbau, Kleingewerbe) nach Müller, Bad Kreuznach[1].

	1928	1929	1930	1931
Zahl der Lichtabnehmer	658	687	721	731
Zahl der Herdbesitzer	—	7	36	46
Anschlußwert der Herde und Speicher in kW	—	39	212	275
Nutzbare Stromabgabe Licht kWh 10^3	89	94	95	99
Kraft kWh 10^3	41	45	46	48
Wärme kWh 10^3	—	2	30	56
Gesamte Stromabgabe einschl. Verluste kWh 10^3	164	177	216	242
Belastungsspitze kW	86,4	91,8	102,6	103,8
Benutzungsstunden	1900	1935	2110	2322
Es kochen elektrisch % der Haushaltungen	—	1	5	6,3

Nun kann in einer Erhöhung der Benutzungsstunden natürlich noch nicht allein der Beweis dafür gesehen werden, daß das elektrische Kochen für das Elektrizitätswerk wirtschaftlich günstig sei. Abzuwägen sind vielmehr die Aufwendungen für Netz- und Werkserweiterungen und die Einnahmesteigerung durch Erhöhung des Stromabsatzes. Diese Verhältnisse sind je nach den Netz- und Werksverhältnissen überall verschieden. Da jedoch im allgemeinen jeder Herd zunächst nur eine Erhöhung der Höchstlast um etwa 150, in den Städten etwa 200 Watt bringt und diesen verhältnismäßig sehr niedrigen Leistungen ein jährlicher Stromabsatz von 700—1000 kWh bei einem Strompreis von etwa 10 Pf./kWh gegenüber steht, dürfte wohl in der überwiegenden Anzahl der Fälle mit einem befriedigenden Ergebnis zu rechnen sein. In den meisten Fällen werden das Kraftwerk und das Hochspannungsnetz ohne weiteres imstande sein, die hinzukommende Kochlast ohne irgendwelche Erweiterungen aufzunehmen.

[1] Siehe Werbeleiter 1932, S. 91.

Es drängt sich die Frage auf, was geschieht, wenn das Kochen eine derartige Verbreitung genommen hat, daß die mittägliche Kochspitze überwiegt, und dann je Haushalt mit einer Steigerung der Höchstlast von 600—900 Watt zu rechnen ist. Hierzu ist zunächst zu sagen, daß die Verbreitung des elektrischen Kochens ja nicht von heute auf morgen in dem geschilderten Maße zunimmt, sondern vielmehr bis zu stärkerer Verbreitung zweifellos eine Reihe von Jahren vergeht. Was die Zwischenzeit an technischen Entwicklungen und anderen Absatzgebieten bringt, ist noch nicht zu übersehen. Es ist aber zweifellos damit zu rechnen, daß in diesem Zeitabschnitt auch die bisherige Licht- und Kraftbelastung eine weitere Steigerung erfahren wird. Dann rückt aber auch der Punkt der günstigsten Netzausnutzung weiter hinaus.

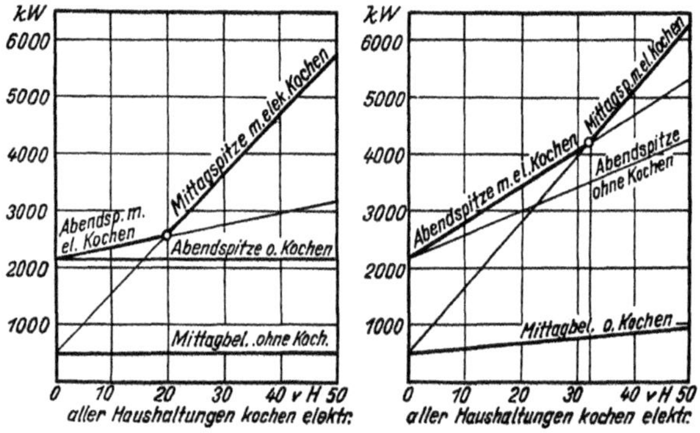

Abb. 107. Änderung der Höchstlast in ländlichen Kleinstädten nach Einführung des elektrischen Kochens mit und ohne Berücksichtigung der inzwischen eingetretenen Licht- und Kraftstromabsatzsteigerung.

In Abb. 107 ist dargestellt, mit welcher Spitzenerhöhung zu rechnen ist, wenn in der Zeit, die benötigt wird, um die Hälfte aller vorhandenen Haushaltungen mit elektrischen Küchen auszustatten, die sonstige Belastung sich verdoppelt hat. Es ist hierbei angenommen, daß der Verdopplung der angegebenen Arbeitsmenge auch eine proportionale Leistungserhöhung entspricht. Es zeigt sich, daß dann in Kleinstädten (s. Abb. 106) der Zeitpunkt, an dem die Mittagsspitze die Abendspitze überwiegt, erst erreicht wird, wenn bereits 32% aller Haushaltungen elektrisch kochen.

Diese Betrachtung ist auch aus einem anderen Grunde noch lehrreich. Wie man leicht erkennt, bewirkt die Annahme, daß in einem gewissen Zeitraum die bisherige Stromabgabe für Licht und Geräte verdoppelt wird, eine wesentlich stärkere Leistungserhöhung als dies zunächst der Fall ist bei der Annahme, daß in demselben Zeitabschnitt die Hälfte aller Haushaltungen zur elektrischen Küche übergeht. Man erkennt hieraus, daß bei stetiger Einführung des elektrischen Kochens keineswegs mit anormalen Leistungssteigerungen zu rechnen ist [87, 88].

Besonders günstige Absatzverhältnisse ergeben sich natürlich, wenn die Haushaltungen außer mit elektrischen Herden auch mit elektrischen Heißwasserspeichern ausgerüstet werden. Als Beispiel sind in Abb. 108 die Belastungsverhältnisse der Siedlung Römerstadt im Vergleich zur Elektrizitätswerksbelastung dargestellt [84]. Man erkennt, daß die Siedlungsbelastung geradezu das Reziprokum der Werksbelastung, d. h. also einen denkbar günstigen Lastausgleich darstellt.

Auch für die Untersuchung des Hochspannungsnetzes gelten grundsätzlich ähnliche Erwägungen, obwohl natürlich nicht ohne weiteres aus der Änderung der Werksbelastung Schlüsse auf die Ausgestaltung der Netze gezogen werden dürfen. Es müssen vielmehr die Netzteile in Geschäftsvierteln, in reinen Wohngegenden, in landwirtschaftlichen und industriellen Gebieten gesondert untersucht werden.

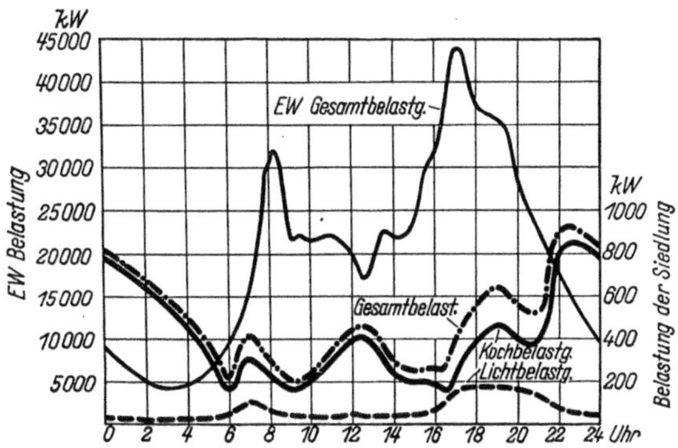

Abb. 108. Belastungsverlauf einer Wohnsiedlung mit 1200 Wohnungen (Elektrische Küche, Speicher für Küche und Bad) im Vergleich zur E. W.-Belastung.

Besonders zu überprüfen ist, ob in landwirtschaftlichen Gebieten die Kochbelastung mit der Dreschbelastung zusammenfällt. Nach den bisherigen Erfahrungen scheint dies in den meisten Fällen nicht einzutreten. Wird tatsächlich auch einmal während der Mittagszeit gedroschen [56], so dürfte das ein ausgesprochener Sonderfall sein. Voraussichtlich würde dann aber auch die Kochbelastung einen anderen Verlauf zeigen, da ja schließlich der Landwirt nur entweder arbeiten oder essen kann.

Im allgemeinen gilt deshalb auch für das Hochspannungsnetz grundsätzlich das gleiche wie für die Kraftwerke. Mit einer wesentlichen Erweiterung braucht zunächst nicht gerechnet zu werden. Das elektrische Kochen stellt vielmehr einen recht erwünschten Belastungsausgleich her, so daß es schon aus diesem Grunde von den Elektrizitätswerken mit allen Mitteln gefördert werden sollte.

3. Bemessung der elektrischen Anlagen unter Berücksichtigung des elektrischen Kochens [72].

Es ist zu unterscheiden zwischen der Einführung des elektrischen Kochens in bereits bewohnten und mit der üblichen Installation ausgerüsteten Gegenden und in Neubauvierteln.

a) In bereits installierten Gebieten.

Bei bereits bewohnten, installierten Gebieten sind landwirtschaftliche Bezirke und städtische Besiedlung zu trennen. In beiden Fällen handelt es sich darum, zu überprüfen, wieviel Herde an die bestehende Leitungsanlage angeschlossen werden können, ohne daß sich Verstärkungen nötig machen. Es ist dann erwünscht, zunächst feststellen zu können, mit welcher Kochhöchstlast zu rechnen ist, wenn eine bestimmte Anzahl elektrischer Herde angeschlossen sind. Die Bestimmung der Höchstlast mit Hilfe der in Abb. 92 dargestellten Kurven-

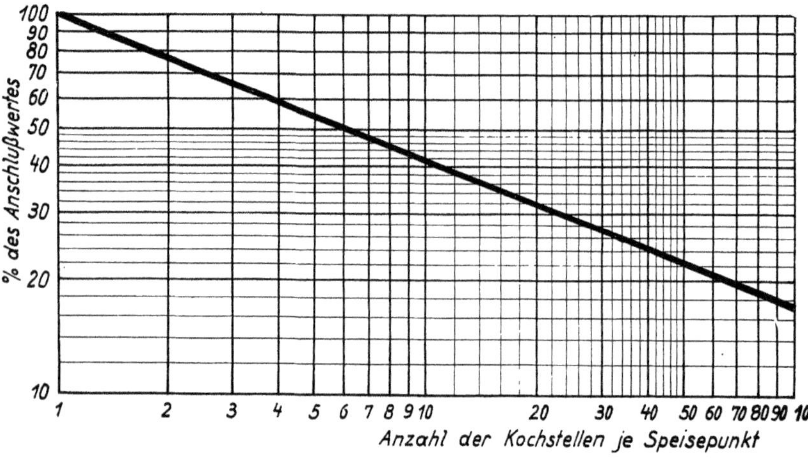

Abb. 109. Prozentualer Lastanteil elektr. Herde verschiedenen Anschlußwertes in Abhängigkeit von der Anzahl der Kochstellen je Speisepunkt.

schar ist recht schwierig, wenn die Herde verschiedene Anschlußwerte aufweisen. Wird nun aber die Belastung in Prozenten des Anschlußwertes nicht über der Zahl der Herde, sondern über der Zahl der Kochstellen aufgetragen, so fallen die Meßwerte annähernd in eine Kurve [73], die als allgemeine Hyperbel sich im logarithmischen Maßstab dann als Gerade zeigt (s. Abb. 109). Als „Kochstellen" sollen hierbei alle Kochplatten und auch die Bratöfen verstanden werden. Ein Beispiel mag die Brauchbarkeit dieses Annäherungsverfahren zeigen.

In einem Dorfe seien aufgestellt:

Anzahl und Anschlußwert der Herde	Gesamtanschlußwert	Gesamtzahl der Kochstellen
5 Herde je 3 kW . . .	15	15
4 Herde je 5 kW . . .	20	16
2 Herde je 7 kW . . .	14	10
11 Herde	49	41

Für 41 Kochstellen ergibt sich aus Abb. 109, daß die Kochspitze 24% des Anschlußwertes beträgt, d. h. die Kochspitze wird erwartungsgemäß $24^0/_0$ von 49 kW, d. s. 11,8 kW, betragen.

Die Feststellung, ob die bestehende Anlage ausreicht oder erweitert werden muß, richtet sich natürlich nach dem Verlauf der vorhandenen Grundlast. Es muß also auch hier überprüft werden, wie sich die hinzutretende Kochlast mit der vorhandenen zusammensetzt. In Kleinstädten dürften sich hierbei proportional die gleichen Verhältnisse wie bei den Untersuchungen für die Gesamtlast von Kleinstädten ergeben (s. Abb. 106). Es ist aber nicht gleichgültig, wie die Herde in den einzelnen Leitungszweigen bzw. Straßenzügen verteilt sind [56], da dies für den Spannungsfall ausschlaggebend ist. Buch [56] untersuchte drei Fälle:

Erster Grenzfall. Sämtliche Herde befinden sich unmittelbar am Speisepunkt.

Normaler Fall. Die Herde sind gleichmäßig über den Kabelstrang verteilt.

Zweiter Grenzfall. Sämtliche Herde befinden sich am Ende des Kabelstranges.

Hierbei ergab sich bei gleichmäßiger Verteilung der Herde — der in der Praxis wohl am häufigsten auftretende Fall — eine Verbreitung von 20% als ohne weiteres durchführbar.

Zuweilen zeigen sich lediglich Schwierigkeiten hinsichtlich der Bemessung des Nulleiters in Drehstromnetzen. Leider finden sich häufig hier noch recht schwache Querschnitte. Bei stark einseitiger Phasenbelastung, wie sie im praktischen Herdbetrieb wohl vorkommen, sind dann große Spannungsabfälle unvermeidlich. Man kann sich hier zunächst helfen, indem man die einzelnen Herde und Herdteile möglichst gleichmäßig auf die drei Phasen verteilt. Neuerdings wurden Herde entwickelt, bei denen die einzelnen Teile (Kochplatten, Bratofen usw.) nicht an 220 V (d. h. zwischen Phase und Null) sondern direkt an 380 V (also zwischen zwei Phasen) liegen. Nach den bisherigen Erfahrungen ist zu erwarten, daß die Durchbildung derartiger 380 V-Herde keine besonderen technischen Schwierigkeiten bereitet. Damit ist aber die gesamte Schwierigkeit des Nulleiters beseitigt und überhaupt die Frage der Leitungsbemessung wesentlich günstiger geworden.

Im allgemeinen wird demnach eine stete Einführung des elektrischen Kochens zunächst keine größeren Verstärkungen des Niederspannungsnetzes zur Folge haben.

Der Einfluß der Heißwasserspeicher sowie die Verhältnisse innerhalb der Wohnhäuser werden später erörtert.

b) In Neubauvierteln.

Wesentlich anders liegen die Verhältnisse in Neubauwohnvierteln. Hier muß die Anlage von vornherein für die größte auftretende Belastung bemessen werden. Auch ist zu berücksichtigen, daß zur Zeit der Kochhöchstlast gelegentlich Licht und Kleingeräte benutzt werden können. Es dürfte genügen, hierfür einen Zuschlag von 15% zum Gruppen-Höchstlastanteil zu machen, so daß also der Bemessung der Transformatoren, Kabel usw.

bei Kleinherden: 0,8 kW für jeden Haushalt,

bei Vollherden: etwa 1 kW für jeden Haushalt

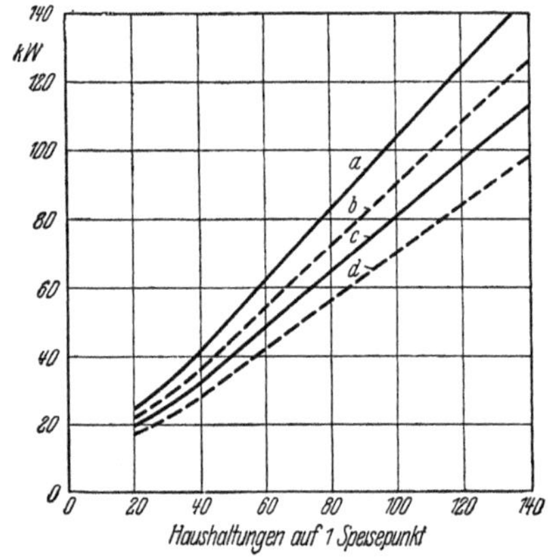

Abb. 110. Transformatorleistung für Neubau-Wohnviertel verschiedener Größe mit elektrischen Küchen.
a) Haushalte mit Vollherden unter Berücksichtigung des Lichtzuschlags.
b) Haushalte mit Vollherden ohne Lichtzuschlag.
c) Haushalte mit Kleinherden und Lichtzuschlag.
d) Haushalte mit Kleinherden ohne Lichtzuschlag.

zugrunde zu legen sind. Je nach der Größe der Abnehmergruppe ergeben sich dann die in Abb. 110 dargestellten Werte für die Transformatorenleistung.

Sind die Wohnungen mit Heißwasserspeichern ausgerüstet, so ist zu überprüfen, ob nicht die durch die Heißwasserspeicher hervorgerufene Belastung größer als die mittägliche Kochlast wird, da erfahrungsgemäß damit gerechnet werden muß, daß, wenigstens an bestimmten Tagen, der volle Anschlußwert aller Heißwasserspeicher gleichzeitig in Anspruch genommen wird. Es ist dann zu berücksichtigen, daß zur Zeit der Einschaltung (meist um 22 h) auch mehr Licht- und Kleingerätestrom abgenommen wird. Hierfür soll vorsichtshalber ein Zuschlag von 200 W für jeden Haushalt angenommen werden. Abb. 111 zeigt, daß dann bei Heißwasserspeichern über 50 Liter Inhalt der durch diese verursachte Lastanteil größer als die Kochbelastung wird, so daß jener der Netzberechnung zugrunde gelegt werden muß.

Bemessung der Hausinstallation [72]. Ausgangspunkt für die Berechnung der Hausinstallation (Hausanschlußkasten, Hauptleitungen usw.) ist die in Abb. 92 dargestellte Abhängigkeit des Lastanteils von der Größe der Abnehmergruppe. Die Werte stellen Durchschnittswerte dar. Durch Zufall oder bei besonderen festlichen Gelegenheiten ist der Fall denkbar, daß auch einmal der volle Anschlußwert in Anspruch genommen wird. Um dieser „Zufallsspitze" Rechnung zu tragen, wird sicherheitshalber angenommen, daß in jedem Wohnhaus jeweils ein Haushalt den vollen Anschlußwert benutzt. Für Wohnhäuser mit einer verschieden großen Anzahl von Wohnungen ist in Abb. 112 für Vollherde dargestellt, wie sich unter dieser Annahme der Durchschnittswert (*a*) erhöht (*b*). Man erkennt hieraus, daß z. B. für Einfamilienhäuser stets mit dem vollen Anschlußwert gerechnet werden

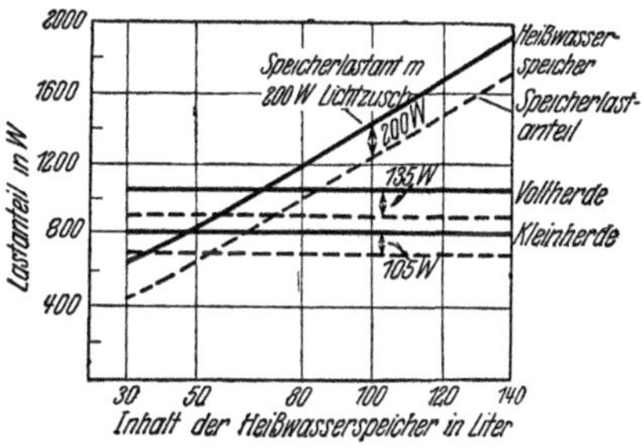

Abb. 111. Einfluß von Heißwasserspeichern verschiedener Größe auf den Höchstlastanteil.

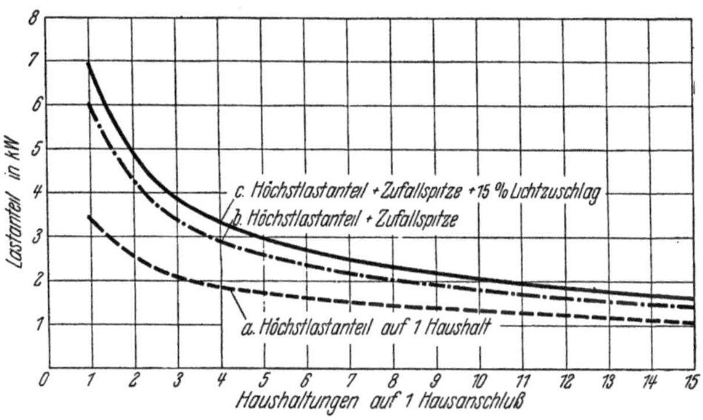

Abb. 112. Abhängigkeit des Lastanteils von der Anzahl der Haushaltungen an einen Hausanschluß.

muß. Schließlich ist auch hier ein gewisser Zuschlag für die zur Zeit der Kochspitze benötigte Energie für Licht und Kleingeräte zu machen. Bei 15% Zuschlag ergeben sich dann für das Einfamilienhaus etwa 500—700 Watt; bei größeren Wohnhäusern ermäßigt sich natürlich dieser Wert für jeden Haushalt, da nicht angenommen werden kann, daß alle Haushaltungen diesen vollen Wert gleichzeitig benötigen. Kurve *c* (Abb. 112) stellt dann denjenigen Lastanteil (einschl. Zuschlag für Zufallsspitze und Lichtverbrauch) dar, der der Berechnung der Anlage zugrunde zu legen ist. Es kann nunmehr leicht unter Verwendung der in Abb. 92 gegebenen Werte für jeden beliebigen Herdanschlußwert und eine beliebige Anzahl von Wohnungen je Haus die auf den Hausanschluß entfallende Leistung ermittelt werden (Abb. 113).

Wird im Haus eine gemeinsame Hauptleitung (Steigeleitung) für alle Wohnungen gelegt, von der dann die einzelnen Wohnungsabzweige in jedem Stockwerk abgehen, so kann man unter Zugrundelegung der in Abb. 113 gegebenen Leistungen leicht die entsprechenden Querschnitte errechnen. Abb. 114 gibt ein für den praktischen Gebrauch geeignetes Nomogramm wieder, das aufs einfachste die Ermittlung der Querschnitte bei verschiedenen Spannungen ermöglicht. Hierbei wurde beachtet, daß der Spannungsabfall bei normaler Stockwerkshöhe (3,20 m) und unter der Annahme, daß je zwei

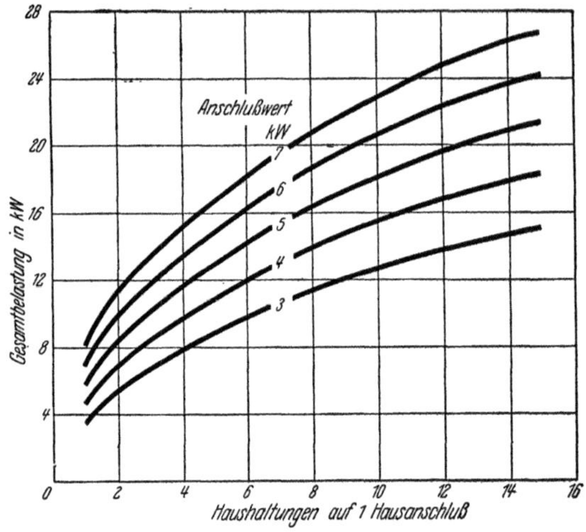

Abb. 113. Abhängigkeit der Hausgesamtbelastung von der Anzahl der Haushaltungen.

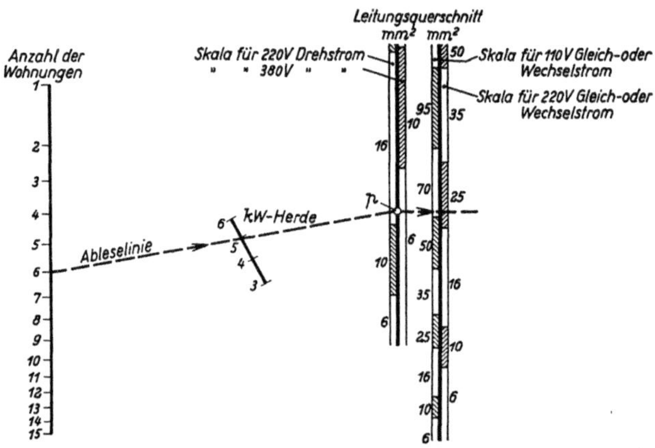

Abb. 114. Nomogramm zur Ermittlung der Steigeleitungsquerschnitte für Wohnungen mit elektrischen Herden.

Wohnungen in einem Stockwerk liegen, in keinem Falle 1% überschreitet.

In nachstehender Tabelle sind für die gebräuchlichsten Spannungen bei Verwendung von Klein- und Vollherden die sich ergebenden Querschnitte aufgeführt, wobei ein Mindestquerschnitt von 6 mm² angenommen wurde.

Bemessung der Steigeleitung in Häusern mit elektrischen Küchen.

Anzahl der Wohnungen	Anschlußwert der Herde kW	Querschnitte der Steigeleitungen in mm² bei				
		Drehstrom 380/220 V	Drehstrom 220/127 V	Drehstrom 3×220 V	Gleichstrom 2×220 V	Gleichstrom 1×220 V
1	3	4×6	4×6	3×6	3×6	2×6
	6	4×6	4×6	3×6	3×6	2×10
2	3	4×6	4×6	3×6	3×6	2×6
	6	4×6	4×10	3×10	3×6	2×16
4	3	4×6	4×6	3×6	3×6	2×10
	6	4×6	4×16	3×16	3×10	2×16
6	3	4×6	4×10	3×10	3×6	2×16
	6	4×6	4×16	3×16	3×16	2×25
8	3	4×6	4×10	3×10	3×10	2×16
	6	4×10	4×16	3×16	3×16	2×35
10	3	4×6	4×10	3×10	3×10	2×16
	6	4×10	4×16	3×16	3×16	2×35

Manche Elektrizitätswerke gehen aber in Erwartung einer weiteren Elektrisierung der Haushaltungen (Strahlöfen usw.) noch weiter und fordern 10 mm² als Mindestquerschnitt. Man erkennt, daß sich jedenfalls keine anormal starken Querschnitte ergeben, wenn in einem Wohnhaus ausschließlich elektrisch gekocht wird.

Zu überprüfen ist auch hier, ob nicht die Heißwasserspeicher- die Kochbelastung überwiegt. Für die Berücksichtigung der gleichzeitigen Licht- und Gerätebelastung muß hier ein höherer Zuschlag gewählt werden. Abb. 115 zeigt, daß bei Heißwasserspeichern von mehr als 100 Liter Inhalt die Speicherlast größer als die Kochlast wird.

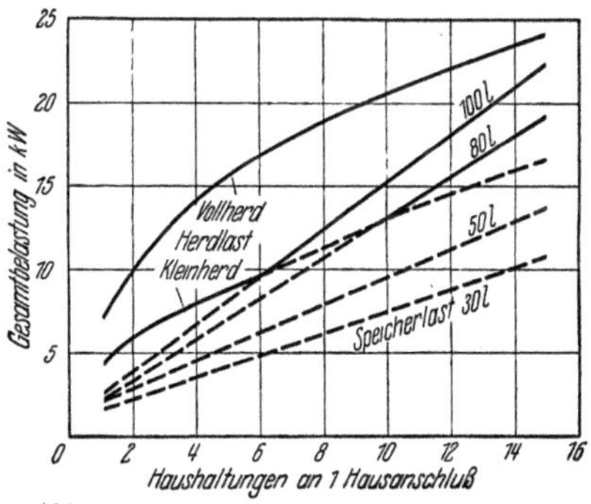

Abb. 115. Vergleich der durch die elektrischen Herde verursachten Gesamtbelastung mit der Speicherbelastung für Häuser verschiedener Größe.

Ausführung der Hausinstallation. Wie durch verschiedene Untersuchungen gezeigt worden ist, dürfte die Verlegung einer gemeinsamen

Hauptleitung (Steigeleitung) im allgemeinen billiger und auch aus anderen Gründen vorzuziehen sein. Als wichtigste und bei Neubauten wohl auch häufigste Art der Stromversorgung soll hier nur die eine mit 380/220 V Drehstrom erörtert werden.

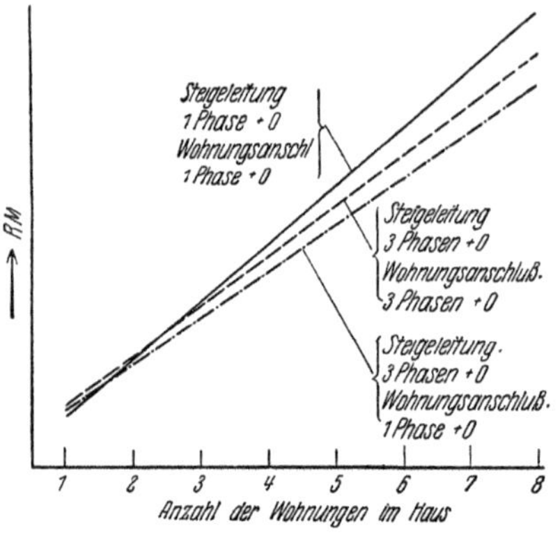

Abb. 116. Installationskosten bei verschiedener Ausführung der Steigeleitung.

Die Frage, welche einphasige Belastung in Drehstromanlagen zugelassen werden kann, wird verschieden beurteilt. Es bestehen grundsätzlich drei Möglichkeiten der Aufteilung:

1. Wohnungsanschluß dreiphasig nebst Nulleiter; Aufteilung am Herd.
2. Haupleitung dreiphasig nebst Nulleiter, Wohnungsanschluß eine Phase . und Null, d. h. Aufteilung an der Stockwerksabzweigdose.
3. Hauptleitung eine Phase und Null, Verteilung der einzelnen Wohnhäuser auf die verschiedenen Phasen.

In Abb. 116 sind die relativen Installationskosten (Steigeleitung, Abzweigleitung, Zähler- und Verteilungstafel, übliche Lichtinstallation, sowie je eine besondere Leitung für den Herd und den Heißwasserspeicher) für eine verschiedene Anzahl von Wohnungen in jedem Haus bei Verwendung von Vollherden (6 kW Anschlußwert) aufgetragen. Man erkennt, daß Ausführung 2 am billigsten ist. Gegen Ausführung 1 spricht weiter, daß die Verwendung von Drehstromzählern für ungleichmäßige Phasen- und Nulleiterbelastung anstatt der einfachen Wechselstromzähler die Installationskosten stark erhöht. Die Praxis hat gezeigt, daß der Belastungsausgleich bei Ausführung 2 völlig genügend ist, so daß diese Ausführung allgemein gewählt werden sollte. Der Nulleiter erhält denselben Querschnitt wie die Außenleiter. Abb. 117 zeigt das Installationsschema für ein Sechsfamilienhaus.

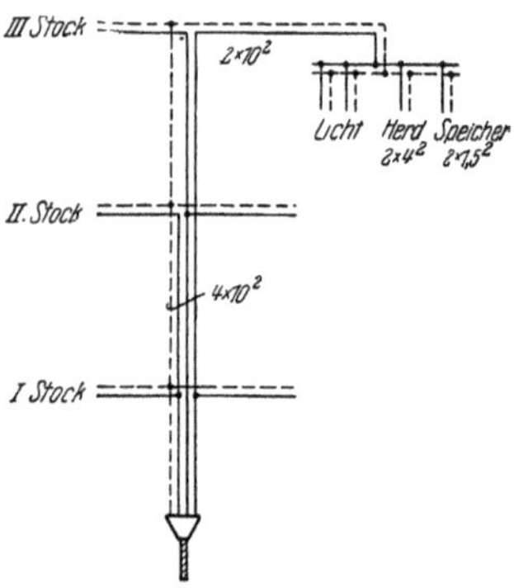

Abb. 117. Installationsschema eines Sechsfamilienhauses.

In ländlichen Gebieten mit weitverzweigtem Netz wird der Herd allerdings meist zweckmäßiger dreiphasig angeschlossen.

Für den Herdanschluß ist bei der oben geschilderten einphasigen Anschlußart stets eine besondere Leitung von der Wohnungsverteilungstafel nach der Küche zu legen (meist $2 \times 4\ mm^2$). Auch für den Küchen-Heißwasserspeicher ist gegebenenfalls eine besondere Leitung vorzusehen ($2 \times 1{,}5\ mm^2$).

Bisher wurden die Anlagen lediglich unter Berücksichtigung der Lichtbelastung bemessen. Für die Hauptleitungen (Steigeleitungen) hatten die meisten Elektrizitätswerke gewisse Mindestquerschnitte (4 oder 6 mm^2) vorgeschrieben. Bei zu schwachen Hauptleitungen stößt die Einführung des elektrischen Kochens auf große Schwierigkeiten. Es sollten deshalb bei allen Neu- und Umbauten die elektrischen Anlagen von vornherein so bemessen werden, daß ohne umständliche Verstärkungsarbeiten später die Haushaltungen ohne weiteres elektrische Herde u.dgl. anschließen können.

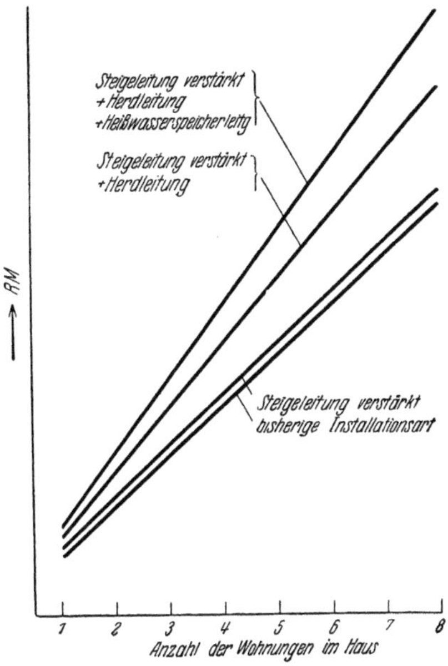

Abb. 118. Installationskosten bei der bisher üblichen und der unter Berücksichtigung des elektr. Kochens auszuführenden Installation.

In Abb. 118 sind im Vergleich zu den bisherigen Installationskosten diejenigen aufgetragen, die entstehen können, wenn

a) anstatt der bisher schwachen Steigeleitung ($2 \times 6\ mm^2$) verstärkte Steigeleitung (nach obiger Zahlentafel) ausgeführt wird,

b) wenn zusätzlich in jeder Wohnung von vornherein eine besondere Leitung für den Herd,

c) je eine besondere Leitung für den Herd und den Heißwasserspeicher beim Bau vorgesehen werden.

Werden an Stelle der schwachen Steigeleitung von vornherein für das elektrische Kochen genügende Querschnitte eingebaut, so erhöhen sich die gesamten Installationskosten nur um etwa 5—10%. Wird außerdem in jeder Wohnung eine besondere Leitung für den Herd vorgesehen, so beträgt die Erhöhung etwa 30%, bei einer weiteren Leitung für den Speicher etwa insgesamt 50% der bisherigen Installationskosten. Zum mindesten sollte deshalb bei jedem Neubau die Hauptleitung (Steigeleitung) so bemessen werden, daß alle Haushaltungen ohne weiteres elektrisch kochen können. Die verhältnismäßig geringen Mehrkosten werden sich immer lohnen. Für den Elektrotechniker erwächst aber hieraus die Aufgabe, Bauherren und Fachleute in diesem Sinne zu beraten.

V. Die elektrische Großküche.

1. Grundsätzliche Eigenart des Großküchenbetriebes.

Großküchen werden in den verschiedenartigsten Betrieben für die Herstellung warmer Speisen benötigt. Als Hauptanwendungsgruppen sind anzuführen:

Kasinobetriebe (Arbeiter- und Beamtenspeiseanstalten, in Fabriken, Bürogebäuden usw.); dadurch gekennzeichnet, daß ein Einheitsessen (meist bestehend aus Suppe, Fleisch, Gemüse, Nachtisch oder auch aus einem Eintopfgericht) zu einer genau festgelegten Zeit und in mehr oder weniger festliegender Anzahl ausgegeben wird.

Krankenanstalten (auch Alters-, Kinder- und Erholungsheime). Hier gelten ähnliche Gesichtspunkte. Es tritt jedoch in den zeitigen Abendstunden eine zweite warme Mahlzeit hinzu. Ferner erhalten oft die einzelnen Verpflegungsklassen verschiedenes Essen, auch werden meist noch besondere Speisen für die Diätküche sowie die Ärzte und das Personal verabreicht.

Gaststätten (Hotels, Pensionen usw.). Diese Gruppe umfaßt sehr verschiedenartige Betriebe. Je nachdem es sich um einfache Bierrestaurants mit geringer Speisenauswahl, verwöhnte Weinrestaurants oder große Hotelküchen handelt, ist auch die Art der Betriebsführung und die Küchenausrüstung unterschiedlich.

Bei der Auswahl und dem Betrieb von Großküchen ist zu beachten, daß die Großküche nicht einfach eine „vergrößerte Haushaltküche" darstellt, sondern daß es sich hier um einen gewerblichen Produktionsbetrieb handelt, der genau so wie eine Werkstätte oder eine Fabrik durch richtige Betriebsorganisation wesentlich verbessert werden kann. Gerade hier liegt aber einer der Hauptvorteile der elektrischen Großküche. Die Eigenart elektrischer Beheizung, überall, in beliebiger Form verteilt, angewendet werden zu können, gibt die Möglichkeit, die einzelnen Küchengeräte weitgehend zu dezentralisieren. Während beim alten Kohlenherd die Art der Feuerstelle eine Zusammenfassung aller Geräte [Herdplatte, Bratöfen, Wärmeschrank, Wasserbad (Bain Marie)] im Herd notwendig machte, kann man bei elektrischen Großkücheneinrichtungen Einzelgeräte für die verschiedenen Zubereitungsvorgänge aufstellen und die Geräte dann dem Betriebsgang so einordnen, daß alle unnötigen Wege vermieden werden.

Schließlich unterscheidet sich der Großküchenbetrieb von dem der Haushaltküche vor allem dadurch, daß stets in gewisser Beziehung Vorratsarbeit geleistet werden muß. Es ist z. B. in Gaststättenbetrieben nicht möglich, die Braten erst nach Bestellungseingang zuzubereiten. Es ist deshalb schon bei der Projektierung für genügende Warmhaltegelegenheit Sorge zu tragen.

2. Elektrische Geräte für Großküchen.

Die Fachindustrie hat die verschiedenartigsten Geräte entwickelt, deren Aufbau und Verwendung je nach der Art des Küchenbetriebes von einander abweichen [102, 104, 123, 126].

a) Der Herd.

Wenn auch, wie bereits erwähnt, durch die Dezentralisation der Küchenarbeiten der Herd im neuzeitlichen Küchenbetrieb weitgehend dadurch entlastet worden ist, daß z. B. alle Back- und Bratarbeit in besonderen Bratofengruppen, größere Kocharbeiten in besonders beheizten Kochkesseln geleistet werden können, stellt er doch immer noch den Hauptbestandteil der Großküche dar. Lediglich in großen Speiseanstalten mit Einheitsessen tritt der Herd gegenüber den besonders beheizten Kochkesseln stark zurück. Unter Berücksichtigung dieser Gesichtspunkte kommt dem elektrischen Herd in erster Linie die Aufgabe des Kochens kleinerer Kochgutmengen (bis höchstens 30 Liter), der Bereitung von Bratsachen in der Pfanne, soweit hierfür nicht besondere, direkt beheizte Bratpfannen verwendet werden, und schließlich der sog. Anrichtearbeiten zu. Wenn trotzdem auch heute noch häufig die Bratöfen in das Untergestell des Herdes eingebaut werden, so ist dies nur durch die oft beschränkten Anschaffungsmittel und zuweilen durch Platzmangel — die meisten Großküchenräume werden auch bei Neubauten zu klein bemessen — begründet. Grundsätzlich sollte aber eine getrennte Aufstellung der Bratöfen und Zusammenfassung in sog. Bratofengruppen überall angestrebt werden.

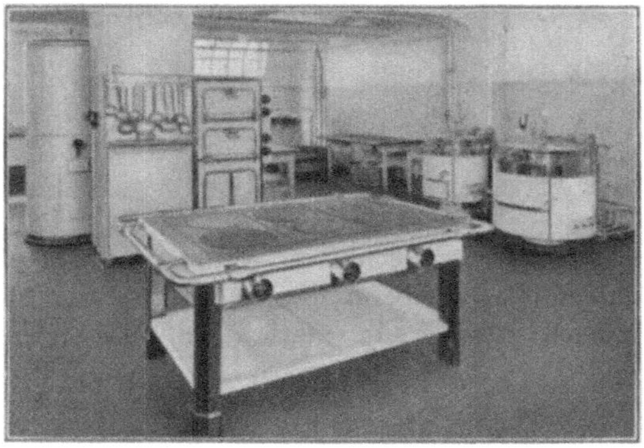

Abb. 119. Neuzeitliche elektrische Großküche mit Tafelherd.

Der Herd erhält dann die Form eines sog. Tafelherdes (s. Abb. 119). Der mechanische Aufbau des Herdes ist derart, daß auf dem sog. Herduntergestell, das aus Guß, Trägern oder gezogenen Blechteilen aufgebaut wird, der sog. Herdrahmen ruht, der wiederum die eigentlichen Kochplatten umschließt. Die einzelnen Kochplatten selbst sind meist auf besonderen Traversen befestigt (s. Abb. 120). Grundsätzlich besteht die Möglichkeit, die ganze Herdfläche in einzelne durchgängig beheizte, viereckige Kochplatten aufzuteilen. Als zweckmäßiger hat es sich aber erwiesen, auch hier wie beim Haushaltherd runde, mehrstufig regulierbare Kochplatten verschiedenen Durchmessers einzubauen. Der Zwischenraum zwischen den einzelnen Kochplatten wird dann durch sog. Herddeckplatten ausgefüllt. Die Herddeckplatten können leicht abgenommen werden, auch lassen sich die einzelnen Kochplatten verhältnismäßig einfach auswechseln, obwohl hier, im Gegensatz zum Haushaltherd, wegen der großen Leistungen nicht einfache Stecker, sondern feste Anschlüsse gewählt werden. Das Herdgestell wird dann außen durch weißemaillierte Blechplatten abgedeckt. Gegebenenfalls können, wie bereits erwähnt, im unteren Herdteil auch Bratöfen an-

Abb. 120. Einbau der Kochplatten in einem Großküchenherd.

Abb. 121. Herd mit untergebautem Bratofen.

geordnet werden (s. Abb. 121). Alle Beschläge und Schutzstangen des Herdes sind vernickelt oder verchromt.

Je nach der Größe und der Ausführung unterscheidet man Herde schwerer, mittlerer und leichter Bauart. Diesen Bezeichnungen entsprechen Breiten der Herdplatte von 1200—1500, 800—900 und 700 mm, während die Höhe der Herdplatte einheitlich zu 800 mm gewählt wird.

Die Leistung des Herdes muß nun zur Erzeugung der erforderlichen Wärmemenge ausreichen, auch muß genug Herdfläche für die gleichzeitige Zubereitung verschiedener Speisen vorhanden sein. Nachstehende Zahlentafel zeigt die üblichen Abmessungen und Leistungen [114]:

Herdplattenfläche und Anschlußwert der Kochplatten elektrischer Großküchenherde.

Herdplattenfläche m^2	1,5	2,0	3,0	4,0	5,0
Anschlußwert der Kochplatten in kW . .	18	22	30	40	50

Auf wieviele Kochplatten verschiedener Form und Größe die Herdleistung verteilt werden soll, ist je nach dem Verwendungszweck verschieden. Im Gegensatz zum Haushaltherd, bei dem jede Kochplatte möglichst vielseitig verwendbar sein soll, ist der Großküchenherd infolge

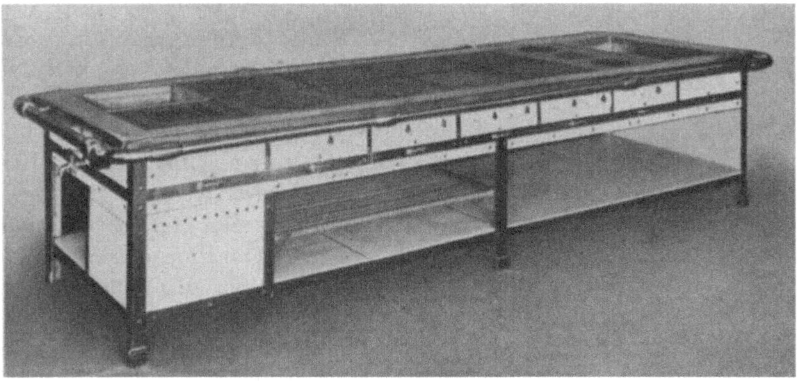

Abb. 122. Elektrischer Tafelherd mit eingebautem Glührost.

des ganz verschieden gearteten Betriebes von vornherein anders zu unterteilen. Die erste Betriebszone soll mit Hochleistungsplatten für das Ankochen ausgerüstet sein, dann folgt ein Mittelteil zum Fortkochen mit gegebenenfalls geringer belasteten Platten und schließlich eine Zone zum Warmhalten und Fertigkochen der Speisen, die meist mit viereckigen Platten besetzt wird. Hieran schließt sich das Bain Marie (Wasserbad) zum längeren Warmhalten empfindlicher Speisen und Soßen an. Das Bain Marie kann entweder in den Herd eingebaut sein oder aber als selbständiges Gerät ausgebildet werden.

Die für Großküchenherde verwendeten Kochplatten sind ähnlich wie die der Haushaltherde. Neben einzelnen Platten von 220 mm Durchmesser werden aber vorwiegend solche von 300 oder 400 mm

Durchmesser eingebaut, die dann einen Anschlußwert von 2,5÷4 kW bzw. 5÷8 kW aufweisen. Dies entspricht einer Flächenbelastung von 4÷6 Watt/cm². Die quadratischen bzw. rechteckigen Platten weisen Seitenlängen von 300 bzw. 400 mm auf. In neuester Zeit wird zuweilen, vor allem für Gaststättenbetriebe, in den Herd auch ein elektrischer Glühroșt eingebaut (s. Abb. 122), der für die Zubereitung von gewissen Schnellbratsachen Verwendung finden soll. Der Glührost wird dann aus einem besonderen, in den Herd eingebauten Transformator mit einer Spannung von etwa 25 V gespeist, so daß sich genügend starke Widerstandsleiter ergeben und die Gefahr der zu hohen Berührungsspannung beseitigt wird. Der Glührost ist aber in erster Linie als Zugeständnis an die traditionellen Wünsche der Köche nach einem offenen Feuer anzusehen. Eine geschlossene Hochleistungsplatte leistet wohl dasselbe.

Abb. 123. Elektrischer Rundherd für Großküchen.

In letzter Zeit ist von Klapp, Köln, der sog. Rundherd geschaffen worden (s. Abb. 123), der insofern sich noch weiter von der bisherigen Tradition entfernt, als er auch die bisher übliche Form verläßt [105]. Der Rundherd hat den Vorteil der leichten, allseitigen Zugänglichkeit und des geringen Raumbedarfs. Er weist meist 6 Platten zu 220 mm Durchmesser und in der Mitte eine solche von 300 mm Durchmesser auf.

Neben der guten Haltbarkeit der Kochplatten ist beim elektrischen Großküchenherd besonderer Wert auf eine sorgfältige Inneninstallation und kräftige, zweckmäßig angeordnete Schalter zu achten. Hinsichtlich der Anordnung der Schalter bestehen drei Möglichkeiten:

Schalter außerhalb des Herdes auf besonderer Schalttafel,

Schalter am Herd, auf bes. Schalttafel zusammengefaßt,

Schalter in unmittelbarer Nähe jeder Kochplatte.

Zu bevorzugen ist unbedingt die letzte Art, da hierbei Verwechslungen am sichersten ausgeschlossen werden. Natürlich ist dann aber darauf zu achten, daß die Schalter schädlichen Temperaturen entzogen werden, was durch Einbau in besondere luftgekühlte Seitenkanäle (s. Abb. 124) ohne weiteres möglich ist. In diesen Kanälen liegen dann auch die blank auf Steatitformstücken verlegten Verbindungsleitungen.

Abb. 124. Schalter- und Leitungsanordnung am Großküchenherd.

b) Kochkessel.

Für die Zubereitung größerer Kochgutmengen finden Kochkessel mit 20—500 Liter Inhalt Verwendung, die je nach Größe und Verwendungszweck sehr verschiedenartig durchgebildet sind. Die einfachste Form,

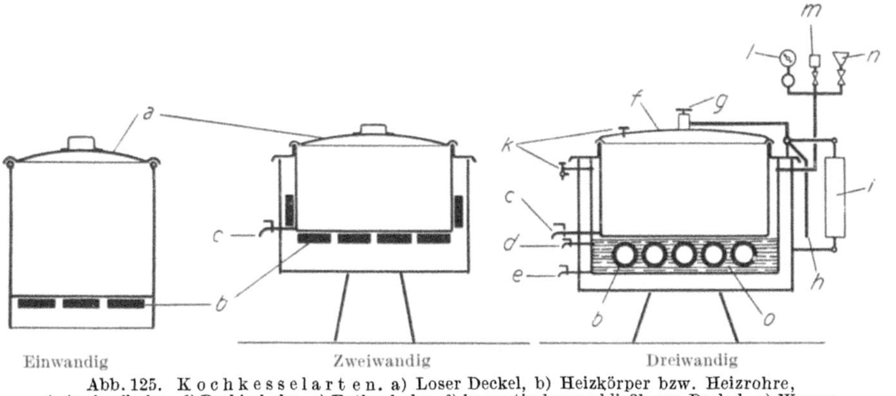

Abb. 125. Kochkesselarten. a) Loser Deckel, b) Heizkörper bzw. Heizrohre, c) Auslaufhahn, d) Probierhahn, e) Entleerhahn, f) hermetisch verschließbarer Deckel, g) Wrasen-Doppelsicherheitsventil, h) Wrasenabfluß, i) Deckelgegengewicht, k) Ent- und Belüfter, l) Manometer, m) Sicherheitsventil, n) Fülltrichter, o) Wasserbad.

bei der die Heizelemente direkt an den Topfboden angepreßt sind (s. Abb. 125 a), findet in Großküchen zwar gelegentlich Verwendung, doch führen die verhältnismäßig hohen Temperaturen am Topfboden beim

Kochen dickflüssiger Speisen (Brei, Gemüse usw.) leicht zum Anbrennen. Man kann dies etwas verbessern, wenn die Heizkörper nicht an den Boden angepreßt, sondern in einem gewissen Abstand angeordnet werden, so daß sie als Strahlheizkörper wirken. Meist aber wählt man sog. indirekte Beheizung, indem der zwischen dem Doppelmantel des Gefäßes (s. Abb. 125b u. c) entstehende Raum mit einem Wärmeübertragungsmittel (Wasser, Wasser-Dampfgemisch oder Öl) ausgefüllt wird. Man erreicht dann eine ganz gleichmäßige, milde Wärmeübertragung. Die Heizkörper können hierbei als Flachheizkörper (s. Abb. 125b) oder als Patronenheizkörper (s. Abb. 125c) ausgebildet werden. Um die Wärmeverluste zu verringern, sind die Kessel meist mit einem besonderen Wärmeschutzmantel umgeben. Es entsteht dann ein dreiwandiger Kesseltyp. Die Kessel werden außen weiß emailliert. Die Innenkessel bestehen aus verzinntem Kupfer, Reinnickel, Cromargan oder heute meist V_2A-Stahl). Für einfache Fleischerkessel wird aus Billigkeitsgründen zuweilen auch inoxydiertes Gußeisen benutzt. Bei kleineren Kesseln (bis höchstens 150 Liter) liegen die Deckel lose auf, bei größeren sind sie kippbar und zum Teil durch Gegengewichte ausbalanciert (s. Abb. 125c). Bei großen Kesseln werden die Deckel häufig zum hermetischen Abschluß aufgeschraubt. Dann macht sich die Anbringung von Manometern, Sicherheitsventilen, Kondenstopf für den ablaufenden Wrasen usw. nötig (s. Abb. 125c).

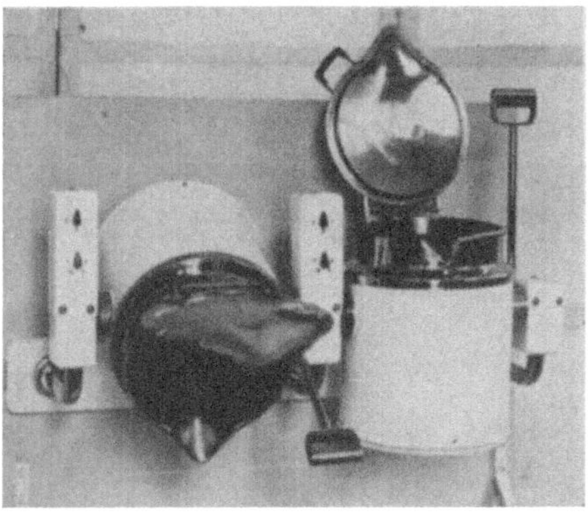

Abb. 126. Kippkessel für Wandbefestigung.

Die Anschlußwerte der Kessel sind meist so gewählt, daß der Kesselinhalt in etwa 1 Stunde kocht, nachstehende Zahlentafel zeigt die üblichen Größen und Leistungen.

Inhalt und Anschlußwert elektrischer Kochkessel.

Inhalt Liter . . .	20	25	30	50	75	100	150	200	300
Anschlußwert kW	3—3,5	3,5—4	3,5—4,5	6—7	8—9	10	15	20	30

In neuester Zeit wurden auch sog. Schnellkochkessel [116] entwickelt, die z. B. bei 30 Liter Inhalt eine Leistung von 8 kW aufweisen und dementsprechend nur eine etwa $\frac{1}{2}$ stündige Ankochzeit (s. Abb. 126). Abb. 127 zeigt aber ferner, daß infolge der guten Wärmeisolation auch der abgeschaltete Kessel noch stundenlang warm bleibt, was gerade für die Vorratsarbeit des Großküchenbetriebes von großer Bedeutung ist. Bei größeren Kesseln ist mit einem stündlichen Temperaturabfall von nur etwa 3—5° zu rechnen.

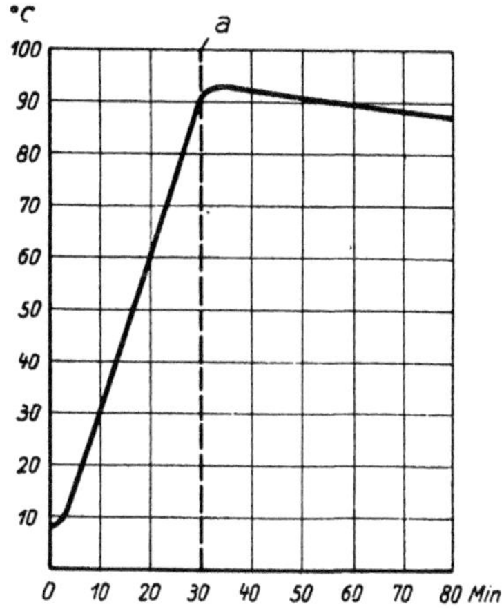

Abb. 127. Anheiz- und Abkühlkurve eines Hochleistungskessels (30 l, 8 kW).

Hinsichtlich der Befestigungsart der Kessel ist zu unterscheiden zwischen

Standkessel,
Kippkessel für Bodenbefestigung,
Kippkessel für Wandbefestigung,
Kipptopfgruppen.

Standkessel finden im allgemeinen nur bei ganz großen Einheiten Verwendung (s. Abb. 128). Am gebräuchlichsten sind Kippkessel für Boden- (s. Abb. 128) oder Wandbefestigung (s. Abb. 126). Bei kleineren Kesseln erfolgt die Kippung mittels Handhebel, bei größeren durch Schnecke und Schneckenrad. Die Schalter können bequem an den Füßen oder an den Seitenarmen der Kippkessel angebracht werden. Die Heizelemente sind auch hier meist mehrstufig regelbar.

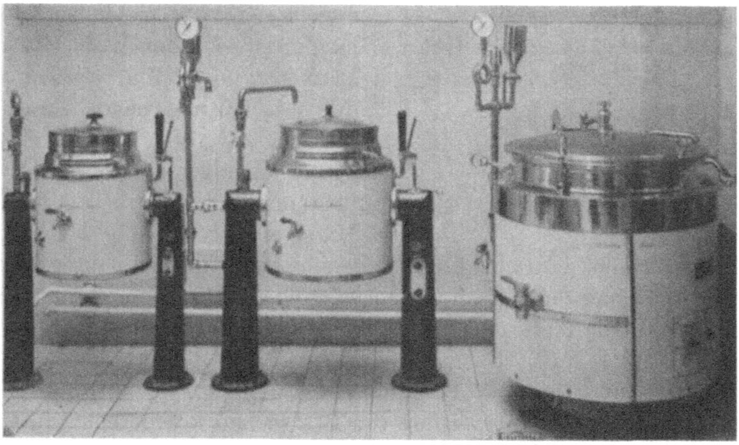

Abb. 128. Standkessel und Kippkessel für Bodenbefestigung.

Viel verwendet werden auch, z. B. zur Zubereitung der verschiedenen Suppen in Gaststätten, sog. Kipptopfgruppen (s. Abb. 129). Mehrere kleinere, indirekt beheizte Kessel (15—50 Liter Inhalt) werden zu einer

Gruppe vereinigt. In dem tischartigen Untersatz befindet sich die Beheizung des Wärmeübertragungsmittels sowie die Schalter.

c) Brat- und Backöfen.

Brat- und Backöfen in Großküchen unterscheiden sich von denen in Haushaltherden nur durch ihre schwere Ausführung, größere Abmessung und Leistung. Nachstehende Tabelle zeigt die gängigen Größen.

Abmessungen und Anschlußwert von Bratöfen.

Bratofenmasse mm . . .	450×600	450×700	500×1000	600×1000
Bratofenfläche m² . . .	0,27	0,315	0,50	0,60
Anschlußwert kW . . .	2,5—3,5	3,2—4,0	5—6	6—7

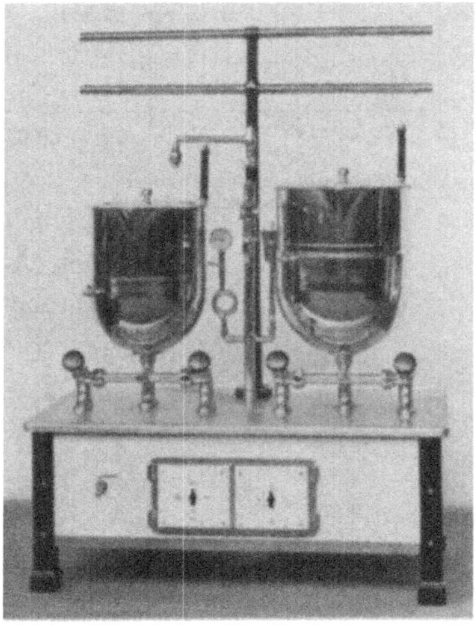

Abb. 129. Elektrische Kipptopfgruppe.

Die Bratöfen werden meist gut wärmeisoliert (Schlackenwolle, Alfol oder dgl.). Die zum Herstellen von Backwaren (Konditorware) bestimmten Backöfen unterscheiden sich von denen zur Fleischbereitung bestimmten Bratöfen nur durch etwas geringere Höhe und zuweilen etwas niedrigere Anschlußwerte. Sind die Bratöfen unten im Herd angeordnet, was möglichst zu vermeiden ist, so können sie ein- oder zweiseitig mit Türen versehen werden (sog. durchgehende Bratöfen). Sind die Bratöfen zu einer besonderen Wandgruppe vereinigt und übereinander angeordnet, so wird das Unterteil zweckmäßig als Wärmeschrank ausgebildet (s. Abb. 119). Bequemer für die Bedienung ist aber eine Anordnung der Bratöfen nebeneinander. Die Öfen werden außen meist weiß emailliert und mit Nickelbeschlägen ausgeführt.

d) Sonstige Bratgeräte (Bratpfannen, Grill und Spießapparate).

Für die schnelle Zubereitung von Bratsachen werden heute in Großküchenbetrieben vielfach direkt beheizte Bratpfannen verwendet [129], die sich durch kurze Anheizzeit, gleichmäßige Wärmeverteilung und höchste Leistungsfähigkeit auszeichnen. Abb. 130 zeigt kleine direkt beheizte Bratpfannen (300×600 mm mit 2,5 kW Anschlußwert) mit Schnuranschluß. Die Pfannen eignen sich gut als Ergänzungsgerät auch in solchen Küchen, die in der Hauptsache noch andere Energiemittel verwenden. In größeren Küchenanlagen sollte der Schnuranschluß aber möglichst vermieden werden. Dann finden sog. Großbratpfannen (s. Abb. 131) mit Anschlußwerten von 8—12 kW Anwendung, die z. B. in einer halben Stunde die Zubereitung von 200 bis 300 Schnitzeln oder Beefsteaks ermöglichen, was für Massenbetriebe von größter Wichtigkeit ist.

Abb. 130. Kleine, elektrisch beheizte Bratpfanne.

Angeregt durch die gute Erfahrung im Ausland und auf Schiffen führt sich auch in Deutschland für die Zubereitung kleiner gebratener Fleischmengen (z. B. Steaks, Kleingeflügel usw.) mehr und mehr der Grill ein. Beim Grill ist die Elektrobeheizung in Form von Glühheizkörpern an der Decke eines bratofenähnlichen Raumes angebracht (s. Abb. 132). Bei Flächen von 600×300 mm finden Leistungen von etwa 10 kW Anwendung. Um auch die Zubereitung kleinerer Portionen zu ermöglichen, lassen sich durch einen Schalter einzelne Streifen der Oberhitze getrennt einschalten. Der Rost des Grills ist in der Höhe verstellbar, so daß auch Überkrustungen (sog. Salamandern) vorgenommen werden können (z. B. bei Ragout-fin). Zur Zubereitung von Geflügel usw. kann der Grill auch als sog. Spießapparat ausgebildet werden. Er erhält dann einen durch ein Uhrwerk oder einen kleinen Elektromotor mit langsamen Umdrehungen angetriebenen Spieß, auf dem das Geflügel aufgespießt wird.

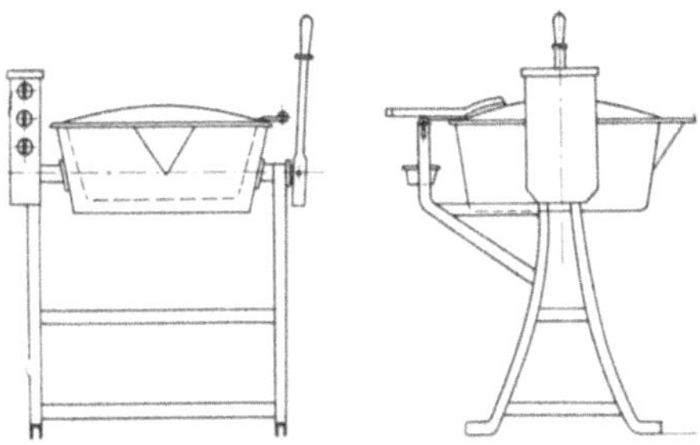

Abb. 131. Elektrisch beheizte, kippbare Großbratpfanne.

e) Wärmeschränke, Wärmetische usw.

Für alle Großküchenbetriebe, vor allem aber für Gaststätten ist es wichtig, daß die auf Vorrat zubereiteten Speisen genügend lange warm gehalten werden können. Hierzu dienen einerseits die bereits erwähnten Wasserbäder (Bain Marie) die häufig mit selbsttätiger Temperaturregelung ausgestattet werden.

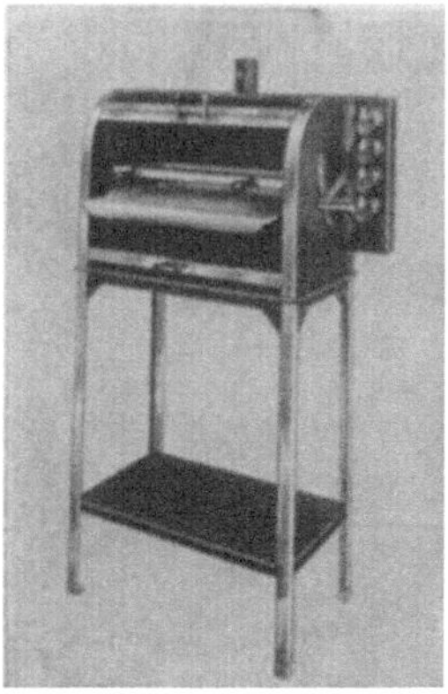

Abb. 132. Elektrischer Grill für Großküchen.

Abb. 133. Elektrisch beheizter Wärmeschrank und Wärmetisch.

Andrerseits finden elektrisch beheizte Wärmeschränke und -tische Verwendung (s. Abb. 133). Übliche Abmessungen derartiger Wärmeschränke sind:

Höhe mm	Breite mm	Tiefe mm	Anschluß-kW
650	500	400	0,4
800	750	500	0,8
800	1000	500	1,3
800	1500	500	2,8

Das Schrankinnere erreicht bei dieser Leistung etwa 80°. In größeren Gaststätten hat es sich bewährt, die Tischplatten der Ausgabetische zu beheizen (etwa 3 kW je m²) oder sogar beheizte Regale anzuordnen. Nicht minder wichtig sind elektrisch beheizte Teller- und Silberwärmschränke (s. Abb. 133).

f) Sondergeräte.

In Gaststätten finden häufig elektrische Toaster Verwendung (s. Abb. 134), die in kurzer Zeit eine saubere und bequeme Zubereitung von Röstbrot ermöglichen. In feinen Restaurants sind Anrichtewagen im Gebrauch, die vor Benutzung durch Anschluß an eine Steckdose beheizt werden. Ähnlich arbeiten auch elektrisch beheizte Essentransportwagen, wie sie sich zuweilen in Krankenhäusern finden.

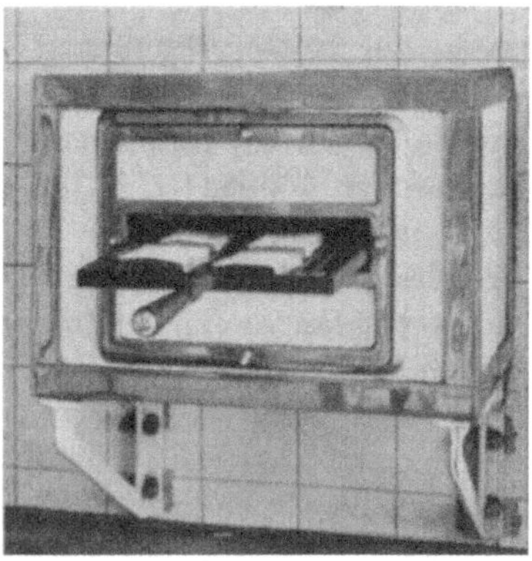

Abb. 134. Elektrischer Toaster.

Der in neuester Zeit auf den Markt gekommene sog. Elektrohocker (s. Abb. 135) ist bei verhältnismäßig geringen Anschaffungskosten sehr vielseitig verwendbar [121]. Er entlastet den Herd von den großen Töpfen, auch kann er bei späteren Vergrößerungen des Kochbetriebs eine kostspielige Erweiterung der Küche abwenden. Durch seine verhältnismäßig hohe Aufnahme (8 kW entsprechend 6,4 Watt je cm^2) kommt er hinsichtlich der Kochleistung den direkt beheizten Kesseln gleich. 40 Liter Kochgut können in etwa 55 Minuten, 80 Liter in 95 Minuten zum Sieden gebracht werden.

Abb. 135. Elektrohocker.

Schließlich ist der elektrische Zuckerkocher zu erwähnen (s. Abb. 136). Die Konditoren pflegen Fruchtfüllungen, Aufläufe, Zuckercremes und dgl. wegen der Gefahr des Anbrennens in halbkugelförmigen Kesseln zuzubereiten [115]. Ein Aufsetzen des kugligen Kessels auf eine Kochplatte ist wegen der geringen Aufliegeflächen nicht durchführbar, eine direkte Beheizung kommt einerseits wegen der schwierigen Reinigungsmöglichkeit, andererseits aber auch deshalb, weil häufig die warmen Kessel sofort zur Schlagmaschine gebracht werden, nicht in Frage. Es wurden deshalb besondere Zuckerkocher entwickelt, die nach Art der bekannten Glühroste zur Beheizung der Kessel eine mit niedriger Spannung betriebene Glühspirale verwenden, deren Form sich den kugligen Kesseln anpaßt.

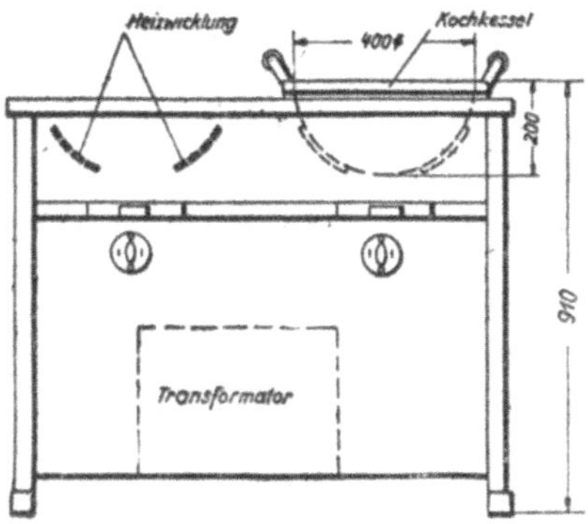

Abb. 136. Elektrisch beheizter Zuckerkocher.

g) Heißwasserspeicher.

Großküchenbetriebe verbrauchen für Speisenzubereitung und Geschirrspülen sehr große Heißwassermengen, die vielfach noch (oft in Verbindung mit Heizungsanlagen für die übrigen Gebäudeteile) durch andere Energiemittel erzeugt werden. In vielen Fällen haben sich bei niedrigen Nachtstrompreisen aber auch elektrische Heißwasserspeicheranlagen hierfür gut bewährt. Es werden dann verhältnismäßig große Heißwasserspeicher liegender oder stehender Bauart verwendet. In nachstehender Zahlentafel sind die üblichen Größen und die sich bei achtstündiger Aufheizung ergebenden Anschlußwerte aufgeführt.

Inhalt und Anschlußwert elektrischer Heißwasserspeicher bei achtstündiger Aufheizzeit.

Inhalt . . . . Liter	200	400	600	1000	2000
Anschlußwert in kW bei achtstündiger Aufheizzeit	2,4	5,0	7,0	12,0	22,0

3. Projektierung elektrischer Großküchen.

Ein Einheitsrezept für die richtige Projektierung elektrischer Großküchen läßt sich nicht geben, da verschiedenartige betriebliche Anforderungen, räumliche Lage der Küchenräume, Umfang der Speisenkarte und nicht zuletzt die zur Verfügung stehenden Geldmittel eine große Anzahl von Lösungsmöglichkeiten erzwingen können. Wohl lassen sich aber gewisse Richtlinien für die einzelnen Küchengattungen aufstellen [114], [117].

Maßgebend für die Größe der Küche bzw. der einzelnen Geräte ist die auftretende Höchstanforderung, die Durchschnittsleistung und die Mindestleistung, die die Küche vollbringen soll. Wird die Höchstleistung häufig in Anspruch genommen, so ist diese den Abmessungen zugrunde zu legen. Tritt dagegen dieser Betriebsfall selten ein, so wird man, vor allem bei beschränkten Mitteln, die Küche kleiner, etwa der Durchschnittsleistung entsprechend, bemessen und dann in Kauf nehmen, daß während der ausnahmsweise geforderten Höchstleistung die Geräte etwas überanstrengt werden. Die Mindestleistung ist für die Projektierung der Küche insofern von Wichtigkeit, als auch diese mit einem Minimum an Energieaufwand bewältigt werden soll. So ist z. B. der kleinste Kessel so zu bemessen, daß er in der Regel mit voller Füllung betrieben wird. Im Herd soll die kleinste Kochplatte auch den vorkommenden kleinsten Speisemengen entsprechen. In Gaststätten wird man deshalb den Herd nicht nur mit 300 und 400 mm ∅-Platten ausrüsten, sondern auch eine oder mehrere Platten mit 220 mm ∅ vorsehen. In gewissen Fällen z. B. Saisongeschäften (in Ausflugsorten, Kinderheimen, Erholungsheimen) ist zu überprüfen, ob nicht besser während der schwachen Zeit (im Winter) die eigentliche Großküche ganz außer Betrieb gesetzt und für die Bereitung der wenigen Speisen ein Haushaltherd aufgestellt wird.

Die richtige Dimensionierung der Geräte für Küchen verschiedener Art erfordert jahrelange Erfahrung. Als Richtwerte können die nachstehenden Ausführungen gute Dienste leisten. Abb. 137 läßt erkennen, welche Anschlußwerte der Herd für Küchen verschiedener Art und Größe aufweisen soll. Als Maß für die Größe der Küche ist dabei die Gesamtzahl der zu verpflegenden Personen angenommen. Bei Gaststättenküchen ist dabei bereits berücksichtigt, daß sich die ausgegebenen

Speisen auf die Mittags- und Abendzeit verteilen. Hier ist demnach die Gesamtzahl der täglich auszugebenden Portionen der Bemessung zugrunde zu legen. Bei der Bemessung des Herdes ist natürlich, genau betrachtet, zu berücksichtigen, inwieweit die Herdplatte durch Verwendung direktbeheizter Kochkessel entlastet wird. In Abb. 137 sind die Werte sowohl für Tafelherde ohne Bratöfen, die unbedingt bevorzugt werden sollten, als auch für Herde mit eingebauten Bratöfen angegeben. Es ergibt sich hiernach für den Tafelherd ein Anschlußwert von 0,15 bis 0,2 kW je Person. Dieser Wert geht bei größeren Anlagen bis auf 0,05—0,08 kW je Person bei den verschiedenen Küchengattungen zurück. Die dazugehörigen Herdplattenmaße können der oben gebrachten Tabelle entnommen werden (s. S. 119).

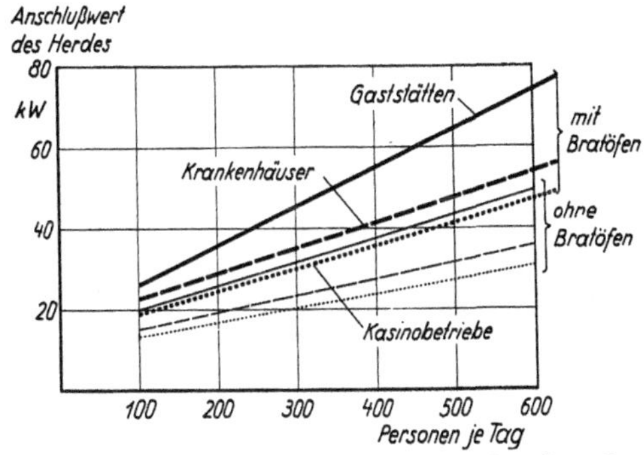

Abb. 137. Anschlußwert elektrischer Herde mit und ohne Bratöfen verschiedener Art und Größe.

Auf wieviel Kochplatten verschiedener Form und Größe die Herdleistung verteilt werden soll, ist je nach dem Verwendungszweck verschieden.

Nicht minder wichtig ist die richtige Bemessung der Kochkessel. In Abb. 138 ist der gesamte Kesselinhalt für verschiedene Küchengattungen aufgeführt. Hinsichtlich der Unterteilung des Gesamtinhalts auf verschiedene Kessel ist zu berücksichtigen, daß nicht zu große Einheiten gewählt werden. Der kleinste Kessel soll so bestimmt werden, daß er in der Regel mit voller Füllung betrieben wird.

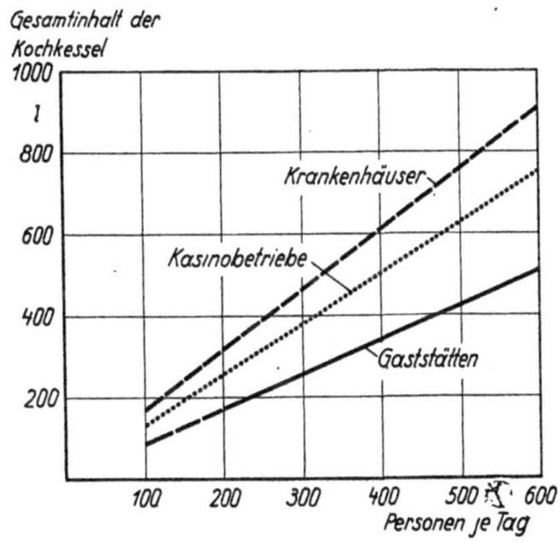

Abb. 138. Erforderlicher Gesamtinhalt der Kochkessel für Großküchen verschiedener Art und Größe.

In manchen Fällen wird auch der Elektrohocker zur Zubereitung größerer Kochgutmengen, vor allem zur Ergänzung bereits vorhandener Großküchen, gute Dienste leisten.

Für die Bratöfen gelten die in Abb. 139 wiedergegebenen Richtwerte.

Je nach der Größe und Art der Küche wird eine Bratofenfläche von etwa 0,5 m² an benötigt, die dann auf verschiedene, mindestens aber zwei Bratöfen, aufgeteilt wird. An Hand der oben erwähnten Zahlentafel (s. S. 124) kann leicht die Zahl der zur Aufstellung kommenden Bratöfen bestimmt werden.

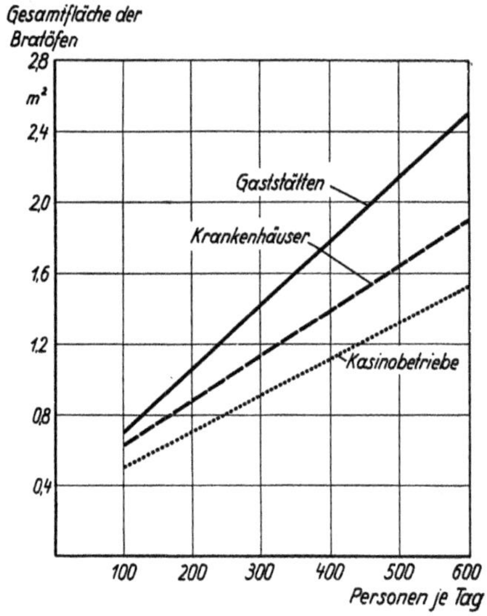

Abb. 139. Erforderliche Gesamtfläche der Bratöfen für Großküchen verschiedener Art und Größe.

Neben diesen Hauptbestandteilen der elektrischen Großküche kommen noch vor allem Bratpfannen, Spieß- und Grillapparate in Frage, für die aber natürlich eine allgemeingültige Zahlenangabe nicht gemacht werden kann.

Dasselbe gilt für die Auswahl der Küchenmaschinen (Kartoffelschälmaschinen, Passiermaschinen, Geschirrwaschmaschinen usw.).

Es ist oft erwünscht, für Großküchen verschiedener Art schnell zu überblicken, welche Gerätearten vorherrschend verwendet werden sollen. In Abb. 140—142 ist deshalb nochmals zusammengestellt, wie sich die Gesamtleistung der Küche auf die einzelnen Gerätesorten verteilt. Hierzu ist folgendes zu bemerken:

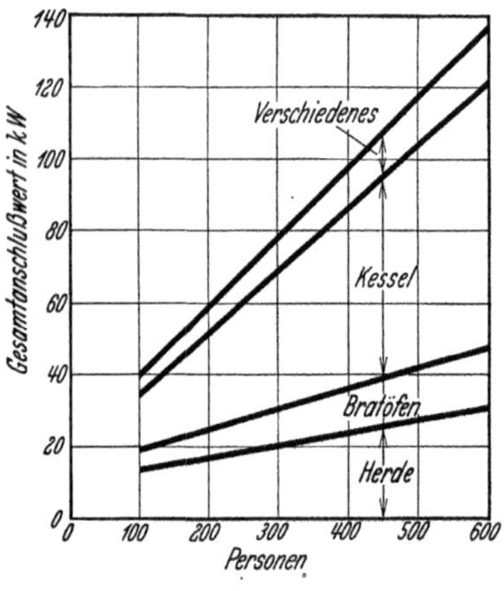

Abb. 140. Leistung verschiedener Geräte für Kasinobetriebe verschiedener Größe.

a) Kasinobetriebe, Speiseanstalten.

Je nach der Art des ausgegebenen Essens herrschen hier die Kochkessel mehr oder weniger vor. In Abb. 140 sind die Angaben für Beamtenkasinobetriebe, die Suppe, Fleisch, Kartoffeln, Gemüse und Nachtisch ausgeben, gemacht. Man kann hier pro Person mit 1,75—1,25 Liter[1] Kesselinhalt rechnen, während die Bratöfen für je 100 Per-

[1] Die größeren Zahlen gelten jeweils für kleinere Küchen.

sonen etwa 0,5—0,25 m² Fläche je nach der Größe des Betriebes aufweisen möchten. Bei sehr großen Betrieben für mehrere Tausend Personen tritt natürlich der Herd immer mehr zurück. Die Haupteinrichtung solcher Riesenbetriebe besteht dann nur aus Kesseln, Bratpfannen und Bratöfen.

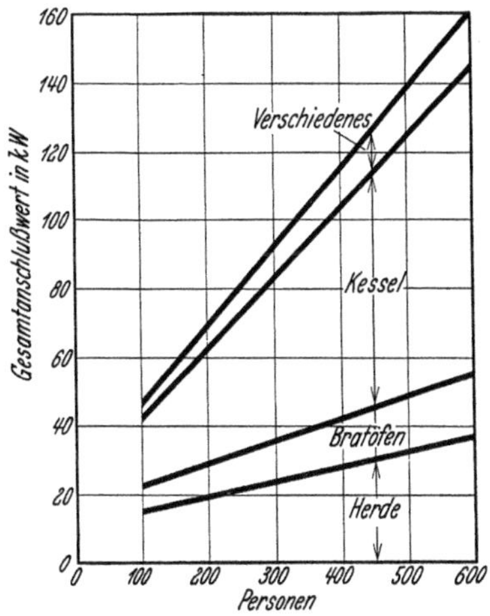

Abb. 141. Leistung verschiedener Geräte für Krankenhäuser verschiedener Größe.

b) Krankenhäuser.

Hier ist zu berücksichtigen, daß in den meisten Fällen keine Einheitsessen, sondern entsprechend den verschiedenen Krankenklassen und für das Personal verschiedene Speisen zubereitet werden müssen. Hiernach sind auch die Kessel, Bratöfen und Herde reichlicher zu bemessen (s. Abb. 141). Man rechnet mit 1,75—1,5 Liter Kesselinhalt je Person, während bei den Bratöfen etwa 0,6—0,3 m² Bratfläche auf 100 Personen anzusetzen ist. Wird auch die gesamte Diätzubereitung in der Hauptküche vorgenommen, ist es zweckmäßig, den Herd über die angegebenen Werte hinaus zu vergrößern und auch die unter „Verschiedenes" zusammengefaßten Geräte wie Grill, Bratpfannen, Wärmeschränke noch zu vervollständigen.

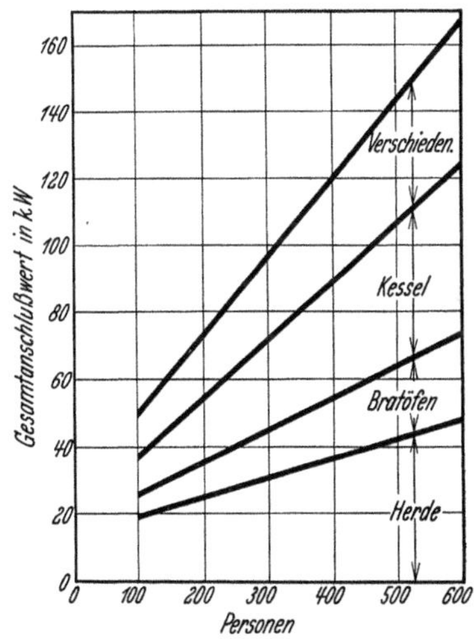

Abb. 142. Leistung verschiedener Geräte für Gaststätten verschiedener Größe.

c) Gaststätten und Hotels.

Entsprechend der Vielheit der Speisen überwiegt hier natürlich der Herd (s. Abb. 142). Auch die Bratöfen sind zu vermehren, da oft verschiedene Bratensorten gleichzeitig zubereitet werden müssen. Mit einer Bratfläche von 0,8—0,4 m² je 100 Personen dürfte aber auszukommen sein. Die Kochkessel dagegen treten bei Gaststätten natürlich etwas zurück. Da sie sich aber zur Suppen- und Gemüsebereitung, ferner zum Auskochen von Knochen usw. sehr gut eignen, sollte auf die Kessel nie ganz verzichtet werden.

Als Richtwert kann mit 1,0—0,8 Liter je Person gerechnet werden. Ferner sollten direkt beheizte Bratpfannen, Grill und genügend Wärmeschränke nicht vernachlässigt werden.

Als Merkregel gilt für Gaststättenküchen, daß der Gesamtanschlußwert in kW 35—40% des voraussichtlichen täglichen Gesamtverbrauchs der Küche sein soll.

d) Kleingaststätten (Landgasthöfe, Fremdenpensionen usw.).

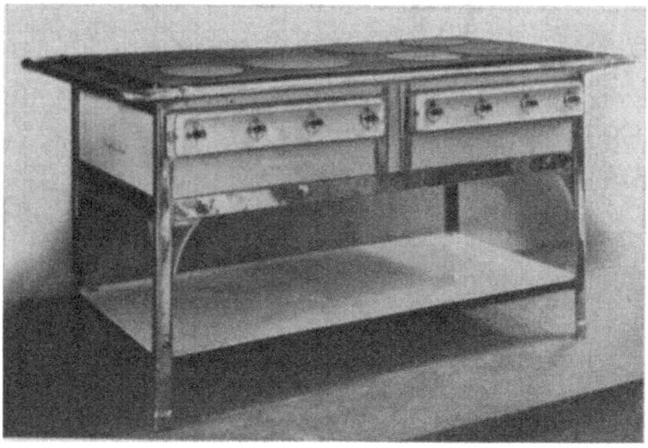

Abb. 143. Elektrischer Herd für Kleingaststätten.

Für Landgasthöfe, Fremdenpensionen u. dgl. sind häufig die schweren und entsprechend auch teureren Großküchenkonstruktionen nicht ohne weiteres verwendbar. Man hat für diesen Zweck Zwischenlösungen geschaffen, die, dem Aufbau nach, Haushaltherden ähneln, aber auch Kochplatten größeren Durchmessers (300 mm ∅) enthalten. Abb. 143 zeigt einen derartigen Herd. Gegebenenfalls kann dieser Herd durch einen oder mehrere kleinere direkt beheizte Kochkessel sowie Bratöfen ergänzt werden.

Abb. 144. Elektrischer Herd zur Ergänzung eines vorhandenen Kohleherdes in einem Landgasthof

Der Betrieb gewisser Gaststätten und Ausflugslokale ist durch eine sehr schwankende Inanspruchnahme gekennzeichnet. Während z. B. häufig an Sonn- und Feiertagen mit starkem Besuch zu rechnen ist, kommen wochentags über nur wenig Gäste. Wenn nur geringe Anschaffungsmittel vorhanden sind, kann man dann zu einer günstigen Lösung kommen, indem Sonntags der vorhandene Kohleherd in Betrieb genommen wird, während zur Bewältigung des schwachen Wochentagsbetriebes ein gewöhnlicher Elektro-Haushaltherd Verwendung findet (s. Abb. 144).

Heißwasserbereitung in Großküchen. Wie bereits erwähnt, kann in gewissen Fällen die Heißwasserversorgung der Großküche mit Vorteil durch elektrische Nachtheißwasserspeicher geschehen. Der Heißwasserbedarf von Großküchen schwankt in hohem Maße je nach der Größe und Art des Betriebes. Als Richtwerte sind in Abb. 145 die auf Grund praktischer Beobachtungen festgestellten, mittleren Wassermengen (85° C) und in obenstehender Tabelle (s. S. 128) die bei etwa achtstündiger Aufheizung sich ergebenden Anschlußwerte der Heißwasserspeicher aufgeführt. Durch Aufstellung großer Geschirrspülmaschinen kann gegebenenfalls der Heißwasserbedarf diese Mittelwerte noch erheblich übersteigen.

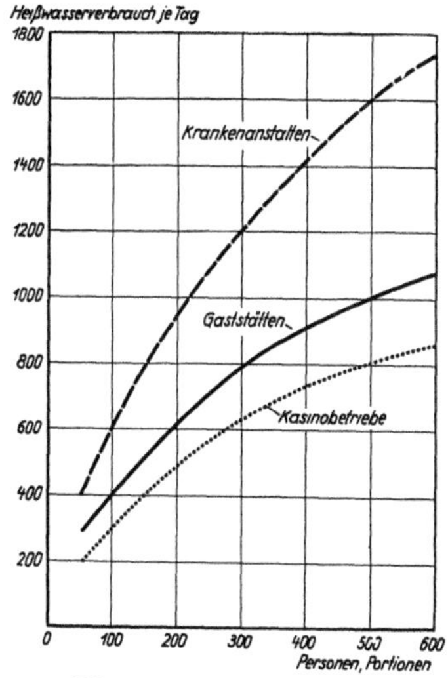

Abb. 145. Ungefähre Höhe des Heißwasserverbrauchs (85° C) elektrischer Großküchen verschiedener Art und Größe.

Bauliche Gesichtspunkte bei der Einrichtung von Großküchen. Bei dem Einbau elektrischer Großküchen in bestehende oder Neubauten ist von vornherein darauf zu achten, daß möglichst kurze Transportwege entstehen, und daß die Geräte möglichst übersichtlich und so angeordnet werden, daß die Küchenarbeit nach Art der Fließarbeit durchgeführt werden kann. Leider werden — vor allem bei Neubauten — häufig die Bauarbeiten ohne jede vorherige Fühlungnahme mit dem Küchenlieferanten ausgeführt, so daß Unzuträglichkeiten oft nicht ausbleiben. Bei einem neuzeitlichen Großküchenbetrieb z. B. ist von vornherein darauf zu achten, daß für die Materialanlieferung und Essenausgabe getrennte Zugänge vorhanden sind. An den Lieferanteneingang schließen sich Lagerräume und Räume für die Vorbereitung der Speisen (Kartoffelschälmaschinen u. dgl.) an. Der Herd muß dann im Küchenraum so aufgestellt werden, daß der Warmhalteteil und das Bain-Marie dem Ausgabetisch zu gerichtet sind (Abb. 146). Dringend erwünscht ist die Einrichtung einer besonderen Abwaschküche (Geschirrspülmaschine), so daß das ankommende schmutzige Geschirr die eigentliche Speisenausgabe nicht stört. Möglichst kurze, breite Zugänge zur Speisenausgabe sind vor allem bei großen Gaststättenbetrieben unumgänglich. Von vornherein ist schließlich bei jedem Küchenraum für eine genügende Lüftung Sorge zu tragen, wenn auch in elektrischen Großküchen die Belästigung durch Abgase u. dgl. wegfällt.

Besondere Sorgfalt ist auf die zweckmäßige elektrische Installation der Großküchengeräte zu legen. Eine möglichst weitgehende

Abb. 146. Richtige Aufstellung eines Großküchenherdes. (Vorn ein Bain-Marie.)

Aufteilung der einzelnen Stromkreise, übersichtliche Beschriftung der Schalttafeln und die Verwendung von Schaltautomaten an Stelle von Schmelzsicherungen ist empfehlenswert. Um das Küchenpersonal zu sparsamem Stromverbrauch zu erziehen, macht sich der Einbau von Unterzählern und gegebenenfalls eines schreibenden Leistungszeigers bald bezahlt. Sorgfältige Erdung, Nullung oder Schutzschaltung zur Vermeidung des Auftretens unzulässig hoher Berührungsspannung ist nötig.

4. Betrieb elektrischer Großküchen.

a) Normalbetrieb.

Der Betrieb elektrischer Großküchen unterscheidet sich von dem in Haushaltküchen vor allem dadurch, daß — wie bereits erwähnt — stets in gewisser Beziehung Vorratsarbeit geleistet werden muß. Die Leistungsfähigkeit jeder Großküche hängt deshalb in hohem Maße von den organisatorischen Fähigkeiten des Küchenchefs ab. Die Art der Betriebsführung, die sich z. T. auf jahrzehntealte Tradition stützt, bietet u. a. die Möglichkeit, durch geschickte Disposition der einzelnen Kocharbeiten unnötig hohe Leistungsspitzen zu vermeiden, was natürlich nicht nur im Interesse des Elektrizitätswerks, sondern auch — vor allem bei Grundgebührentarifen — im finanziellen Interesse des Küchenbesitzers liegt.

Beim Betrieb des eigentlichen Herdes ist zwischen der Hauptbetriebszeit und Zeiten schwächeren Geschäfts zu unterscheiden. Während der Hauptbetriebszeit kommt eine Regelung der Platten praktisch kaum in Frage. Der Herd wird vielmehr, wie bereits angedeutet, in einzelne Wärmezonen unterteilt, der Herd „marschiert". Für Zeiten schwächeren Geschäfts dagegen ist es wichtig, daß der Herd auch einige kleinere Kochplatten enthält, oder daß zu diesen Zeiten der Hauptherd ganz außer Betrieb gesetzt wird und die gelegentlich vorkommenden Arbeiten auf einem hierfür besonders vorgesehenen kleineren Herd geleistet werden.

Viele hundert Anlagen haben den praktischen Beweis dafür geliefert, daß die elektrische Großküche heute allen an sie zu stellenden Forderungen vollauf genügt. Auch der zuweilen gemachte Vorwurf, daß die elektrische Großküche dem „Stoßgeschäft" nicht gewachsen sei, ist, wie eine kurze Überlegung zeigt, irrig.

b) Der „Stoßbetrieb".

Unter Stoßbetrieb versteht der Küchenfachmann eine mehr oder weniger plötzlich starke Zusammendrängung der Speisenabgabe. Man muß hierbei grundsätzlich zwei verschiedene Ursachen unterscheiden. Einerseits weisen manche Großküchen an verschiedenen Tagen regelmäßig Zeitabschnitte mit sog. Stoßgeschäft auf, so z. B. zu bestimmten Mittagsstunden, ferner bei einigen Gaststätten nach Theaterschluß usw. Neben diesen regelmäßig auftretenden Beanspruchungen kann aber auch eine zufällige, unvorhergesehene Inanspruchnahme der Küche zum sog. Stoßbetrieb führen, wie z. B. in Ausflugslokalen je nach der Art der Witterungsverhältnisse, bei besonderen Sportveranstaltungen u. dgl.

Die Größe des Betriebes bzw. die Anzahl der Portionen, die in angemessener Zeit von einer Küche bewältigt werden können, hängt einerseits von der Anlage der Küche und ferner von ihrer höchsten Wärmeleistung ab. Es ist klar, daß die in einem bestimmten Zeitabschnitt abzugebende Wärmemenge bei Küchenherden jeglicher Beheizungsart je nach der Projektierung der Küche begrenzt ist. Es ist Sache der Planung, zu untersuchen, wie groß bei Neueinrichtungen von vornherein die Küche bemessen sein muß, damit sie derartige Höchstleistungen bewältigen kann. Zuweilen wird bei der Einrichtung von Großküchen aus verständlichen Gründen allzusehr gespart, was sich dann später bei gutem Geschäftsgang oft bitter rächt.

Daß eine Steigerung der zur Verfügung stehenden Hitze keinen Einfluß auf die eigentliche Zubereitungszeit der Speisen hat, ist bekannt.

Die Zubereitungsdauer eines Schnitzels kann z. B. auch bei noch so großer Hitze nicht unter eine gewisse Zeit gedrückt werden, ohne daß die Qualität der Speise leidet.

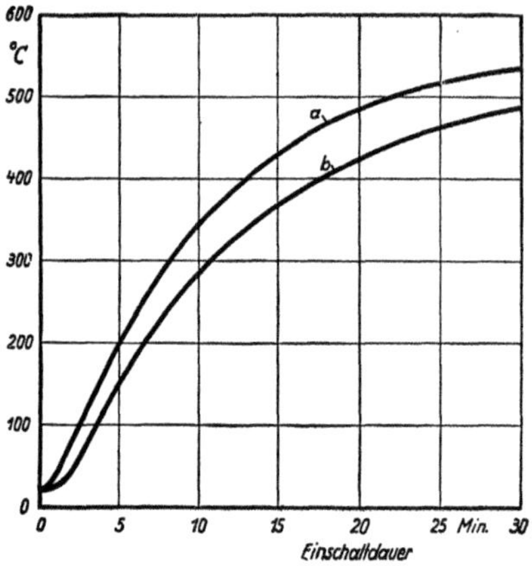

Abb. 147. Anheizzeiten elektrischer Kochplatten für Großküchenherde.
a) 400 mm Ø, 6 kW Anschlußwert.
b) 300 mm Ø, 4 kW Anschlußwert.

Gegen die elektrische Küche wird nun zuweilen der Vorwurf erhoben, daß sie nicht schnell genug den wechselnden Anforderungen an den Küchenbetrieb zu folgen imstande ist. Diese Auffassung beruht auf einem Irrtum. Gewiß benötigen die elektrischen Kochplatten eine bestimmte Zeit, bis sie ihre höchste Temperatur erreichen (Hochleistungsplatten sind übrigens schon nach etwa 5 Minuten arbeitsbereit (s. Abb. 147). Wie aber leicht nachgewiesen werden kann, sind diese Zeiten für die Frage der Bewältigung des Stoßgeschäfts ohne jede Bedeutung.

Suppen erfordern eine Zubereitungszeit von mindestens zwei Stunden. Bei gewissen Spezialsuppen (z. B. Ochsenschwanzsuppe) ist diese Zeit noch wesentlich länger. Eine sofortige neue Zubereitung von Suppe nach Eintreffen der Gäste kommt also gar nicht in Frage. Die Suppe wird vielmehr nach Fertigstellung ins Bain-Marie gesetzt oder im Kochkessel warmgehalten. Bei Speisenanforderung außerhalb der normalen Betriebszeit kann die Suppe gewärmt werden. Die Anwärmezeit beträgt aber im allgemeinen nur etwa 3—5 Minuten. Bei rechtzeitigem Einschalten der Kochplatte spielt auch hier die kurze Anwärmezeit keine Rolle.

Kartoffeln werden stets auf Vorrat gekocht, da das Kochen immerhin etwa 20—30 Minuten in Anspruch nimmt. Da Kartoffeln etwa zwei bis drei Stunden im Bain-Marie stehen können ohne unansehnlich zu werden, kommt also auch hier eine Zubereitung nach Eingang der Bestellung nicht in Frage.

Grundsätzlich das Gleiche gilt für Gemüse. Häufig wird auch Konservengemüse verwendet, das dann oft gleich in der Büchse auf dem Herd warmgemacht wird (Dauer etwa 5 Minuten).

Braten müssen ebenfalls vorgearbeitet sein, da sie außer der etwa $\frac{1}{2}$stündigen Anheizzeit des Ofens eine reine Bratzeit von $\frac{3}{4}$—3 Stunden je nach Art und Größe des Bratens erfordern. Erst nach Auftragseingang werden von dem warmgehaltenen Braten die Scheiben abgeschnitten und durch Übergießen mit kochendheißer Sauce genußwarm gemacht und gegebenenfalls noch auf der Platte etwas angewärmt.

Man erkennt nach alledem, daß für alle die bisher genannten Speisen eine sofortige Zubereitung überhaupt nicht in Frage kommt. Zu untersuchen ist hiernach lediglich, wie sich die elektrischen Geräte bei der Zubereitung von

Schnellbratsachen

verhalten. Während der normalen Betriebszeit bestehen hier natürlich keinerlei Schwierigkeiten, da ja ein Teil des Herdes oder der Hilfsgeräte bestimmt bereits eingeschaltet ist. Da nun aber die einschlägige Industrie gerade für die Zubereitung von Schnellbratsachen besonders geeignete Spezialgeräte entwickelt hat, ist auch dann, wenn unvorbereitet, außerhalb der eigentlichen Betriebszeit, derartige Anforderungen gestellt werden, eine unverzögerte Herstellung möglich, wie die Praxis immer wieder lehrt und auch durch Versuche eindeutig nachgewiesen werden kann. Die Vorbereitungszeit der Fleischstücke ist zumeist gleich lang oder oft sogar noch länger als die Anheizzeit der Geräte.

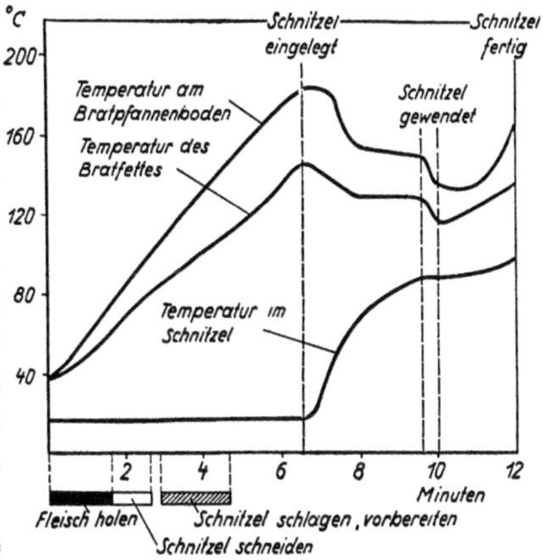

Abb. 148. Zeitschema für das Braten von fünf Schnitzeln in einer direkt beheizten Bratpfanne.

In Abb. 148 ist als Beispiel die Zeitstudie für die Zubereitung von fünf Schnitzeln in einer direktbeheizten Bratpfanne (0,105 m², 2 kW Anschlußwert) aufgetragen. Man erkennt, daß selbst unter der Annahme, daß das Schnitzelfleisch sofort zur Hand war, die Vorbereitungsarbeiten etwa die gleiche Zeit wie die Anheizzeit der Bratpfanne in Anspruch nahm. Noch deutlicher zeigt sich dies bei dem in Abb. 149 wiedergegebenen Vorgang des Grillens von vier Steaks. Die Anheizzeit des Grills beträgt hier $3\frac{1}{2}$—4 Minuten, während die Vorbereitungszeit der Steaks annähernd dieselbe Zeit beanspruchte.

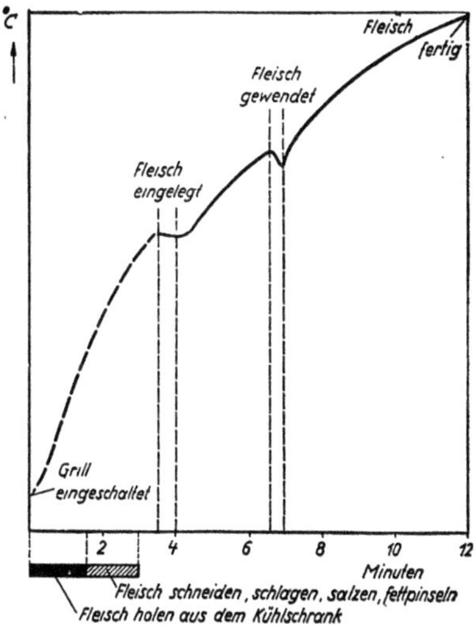

Abb. 149. Zeitschema für das Grillen von vier Steaks in einem Grill.

Die reibungslose Abwicklung des Stoßgeschäftes ist hiernach nicht von der Art der Beheizung, sondern vielmehr in erster Linie von der Küchenorganisation und der Anzahl des vorhandenen Personals abhängig. Neben dem Vorhandensein von Schnellbratpfannen oder eines Grills sind natürlich auch geeignete Warmhaltevorrichtungen vorauszusetzende Bedingung.

VI. Die Wirtschaftlichkeit der elektrischen Großküchen.

Die Wirtschaftlichkeit des Großküchenbetriebes wird keineswegs durch die Höhe der Energiekosten allein bestimmt. Nicht die Geräte arbeiten am wirtschaftlichsten, die den niedrigsten Energieverbrauch aufweisen, sondern diejenigen, die bei wirtschaftlich tragbaren Aufwendungen am besten arbeiten. Bei dem Vergleich der elektrischen Großküche mit Küchen anderer Beheizungsart ist bei der Beurteilung dieser Frage besonders zu beachten, daß der Wegfall aller Kamine und Abgasleitungen eine weitgehende Dezentralisation der Geräte und eine Aufstellung unter ausschließlicher Berücksichtigung des zweckmäßigsten Arbeitsganges gestattet. Durch richtige Betriebsorganisation der Küche lassen sich aber Ersparnisse erzielen, die oft höher sind als die meist geringfügigen Unterschiede in der Höhe der Energiekosten. Auch die von allen Seiten immer wieder bestätigte Möglichkeit der Fett- und Kochgutersparnis [111, 129] in der elektrischen Großküche beeinflußt die Gesamtwirtschaftlichkeit maßgebend. Immerhin sollen natürlich auch die Energiekosten ein bestimmtes Verhältnis zu den Gesamtbetriebskosten der Küche nicht überschreiten.

1. Höhe des Stromverbrauchs.

Die Höhe des Stromverbrauchs ist je nach Art und Umfang der Küche sehr verschieden. Während für Speiseanstalten (Kasinos) mit Einheitsessen verhältnismäßig leicht Mittelwerte angegeben werden können, schwanken die Zahlen in Krankenanstalten schon wegen der verschiedenen Küchenzettel (Aufteilung der Patienten auf mehrere Krankenklassen) und des Vorhandenseins von Diätküchen in höherem Maße. Am verschiedenartigsten liegen die Verhältnisse in Gaststätten.

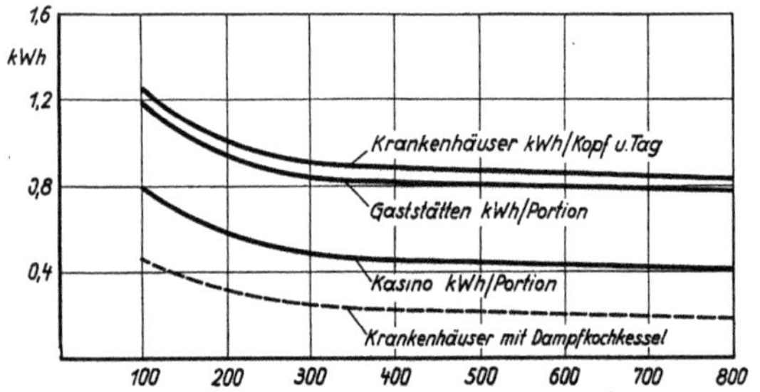

Abb. 150. Mittlerer spezifischer Stromverbrauch je Portion bzw. je Tag in Küchen verschiedener Art und Größe.

Hier wird die Höhe des Stromverbrauchs, wie aus dem Vorhergesagten deutlich hervorgeht, weniger durch die Zahl der ausgegebenen Portionen als durch den Umfang der Speisekarte bestimmt. Der spezifische Stromverbrauch, kWh je Portion oder je Tag, hängt ferner von der Ausnutzung der Küche und damit gewissermaßen von der Größe der Küche ab.

Schließlich wird der Stromverbrauch durch die Geschicklichkeit und Anpassungsfähigkeit des Küchenpersonals in gewissem Umfang beeinflußt. Wenn hiernach auch die Angabe allgemeingültiger Stromverbrauchswerte nur bedingt möglich ist, so sollen doch als Anhaltspunkte für die Planung elektrischer Großküchen in Abb. 150 die auf Grund statistischer Unterlagen der VDEW gefundenen Mittelwerte aufgetragen werden [114]. Wenn der Stromverbrauch je Portion bzw. je Tag auch verhältnismäßig klein ist, so ergeben sich doch schon bei Großküchen mittleren Umfangs verhältnismäßig hohe Jahresstromverbrauchszahlen, wie aus nachstehender Tabelle hervorgeht.

Jährlicher Stromverbrauch von Krankenhäusern (ohne Heißwasser).

Personenzahl	Jährlicher Stromverbrauch (365 Tage) Vollelektrische Küche 1000 kWh	Jährlicher Stromverbrauch (365 Tage) Küche mit Dampfkesseln 1000 kWh
100	45	16,5
200	73	23,5
400	130	34
600	190	44
800	240	58

Der Stromverbrauch vollelektrischer Krankenhausküchen mittlerer Größe liegt demnach über 100 000 kWh. Für Kasinobetriebe kann man mit einem jährlichen Stromverbrauch von etwa 20 000—100 000 kWh rechnen.

Jährlicher Stromverbrauch von Kasino- und Gaststättenbetrieben (ohne Heißwasser).

Portionenzahl	Kasinobetriebe (250 Tage) 1000 kWh	Kasinobetriebe (300 Tage) 1000 kWh	Gaststätten (365 Tage) 1000 kWh
100	20	24	44
200	29	35	69
400	45	54	120
600	66	79	175
800	82	98	225

Eine Gaststätte mit 150 Sitzplätzen wird bei etwa 2—2½facher Belegung der Sitze etwa 120000 kWh im Jahre abnehmen. Elektrische Großküchen sind hiernach in den meisten Fällen als Großabnehmer zu betrachten, was für die gesamte Tarifgestaltung von ausschlaggebender Bedeutung ist. Die Zahlen lassen ferner erkennen, welche hervorragende Bedeutung den elektrischen Großküchen im Rahmen der Absatzsteigerung der Elektrizitätswerke zukommt.

2. Die Stromkosten elektrischer Großküchen.

Großküchen werden infolge der verhältnismäßig großen Belastung — die Belastungsspitze der Großküche beträgt im allgemeinen 60—80% des Anschlußwertes — meist nicht aus dem Niederspannungsnetz sondern direkt mit Hochspannung unter Zugrundelegung besonderer Tarife versorgt. Die hierfür üblichen Tarife sind meist Grundgebührentarife, die die Zahlung einer bestimmten Leistungsgebühr und die eines verhältnismäßig niedrigen Arbeitspreises (4—6 Pf. je kWh) fordern. Auch alle anderen Abarten der Hochspannungstarife (Staffeltarife u. dgl.) sind letzten Endes auf Grundgebührentarife zurückzuführen. Die Höhe des Leistungspreises wird entweder von der Größe des Anschlußwertes oder aber richtiger vom auftretenden Belastungsmaximum abhängig gemacht. Es ist deshalb von größter Wichtigkeit, ob durch die Hinzunahme einer elektrischen Großküche die bisherige Belastungsspitze des Abnehmers wesentlich erhöht wird oder nicht.

Wie an einigen Beispielen gezeigt werden soll [111, 118], bewirkt nun das Hinzutreten der Großküchenbelastung zur bisherigen Belastung des Abnehmers in den weitaus meisten Fällen einen Ausgleich der Belastungsverhältnisse. Dies wirkt sich dann natürlich auch tariflich günstig für den Abnehmer aus. Voraussetzung hierfür ist, daß das Elektrizitätswerk gewillt ist, die gesamte Strommenge, die ein Hochspannungsstromabnehmer bezieht, nach gleichen Bedingungen zu verrechnen, unabhängig davon, ob der Strom für Kraft-, Licht- oder Wärmezwecke verwendet wird.

Wird z. B. durch das Hinzutreten der elektrischen Großküche die bisherige Belastungsspitze des Abnehmers überhaupt nicht oder nur geringfügig erhöht, so braucht er dann für die elektrische Großküche nur den Arbeitspreis in Rechnung zu setzen, der ohne weiteres ein wirtschaftliches Arbeiten der elektrischen Großküche im Vergleich zu Küchen anderer Beheizungsart sicher stellt. Häufig bewirkt die Hinzunahme einer Großküche sogar eine derartige Verbesserung der Benutzungsstunden, daß der Abnehmer hierdurch in eine für ihn günstigere Tarifstaffel einrückt. Vom kaufmännischen Standpunkt aus ist es dann durchaus berechtigt, diejenigen Ersparnisse, die der Abnehmer hierdurch an seiner bisherigen Rechnung macht, von der Stromrechnung für die Großküche in Abzug zu bringen. Der Berechnung des auf die Großküche entfallenden kWh-Preises ist dann lediglich die Differenz zwischen der alten und der neuen Gesamtrechnung zugrunde zu legen.

Noch niedrigere Preise kann der Abnehmer erreichen, wenn er vor Aufstellung der elektrischen Großküche seinen geringen Stromverbrauch nach einem der üblichen Niederspannungstarife deckte. Hier bedeutet an sich schon der Übergang zum Hochspannungstarif einen Vorteil, der infolge der Verbesserung der Belastungsverhältnisse durch Hinzunahme der Großküche noch vergrößert wird.

Es handelt sich bei allen diesen Rechnungen nicht um „Tarifkunststücke“, wie zuweilen behauptet wird, sondern um elektrizitätswirtschaftlich völlig einwandfreie Überlegungen. Das Elektrizitätswerk wird selbstverständlich einen Abnehmer größerer Strommengen mit besseren Belastungsverhältnissen einen günstigeren Strompreis einräumen. Einige Beispiele sollen dies erklären:

a) Kasinobetriebe in Fabriken und Bürohäusern.

Am übersichtlichsten liegen die Verhältnisse bei Kasinobetrieben, wie sie z. B. in Bürohäusern häufig anzutreffen sind [96]. Die bisherige

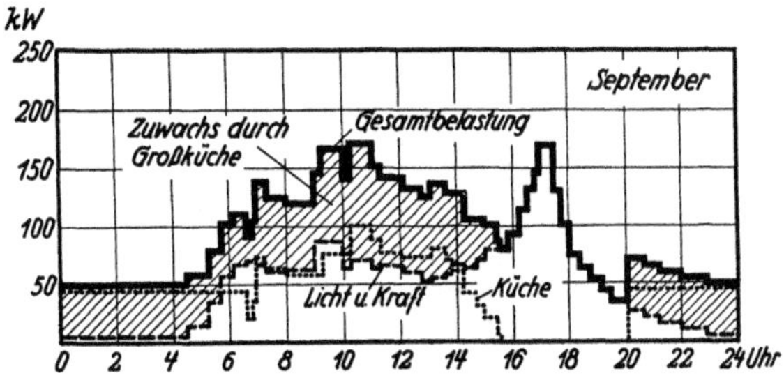

Abb. 151. Einfluß der elektrischen Großküche und Heißwasserspeicher auf die Belastungsverhältnisse eines mittleren Bürohauses.

Belastung des Bürohauses ohne Großküche, die durch die Beleuchtungs-, Transport- und Lüftungsanlagen verursacht wird, weist ihr Maximum in fast allen Fällen während der Winterszeit in den Nachmittagsstunden auf. Da im Kasino meist nur mittags Essen abgegeben wird, liegt aber die Großküchenbelastung fast ausschließlich in den Vormittagsstunden. Abb. 151 zeigt deutlich, daß die Großküche dann die bisherige Belastungsspitze nicht beeinflußt, sondern in hohem Maße zu einer Vergleichmäßigung der Belastung beiträgt, wie nachstehende Zahlentafel zeigt.

Stromabsatzverhältnisse eines Bürohauses für 1500 Angestellte.

	Stromverbrauch 1000 kWh	Höchstlast kW	Benutzungsstunden
Licht und Kraft	250	200	1250
Küche ohne Heißwasserspeicher	150	100	1500
Heißwasserspeicher	130	40	3250
Gesamtstromverbrauch ohne Heißwasserspeicher	400	215	1850
Gesamtstromverbrauch mit Heißwasserspeicher	530	215	2450

Allein durch die Großküche, die einschl. der Kaffeemaschinen einen Anschlußwert von 235 kW hat, werden also die Benutzungsstunden des Abnehmers von 1250 auf 1850, d. h. um fast 50% verbessert. Im vorliegenden Falle liegen in Wirklichkeit die Verhältnisse noch günstiger, da auch der gesamte Heißwasserbedarf durch elektrische Heißwasserspeicher von 4000 Liter Inhalt (40 kW Anschlußwert) gedeckt wird. Die Benutzungsstundenzahl steigt dann auf insgesamt 2450, also um etwa 100%. Haben die Bürohäuser schon vor Hinzutreten der elektrischen Großküche Hochspannungsanschluß, wie dies bei großen Häusern häufig der Fall ist, so ist meist für die Großküche lediglich der Arbeitspreis zu zahlen. Durch die Erhöhung des Gesamtstromabsatzes wird oft sogar ein niedrigerer Durchschnittsstrompreis erzielt.

Bei kleinen Bürohäusern, die zumeist aus dem Niederspannungsnetz versorgt werden, rechtfertigt die Steigerung der Stromab-

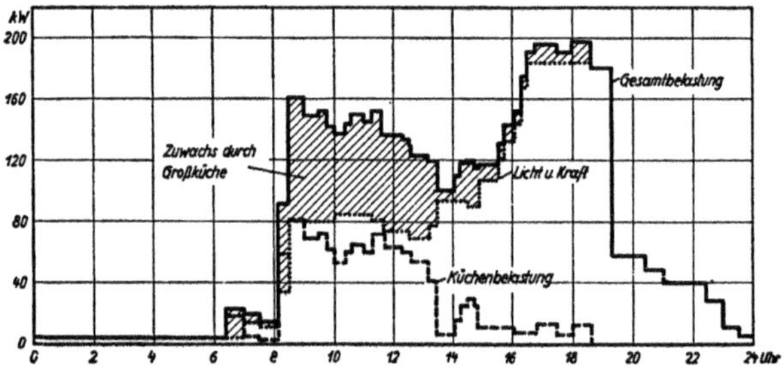

Abb. 152. Belastungsausgleich durch elektrische Großküche in einem Warenhaus mittlerer Größe.

nahme in vielen Fällen die Einrichtung einer besonderen Transformatorenstation, d. h. also Übergang vom Niederspannungsstrombezug zum Hochspannungsanschluß. Es zeigt sich dann oft die überraschende Tatsache, daß der gesamte Stromverbrauch für Licht, Kraft und Küche nicht viel höhere Stromkosten verursacht als früher der Licht- und Kraftstromverbrauch allein. Dies kommt daher, daß ja im ersten Falle die Hochspannungsstation vom Abnehmer selbst errichtet wird. Dem Elektrizitätswerk entstehen also keinerlei Kosten im Niederspannungsnetz. Da häufig beim Einbau einer Transformatorenstation dem Elektrizitätswerk auch das Recht der Benutzung des Transformatorenraums für andere Stromabnehmer zugestanden wird, bedeutet dies für das Werk eine Ersparnis an Netzausbaukosten. Oft wird bei Hochspannungsstrombezug eine garantierte Mindestabnahme gefordert, so daß auch das Risiko des Elektrizitätswerks geringer ist. Schließlich aber wird natürlich jedes Elektrizitätswerk einen Stromabnehmer mit größerem Stromverbrauch und günstigeren Benutzungsstunden tariflich günstiger stellen. Die Ersparnisse, die beim Vergleich des Gesamt-Energieaufwandes (z. B. Niederspannungsstrombezug für Licht und Kraft und Gas für die Großküche im Vergleich zum Hochspannungsstrombezug für Licht, Kraft und Küche) gemacht werden, ermöglichen dann eine verhältnismäßig schnelle Verzinsung und Tilgung des für die Errichtung der Transformatorenstation zu leistenden Baukostenzuschusses.

b) Warenhäuser.

Besonders günstig liegen die Verhältnisse für elektrische Großküchen in Warenhäusern, die dort sowohl für die Personalküche als auch für die Erfrischungsräume Verwendung finden [119, 120, 127]. Abb. 152 zeigt den Belastungsverlauf eines kleinen Warenhauses (4500 m^2 Verkaufsfläche) mit und ohne elektrische Großküche. Eingebaut waren bisher 178 kW für Beleuchtungszwecke und 74 kW für Motoren und Kleingeräte. Die hinzutretende elektrische Großküche weist einen Anschlußwert von 107 kW auf. Auch hier bewirkt die Großküche nur eine geringfügige Erhöhung der bisherigen Belastungsspitze, bringt aber andrerseits eine Steigerung des jährlichen Stromabsatzes um etwa 50%, so daß sich, wie nachstehende Tabelle zeigt, die Benutzungsstunden um etwa 50% verbessern. Angenommen, das Warenhaus würde nach einem der üblichen Hochspannungstarife versorgt:

Leistungsgebühr RM. 7,20/kW/Monat.

Zugrunde gelegt wird die im Laufe des Jahres festgestellte Höchstlast für sämtliche Monate.

Arbeitsgebühr RM. 0,055/kWh.

Es ergeben sich dann folgende Zahlen:

	Vor Inbetriebnahme der Küche	Nach Inbetriebnahme der Küche
Jährliche Leistungsgebühr RM. . . .	16000	17200
Jährliche Kosten des Arbeitspreises RM.	13200	20600
Gesamtkosten RM..	29200	37800
Durchschnittsstrompreis Pf./kWh . .	12,1	10,0

Auf die Küche entfällt demnach bei einem Jahresverbrauch von 135000 kWh eine Summe von RM. 8600, was einem Durchschnittsstrompreis von 6,35 Pf. entspricht.

Angenommen, der Abnehmer würde aber durch die Erhöhung der Stromabnahme um fast 50% in eine günstigere Tarifstaffel einrücken, in der ein Arbeitspreis von nur 5 Pf. je kWh gewährt wird, so würde sich das Bild noch weiter zugunsten der Großküche verschieben, da dann den derzeitigen Gesamtkosten von 29200 RM. nur eine Summe von 35900 RM. gegenübersteht, so daß also die auf die elektrische Küche entfallenden Stromkosten von 6700 RM. einen Durchschnittsstrompreis von 4,95 Pf. ergeben. Bei sehr großen Warenhäusern mit eigenen Bäckerei- und Konditoreibetrieben, die dann mit elektrischem Wärmespeicherbackofen für Nachtbeheizung ausgerüstet werden, ergeben sich zuweilen noch viel günstigere Durchschnittsstrompreise.

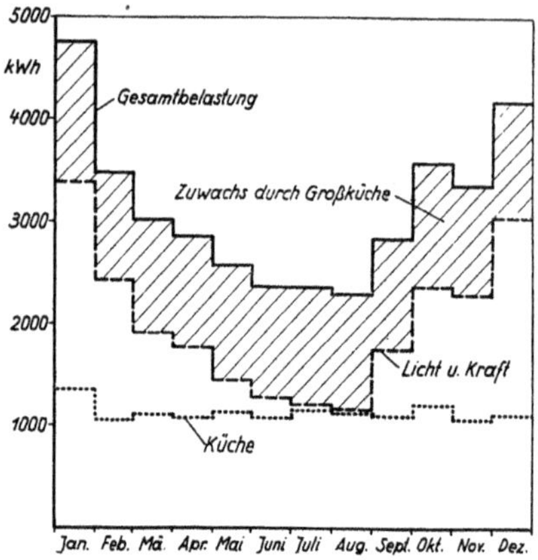

Abb. 153. Jahresverlauf des monatlichen Stromverbrauchs eines Warenhauses mit und ohne elektrische Großküche.

Die ausgleichende Wirkung der elektrischen Großküche auf den gesamten Stromabsatz von Warenhäusern spiegelt sich auch deutlich wider, wenn man die jährliche Verteilung des Stromabsatzes aufträgt (s. Abb. 153). Der das ganze Jahr über gleichmäßige Küchenstromabsatz bedeutet, vom Standpunkt des Elektrizitätswerks aus betrachtet, eine wesentliche Wertsteigerung des Abnehmers.

c) Krankenhäuser.

In Krankenhäusern weist zwar die Belastung der Großküche neben der Mittagspitze auch eine abendliche Belastung auf [98, 108, 118]. Auch hier ist aber in den meisten Fällen eine wesentliche Verbesserung der Belastungsverhältnisse festzustellen. Abb. 154 zeigt z. B. die Belastung eines Krankenhauses für 800 Personen nach Untersuchung von Eversberg [98]. Es ergeben sich dann die in nachstehender Tabelle aufgeführten Werte.

Art der Belastung	Anschlußwert kW	Höchstbelastungsspitze kW	Jahresverbrauch kWh	Benutzungsdauer der Jahresspitze
Bisheriger Licht- u. Kraftstromverbrauch allein	148	60	67000	1450
Küchenverbrauch allein	92	43	112000	2600
Gesamtverbrauch	240	85	199000	2350

Durch das Hinzutreten der Küchenbelastung zu der bisherigen durch Licht, Kraft und medizinische Geräte verursachten Belastung wird demnach die Spitze nur von 60 auf 85 kW erhöht, während der Stromabsatz sich verdreifacht.

Bei dem besprochenen Krankenhaus sind die Stromabsatzverhältnisse noch weiter dadurch wesentlich verbessert worden, daß außer der Küche auch die Bäckerei mit einem elektrischen Ofen ausgerüstet wurde, der als Wärmespeicherbackofen nur billigen Nachtstrom verbraucht und dadurch zu einer weiteren Senkung des Durchschnittsstrompreises beiträgt.

Die durch die Küche hervorgerufene geringfügige Erhöhung der Belastungsspitze von 60 auf 85 kW könnte sogar vielleicht noch durch eine

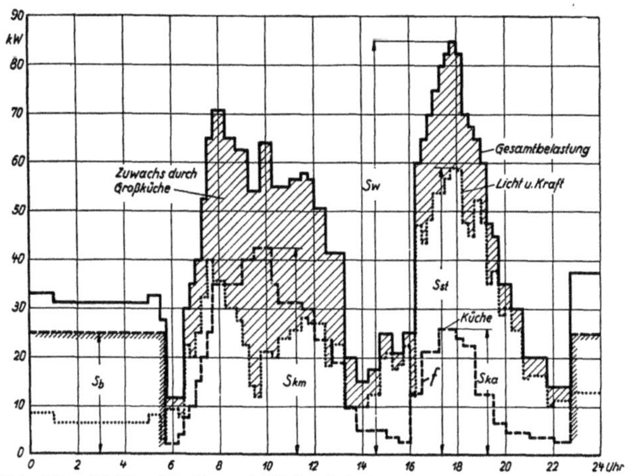

Abb. 154. Licht-, Kraft- und Küchenbelastung eines Krankenhauses mit 800 Betten (nach Eversberg).

zweckmäßigere Betriebsführung der Großküche ermäßigt werden. Man kann z. B. die Suppe für die Abendmahlzeit nicht erst unmittelbar vor der Ausgabezeit, sondern schon 1—2 Stunden vorher kochen. In elektrischen Kesseln behält die Suppe mehrere Stunden fast unverändert ihre Temperatur bei, ohne an Wohlgeschmack einzubüßen.

d) Gaststätten und Hotels.

Auch bei Gaststätten und insbesondere bei Hotels bewirkt das Hinzutreten der elektrischen Großküche meist eine Verbesserung der Belastungsverhältnisse, was sich in einer tariflich günstigeren Behandlung auswirkt.

Ein großes Hotel verbrauchte vor Einführung der elektrischen Küche für Licht und Kraft jährlich 430000 kWh, die bei den dort gültigen Tarifen mit einem Preis von 6,75 Pf. je kWh (Summe also 26000 RM.) bezahlt werden mußten. Nach Einführung der elektrischen Großküche wurden 120000 kWh im Jahre mehr verbraucht. Durch die Steigerung des Gesamtverbrauches erreichte der Abnehmer eine für ihn günstigere Tarifstaffel, in der die kWh mit 6,25 Pf. bezahlt werden mußte. Die auf die Großküche entfallenden 120000 kWh kosten ihm also, wie man leicht nachrechnen kann, nur 5500 RM., was einem kWh-Preis von 4,6 Pf. für die kWh entspricht.

Hinsichtlich der

Anlagekosten

ist festzustellen, daß die Gesamteinrichtungskosten elektrischer Großküchen einschl. der Installation und sich etwa nötig machender Bauarbeiten im allgemeinen nicht teurer sind als die von Gasgroßküchen einschl. aller dabei nötigen Installations- und Bauarbeiten. Allerdings ist es erwünscht, daß vor allem bei Neubauten der Eigenart der elektrischen Großküche von vornherein Rechnung getragen wird. Es lassen sich dann häufig die Baukosten z. B. durch den Wegfall von Schornsteinen, Abgaskanälen usw. ganz wesentlich verringern. Für die Einrichtungskosten wichtig ist auch die bereits erörterte Erkenntnis, daß die elektrische Großküche meist nur eine geringfügige Erhöhung der bisherigen Höchstlast bewirkt. Wenn der Abnehmer bereits Hochspannungsanschluß besitzt, so läßt sich eine Vergrößerung der bisher vorhandenen Transformatorenstation meist vermeiden, so daß ein hierauf evtl. entfallender Kapital- oder Zinsendienst nicht in Frage kommt. Bei Übergang vom Niederspannungs- zum Hochspannungsbezug sind die tariflichen Vorteile, wie bereits erwähnt, meist so groß, daß sich der Einbau der Transformatorenstation bald bezahlt macht.

Die Praxis hat gezeigt, daß elektrische Großküchen dann wirtschaftlich mit Küchen anderer Beheizungsart konkurrieren können, wenn der auf die elektrische Großküche entfallende Strompreis etwa zwischen 5 und 8 Pf. je kWh liegt. Wie aus den vorstehenden Beispielen deutlich hervorgeht, lassen sich derartige Durchschnittspreise ohne weiteres erzielen, ohne daß die Elektrizitätswerke gezwungen sind, elektrischen Großküchen Sondertarife einzuräumen.

3. Einfluß der Belastung elektrischer Großküchen auf die Werksbelastung [111].

Um nachzuprüfen, inwieweit das Hinzutreten der Großküchenbelastung den Elektrizitätswerken erwünscht ist, muß vor allem untersucht werden, ob die Großküchenbelastung mit der Höchstbelastung der Elektrizitätswerke, die zumeist in den winterlichen Spätnachmittagsstunden auftritt, zusammenfällt. Das Elektrizitätswerk hat selbstverständlich ein Interesse daran, vor allem solche Stromabnehmer zu gewinnen, die nicht wesentlich zu einer Erhöhung seiner Belastungsspitze beitragen. Die Erfahrung hat nun gezeigt, daß die durch Großküchen hervorgerufene Belastung meist in den Vormittagsstunden, mittags oder abends nach der Zeit der Werkhöchstlast auftritt.

Am klarsten liegen auch hier wieder die Verhältnisse bei Kasinobetrieben wie nachstehende Abb. 155 zeigt. Das Belastungsmaximum der Großküche tritt im allgemeinen zwei Stunden vor der Speisezeit, d. h. zwischen 10 und 11 Uhr, auf. Eine Beeinflussung der Werkspitze ist nicht zu erwarten.

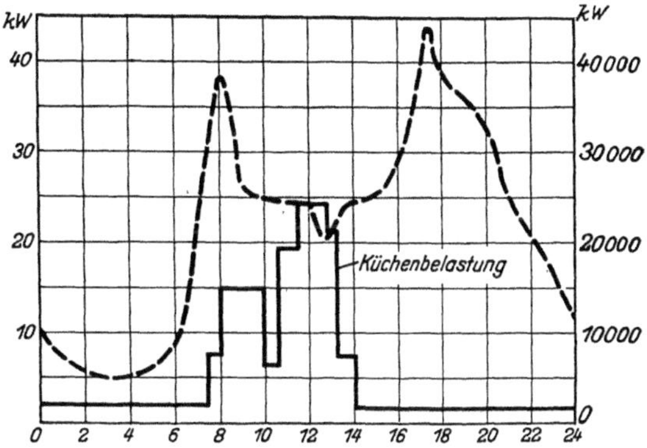

Abb. 155. Belastung der Küche eines Beamtenkasinos für 150 Personen im Vergleich zur Belastung des E.W.

Etwas schwieriger liegen die Verhältnisse bei Krankenhäusern mit zwei warmen Mahlzeiten. Infolge der sehr frühen Abendessenszeit fällt hier die Nachmittagsbelastungsspitze z. T. mit der Belastungsspitze der Elektrizitätswerke zusammen. Die Vormittagsbelastung überwiegt jedoch auch hier in den meisten Fällen so wesentlich, daß die Elektrizitätswerke bedenkenlos an den Anschluß von Krankenanstalten herangehen können, zumal ja häufig Heilanstalten

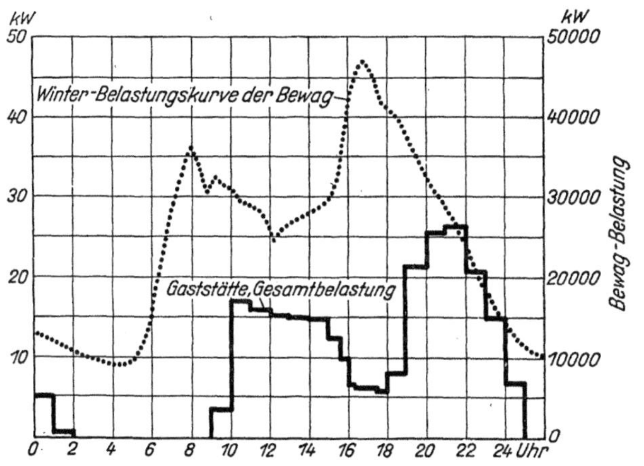

Abb. 156. Belastung der Großküche einer großstädtischen Gaststätte im Vergleich zur E.W.-Belastung.

außerhalb der Städte in Versorgungsgebieten liegen, die überhaupt keine so ausgesprochene Belastungsspitze nachmittags aufweisen.

Mit gewisser Besorgnis wird mancher Elektrizitätswerksleiter aber den zu erwartenden Belastungsspitzen großstädtischer Gaststättenbetriebe entgegengesehen haben. Daß die zur Herstellung der Mittagessen nötigen Leistungsspitzen keine ungünstige Rückwirkung auf die Belastungsverhältnisse des Elektrizitätswerks ausüben, war vorauszusehen. Wider Erwarten liegt aber auch die auftretende Abendbelastung der Gaststätten günstig, meist mehrere Stunden nach der Abendbelastungsspitze des Elektrizitätswerks. In Abb. 156 sind Belastungsverlauf der Küche eines Weinrestaurants und Gesamtbelastung des Elektrizitätswerks aufgetragen. Der Anschluß von Gaststättenbetrieben ist deshalb zweifellos vom Standpunkt der Elektrizitätswerke aus als überaus erwünscht zu bezeichnen.

Grundsätzlich das Gleiche gilt für die Elektrifizierung von Hotelküchen. Auch hier zeigt die durch die Großküche hervorgerufene Belastung einen durchaus günstigen Verlauf.

Nach alledem erweisen sich elektrische Großküchen als willkommene Stromabnehmer, die in hohem Maße zu einer Vergleichmäßigung der Werks- und Netzbelastung beizutragen imstande sind. Der Anschluß elektrischer Großküchen sollte deshalb seitens der Elektrizitätswerke mit allen Mitteln gefördert werden.

VII. Die Verbreitung des elektrischen Kochens.

1. Deutschland.

a) Die elektrische Haushaltküche.

Die Gewinnung eines zahlenmäßigen Überblicks über die Verbreitung gewisser Gerätetypen stößt stets auf statistische Schwierigkeiten. Eine direkte Befragung der Stromverbraucher dürfte praktisch nur für eng umrissene Versorgungsgebiete möglich sein, für eine große Untersuchung aber kaum den gewünschten Erfolg bringen. Der Weg einer Befragung der Gerätehersteller ist wohl gangbar, wobei allerdings gewisse Schwierigkeiten dadurch entstehen können, daß die Firmen zwar meist ihre Fabrikationsziffern genau kennen, nicht aber ohne weiteres sagen können, welche Geräte hiervon im Inland und welche Geräte im Ausland verkauft worden sind. Auch äußern gewisse Fabrikantenkreise Bedenken, derartige Zahlen der Öffentlichkeit bekanntzugeben. Es bleibt daher nur der Weg, durch Befragung der einzelnen Elektrizitätswerke Auskunft über die in den verschiedenen Versorgungsgebieten jeweils vorhandenen Geräte zu erlangen. Auch hier lassen sich aber genaue Zahlen nur für solche Geräte angeben, deren Einbau dem Elektrizitätswerk aus tariflichen oder technischen Gründen bekannt wird. Während z. B. die Zahl der elektrischen Großküchen auf diesem Wege ziemlich genau festgestellt werden kann, sind die Zahlenergebnisse hinsichtlich der Haushaltherde eher als zu niedrig anzusehen, während Angaben über die Verbreitung von Kleingeräten überhaupt nicht gemacht werden können.

Daß das elektrische Kochen in den letzten Jahren in Deutschland ganz wesentliche Fortschritte gemacht hat, wird von keiner Seite bezweifelt. Nur lagen bisher keine genauen zahlenmäßigen Untersuchungen über die Verbreitung der elektrischen Herde vor. Die Vereinigung der Elektrizitätswerke hat deshalb eine Befragung ihrer Mitgliedswerke durchgeführt, um diese Unterlagen zu beschaffen, die zweifellos für die Beurteilung der ganzen Frage von größter Bedeutung sind [137]. Durch diese Befragung wurden genaue Unterlagen über die Verbreitung in den Jahren 1929, 1930 und 1931 gewonnen, die in nachstehender Zahlentafel aufgeführt sind, wobei jeweils der 31. Dezember als Stichtag angesehen wurde.

Verbreitung elektrischer Kochgeräte in Haushaltungen.

	1929	1930	1931		Mittl. Anschlußwert kW/Gerät
	Anzahl	Anzahl	Anzahl	Zuwachs %	
Zweiplatten-Tischherde . .	8250	14183	21565	52	2,3
Herde mit Bratofen	7748	17259	36140	110	4,9
Haubenkochgeräte.	11473	13711	18259	33	0,85
Elektrische Küchen gesamt . .	**27471**	**45153**	**75964**	**68**	—

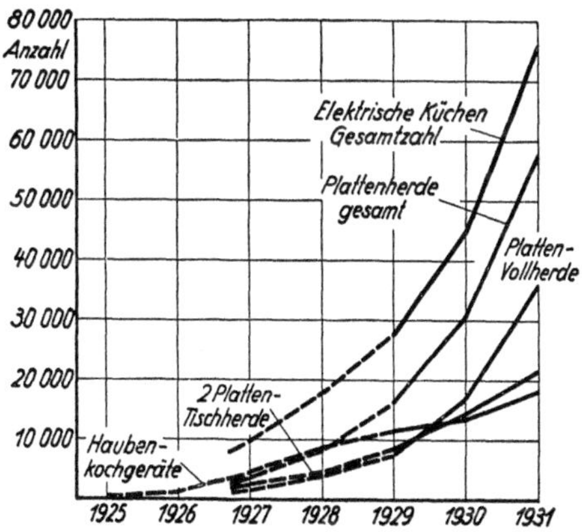

Abb. 157. Absatzentwicklung elektrischer Kochgeräte in Deutschland 1925—1930.

Für die vorhergehenden Jahre liegen einwandfreie statistische Untersuchungen nicht vor. Wenn man jedoch die Absatzcharakteristik einiger Elektrizitätswerke, die sich schon frühzeitig besonders eingehend mit dem elektrischen Kochen befaßt haben, betrachtet, dürfte sich für die verschiedenen Geräte etwa der in Abb. 157 dargestellte Verlauf des Absatzes ergeben. Man erkennt hieraus, daß die ganze Entwicklung des elektrischen Kochens in Deutschland recht jungen Ursprungs ist.

Die ersten größeren Versuche mit dem elektrischen Kochen wurden mit einzelbeheizten Geräten durchgeführt, die sich durch einen besonders niedrigen Stromverbrauch auszeichnen. Zu erwähnen sind hier insbesondere die Bestrebungen von Coulon 1911 in Blankenese [23], der einen Kochtisch mit schnurlosem Anschluß der Einzelgeräte durchbildete (s. Abb. 158). Es zeigte sich jedoch bald, daß die Frage des Stromverbrauchs nicht allein ausschlaggebend für die Wahl der zweckmäßigsten Kücheneinrichtung sein kann, sondern daß vor allem die Bequemlichkeit und vielseitige Verwendbarkeit der Geräte von den Haus-

Abb. 158. Kochtisch mit Einzelkochapparaten (schnurloser Anschluß nach Coulon).

frauen geschätzt wird. Diese Bestrebungen fanden in der Kriegszeit dadurch ein Ende, daß aus Mangel an geeignetem Fachpersonal und an Baustoffen die Güte der Geräte so nachließ, daß die Reparaturkosten einen erheblichen Einfluß gewannen.

Nach dem Weltkriege begann dann die Einführung des elektrischen Kochens in Deutschland zunächst mit den sog. Haubenkochgeräten, die erstmalig im Jahre 1926 in etwas größerem Umfange benutzt wurden (s. Abb. 157) und in den kommenden Jahren eine lebhafte Weiterverbreitung erfuhren. Elektrische Plattenherde sind in größerem Umfange erst 1927 in Betrieb genommen worden. Ähnlich wie bei der Einführung des Gaskochens hat man zunächst die billigeren und einfacheren Zweiplattentischherde bevorzugt. In neuester Zeit dagegen überwiegen die Vollherde, d. h. Herde mit mehreren Kochplatten und Bratofen. Die Hausfrau weiß also trotz der höheren Anschaffungskosten heute die guten Eigenschaften und das nette Aussehen des Vollherdes sehr wohl zu schätzen. Die Entwicklung hat ferner gezeigt, daß zur Zeit der Herd mit Hochleistungsplatten gegenüber den Haubenkochgeräten bevorzugt wird. Der Grund hierfür liegt zweifellos in der einfacheren Handhabung der Plattenherde. Wenn auch die kommenden Jahre eine Weiterentwicklung in diesem Sinne bringen werden, so darf daraus nicht geschlossen werden, daß für alle Zeiten die selbsttätig gesteuerten Kochgeräte, Haubenkochgeräte usw. an Bedeutung verloren hätten. In späteren Zeiten, wenn das elektrische Kochen Allgemeingut weiter Bevölkerungskreise geworden sein wird, dürfte vielmehr dieser Gerätetyp wieder an Bedeutung gewinnen, zumal in solchen Fällen, in denen die Bewältigung der bei stärkerer Verbreitung des elektrischen Kochens auftretenden Mittagskochspitze auf gewisse Schwierigkeiten stößt.

Von einer Reihe von Elektrizitätswerken sind auch Untersuchungen über die Verteilung der elektrischen Küchen auf die verschiedenen Bevölkerungskreise angestellt worden.

Wie nachstehende Zahlentafel zeigt, ist die elektrische Küche keineswegs das Privileg wohlhabender Kreise, sondern wird vor allem von der einfacheren Bevölkerung bevorzugt.

Versorgungsgebiet	Ostdeutsches Überlandwerk	Westdeutsches Überlandwerk	Süddeutsches Überlandwerk
Werktätige	51%	45%	52%
Angestellte und Beamte .	33%	24%	19%
Landwirte	11%	21%	22%
Wohlhabende Kreise . . .	5%	10%	7%

Auffallend ist, in wie verhältnismäßig geringem Umfang elektrische Herde bei Landwirten untergebracht werden konnten, was wohl in erster Linie mit dem meist vorhandenen bäuerlichen Holzbesitz zusammenhängt.

Hinsichtlich der regionalen Verteilung der Herde in Deutschland lassen sich einheitliche Feststellungen nicht treffen. Außer den Siedlungsgebieten der Großstädte ist eine besonders dichte Verbreitung aber in erster Linie im Rheinland und Westfalen, in Hessen und gewissen Gebieten Württembergs feststellbar. Auch in einem ostdeutschen Überlandwerk wurden in letzter Zeit große Erfolge erzielt. In manchen ländlichen Kleinstädten kochen bereits über 20% aller Haushaltungen elektrisch.

Ebenso wurden eine Reihe größerer geschlossener Wohnhaussiedlungen mit vollelektrischen Küchen ausgerüstet (s. Tabelle S. 152).

Beachtenswert ist jedenfalls die Feststellung, daß heute in Deutschland bereits über 75000 Haushaltungen elektrisch kochen, und daß jedes Jahr eine wesentliche Steigerung der Herdabsatzziffern gebracht hat. Die Elektrizitätswerke haben mehr und mehr ihre Werbung auf die Einführung des elektrischen Kochens eingestellt [54, 63, 64, 69, 95, 141].

Ort	Name der Siedlung	Anzahl der elektrischen Herde	Anzahl der Heißwasserspeicher	Errichtungsjahr
Berlin	Heimat A. G. Siemensstadt	512	—	1930
Berlin	Heimat A. G. Steglitz	866	46	1931
Berlin	Gemeinnützige Bau-A. G. Oberschöneweide	18	36	1930
Bremen	AFA-Siedlung Bismarckstraße	189	—	1930
Darmstadt	Handwerker-Bauges. Siedlung Friedrich-Ebert-Platz	72	144	1931
Elberfeld	Hindenburg-Siedlung	180	180	1928/30
Frankfurt/M.	Römerstadt	1220	1220	1928
Frankfurt/M.	Praunheim	138	414	1929
Köln	Riehler Heimstätten	650	—	1927
Niederwartha	Werksiedlung Pumpspeicherwerk	31	47	1930
Potsdam	Arbeiter-Bauverein Paetowstraße	30	30	1931
Potsdam	Baublock Beyert	30	—	1931
Stettin	Zabelsdorf/Braunsfelde	100	100	1929

Neben allgemeinen Werbemaßnahmen, wie Plakatierung, Inserate usw., bei denen möglichst ein einheitliches Werbemotto, wie z. B.

„Freude am Kochen
durch Elektrizität im Kochgerät“

Abb. 159.

verwendet wird, hat sich vor allem die Einstellung von Werbedamen gut bewährt. Die Elektrizitätswerke lassen dann — oft in Zusammenarbeit mit der einschlägigen Industrie — in den verschiedensten Orten ihres Versorgungsgebietes Kochvorträge halten. Mit gutem Erfolg hat man hierbei besondere Werbewagen [146] verwendet (s. Abb. 160).

Wenn auch die Bedienung des elektrischen Herdes keineswegs ein völliges Umlernen der Hausfrau erfordert, so sind doch gewisse grundsätzliche Richtlinien zu beachten, zumal wenn die Hausfrau mit einem Mindeststromverbrauch auskommen will. Zu diesem Zweck haben eine Reihe von Elektrizitätswerken sog. Lehrküchen [139] eingerichtet (s. Abb. 161), in denen Ausbildungskurse für Werbedamen, Hausfrauen, Lehrerinnen u. dgl. durchgeführt werden. Auch ist es üblich, daß die Elektrizitätswerke beim Verkauf eines Herdes die Hausfrau zunächst durch eine Kochlehrdame besuchen lassen, die dann die Frau bald mit den Eigenarten des elektrischen Herdes vertraut macht.

Ferner ist die Verbreitung des elektrischen Kochens, wie bereits erwähnt, vor allem durch die Ermäßigung der Anschaffungskosten, durch zentralen Einkauf der Herde sowie durch die Gewährung von Teilzahlungsbedingungen erleichtert worden. Einige Elektrizitätswerke sind dazu übergegangen, elektrische Herde zu vermieten [54].

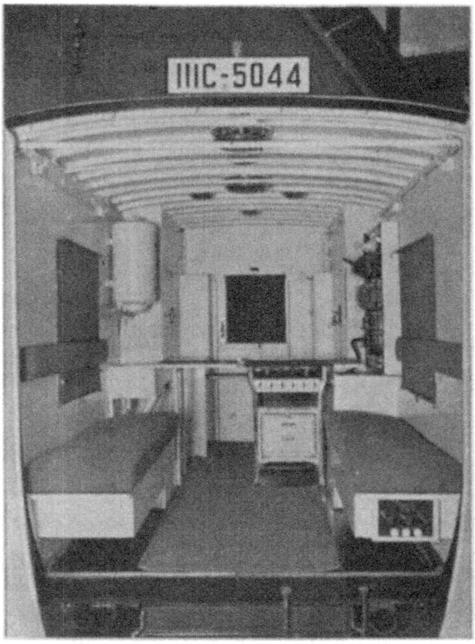

Abb. 160. Werbewagen mit eingebauter elektrischer Küche und Heißwasserspeicher.

b) Der elektrische Heißwasserspeicher.

Auch die elektrischen Heißwasserspeicher haben in den letzten Jahren wesentlich an Verbreitung zugenommen, wie nachstehende Ergebnisse einer Befragung der Mitgliedswerke der VDEW deutlich zeigen [137] (s. Tab. S. 154).

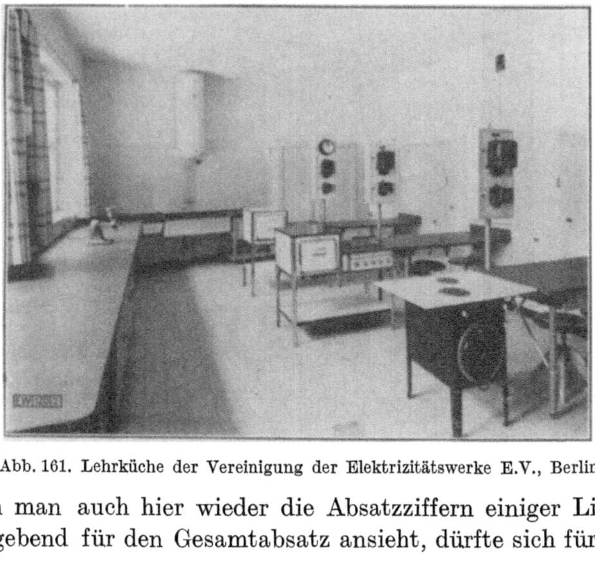
Abb. 161. Lehrküche der Vereinigung der Elektrizitätswerke E.V., Berlin.

Wenn man auch hier wieder die Absatzziffern einiger Lieferfirmen als maßgebend für den Gesamtabsatz ansieht, dürfte sich für die Heiß-

	1929	1930	1931		Mittlerer Anschlußwert kW je Gerät
	Anzahl	Anzahl	Anzahl	Zuwachs %	
Heißwasserspeicher . . .	20 469	29 521	41931	42	0,98

wasserspeicher für die Jahre 1925—1931 die in Abb. 162 dargestellte Entwicklungslinie ergeben. Einen lebhaften Antrieb hat das Speichergeschäft vor allem in letzter Zeit durch die Vermietung [142] von Heißwasserspeichern erlangt, wobei die elektrische Energie mit gutem Erfolg z. T. nach Pauschaltarifen abgegeben wurde.

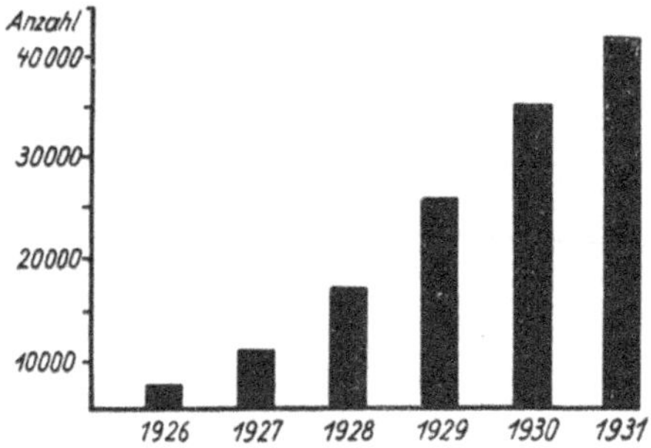

Abb. 162. Absatz elektrischer Heißwasserspeicher in Deutschland 1926—1931.

Es ist auch hier interessant zu untersuchen, auf welche Absatzgebiete sich diese Heißwasserspeicher erstrecken. Wie Abb. 163 als Ergebnis einer Untersuchung bei einem mitteldeutschen Elektrizitätswerk zeigt [39], überwiegt hier der Haushalt mit 30—40%. Ihm folgen die Gastwirtschaften mit etwa 30%.

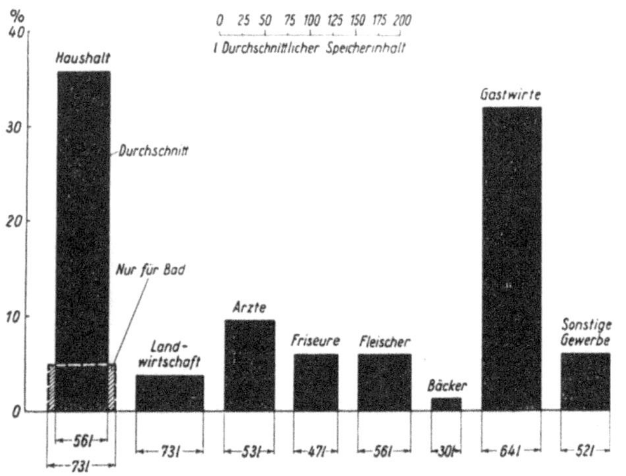

Abb. 163. Anteil verschiedener Abnehmergruppen am Speicherabsatz eines größeren Überlandwerks.

In neuester Zeit sind zu diesen, vorwiegend mit Nachtstrom beheizten Heißwasserspeichern nunmehr in großem Umfange auch die sog. Kleinspeicher (s. S. 67) mit 5 bzw. 8 Liter Inhalt getreten, die dann vorwiegend mit Tagstrom betrieben werden.

c) Die elektrische Großküche.

Eine nicht minder erfreuliche Entwicklung hat die Einführung der elektrischen Großküche genommen. In nachstehender Zahlentafel ist die Zahl der elektrischen Großküchen für die letzten drei Jahre verzeichnet. Auch hier ist jedes Jahr ein lebhafter Anstieg der Absatzziffern zu erkennen [136, 137] (s. auch Abb. 164).

Verbreitung elektrischer Großküchen in Deutschland.

Großküchen in	1929	1930	1931		Mittl. Anschlußwert kW/Großküche
	Anzahl	Anzahl	Anzahl	Zuwachs %	
Kasinos	47	73	86	18	70,0
Gaststätten	94	122	150	23	65,2
Heilstätten	46	73	88	21	84,2
Verschiedene Betriebe	83	111	155	40	46,2
Großküchen gesamt .	270	379	479	27	64,2

Unter ,,Großküchen" im Sinne dieser Statistik sind hierbei in erster Linie gewerbliche Küchen (in Gaststätten, Kasinobetrieben, Krankenanstalten, Speisehäusern, Pensionen, Restaurants) verstanden worden und ferner solche Küchen in größeren Villenhaushaltungen, die mindestens 15 kW Anschlußwert aufweisen. Da die Statistik einen durchschnittlichen Anschlußwert der Küchen von 64 kW ergibt, ist deutlich erkennbar, daß es sich hier tatsächlich um verhältnismäßig große Anlagen handelt.

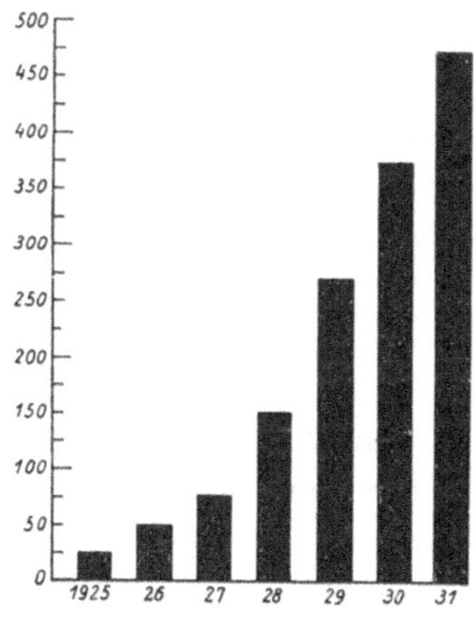

Abb. 164. Die Entwicklung der elektrischen Großküchen in Deutschland.

Es ist nun interessant, zu untersuchen, auf welche Betriebsarten sich diese Großküchen erstrecken. In Abb. 165 ist diese Unterteilung durchgeführt. Man erkennt deutlich, daß heute die Mehrzahl der elektrischen Großküchen in Gaststätten zu finden ist und kann hieraus schließen, daß die elektrische Großküche auch diesen zweifellos schwierigsten Betriebsverhältnissen ohne weiteres gerecht wird. Bei den Großküchen in Krankenhäusern findet man häufig, daß die Kochkessel dampfbeheizt sind, während die Herde, die Bratöfen usw. elektrische Beheizung aufweisen.

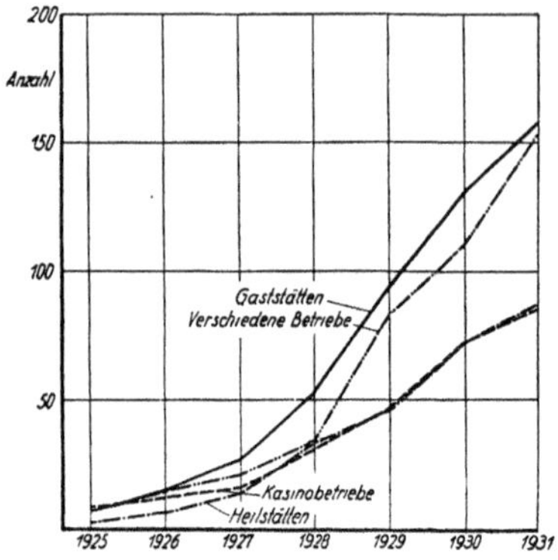

Abb. 165. Verteilung der in Deutschland vorhandenen Großküchen auf die verschiedenen Wirtschaftsbetriebe.

Eine besonders große Verbreitung haben die elektrischen Großküchen in Warenhäusern gefunden. Fast alle Neubauten der letzten Jahre wurden mit elektrischen Großküchen ausgerüstet, wie nachstehende Zusammenstellung zeigt.

Die Großküchen verteilen sich auf alle Gebiete Deutschlands, wobei eine besonders starke Verbreitung im Rheinisch-Westfälischen Gebiet sowie in vielen Großstädten auffällt, wie untenstehende Zahlentafel besonders deutlich zeigt.

Ort	Name des Warenhauses	Anschlußwert kW	Jahr der Inbetriebnahme
Altenburg/Thür.	Kaufhaus M. & S. Cohn	32	1931
Berlin-Neukölln	Warenhaus Karstadt	1204	1929
Bremen	Warenhaus Heymann & Neumann	24	1931
Bremen	Warenhaus Karstadt	312	1931
Breslau	Warenhaus Wertheim	199	1929
Chemnitz	Warenhaus Schocken	114	1931
Dresden	Warenhaus Gebrüder Alsberg	103	1931
Essen	Bazar Altendorfer Straße	48	1929
Essen	Warenhaus Althof	285	1931
Essen	Kaufhaus Kramer-Meermann	45	1928
Gelsenkirchen	Warenhaus Gebr. Alsberg A. G.	103	1931
Halle (Saale)	Warenhaus A. Huth & Co., A. G.	87	1929
Köln	Warenhaus Gebr. Landauer	65	1927

Erfreulich ist, daß aber auch auf dem flachen Lande, so z. B. in der Mark Brandenburg, vor allem im letzten Jahre, eine große Anzahl von Großküchen in Krankenhäusern, Heilanstalten usw. aufgestellt wurde, woraus man erkennen kann, daß auch behördliche Stellen die Vorteile der elektrischen Großküche richtig einschätzen.

Name der Stadt	Anzahl der Großküchen	Name der Stadt	Anzahl der Großküchen
Köln	41	Essen	12
Berlin	30	Münster und Umgebung.	12
Hamburg	16	Frankfurt a. M.	11
Bremen	14	Bonn	8
Königsberg.	14	Frankfurt (Oder)	8

2. Verbreitung im Ausland.

a) Schweiz.

Eine besonders große Verbreitung hat das elektrische Kochen in der Schweiz gefunden [132], was auch verständlich ist, wenn man bedenkt, daß die Schweiz den gesamten Wärmebedarf, abgesehen vom eigenen Brennholz, ausschließlich durch Einfuhr aus dem Auslande deckt, während für elektrische Energie ja zum größten Teil heimische Wasserkräfte zur Verfügung stehen. Abb. 166 zeigt die Anschlußbewegung elektrischer Haushaltherde in der Schweiz. Man erkennt deutlich, daß vor allem gegen Ende des Weltkrieges infolge des Kohlenmangels die Einführung des elektrischen Kochens eine wesentliche Förderung erfuhr. Ab 1922 setzt dann die vermehrte Werbung der Elektroindustrie und der Elektrizitätswerke ein. Ende des Jahres 1931 waren 172580 elektrische Herde (Vollherde und Zweiplattentischherde) in Betrieb, das sind etwa 18% der in der Schweiz vorhandenen Haushaltküchen. Von den im Jahre 1931 neu eingerichteten Küchen in der Schweiz entfallen 43% auf elektrische Küchen. Es ist beachtenswert, daß der mittlere Anschlußwert der elektrischen Herde von 2,1 kW im Jahre 1920 auf 4,1 kW im Jahre 1930 und 4,5 kW im Jahre 1931 gestiegen ist.

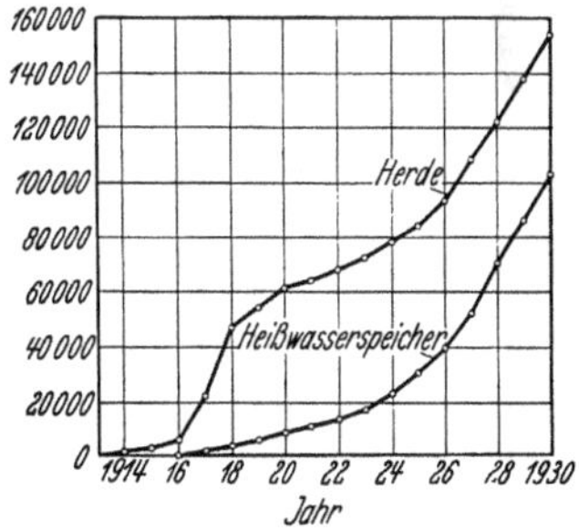

Abb. 166. Absatz elektrischer Haushaltherde und Heißwasserspeicher in der Schweiz (1913—1931).

Eine fast noch raschere Entwicklung hat der Absatz elektrischer Heißwasserspeicher durchgemacht, wie Abb. 166 zeigt. Ende 1931 sind in der Schweiz 122200 Heißwasserspeicher vorhanden gewesen, so daß also etwa 13% aller Haushaltungen elektrische Heißwasserspeicher besaßen. Auch hier ist die Durchschnittsgröße im Laufe der Jahre gewachsen. Während 1923 der durchschnittliche Anschlußwert 320 Watt betrug, beträgt er 1930 1180 Watt.

Diese überaus rasche Verbreitung ist außer den oben erwähnten nationalen Gründen auch auf die besonders günstigen Strompreise zurückzuführen, die vor allem für die Heißwasserspeicher infolge des Vorhandenseins oft nicht speicherfähiger Wasserkräfte und dem dadurch bedingten Überschuß an Nachtenergie sehr niedrig gehalten werden können.

Die elektrische Großküche dagegen hat sich in der Schweiz erst später eingeführt. Heute sind über 500 elektrische Großküchen mit annähernd 20000 kW Anschlußwert in Betrieb (s. Abb. 167). Wie in Deutschland, überwiegen auch hier die Großküchen in Hotels, Restaurants, während die Krankenhäuser nur einen verhältnismäßig geringen Anteil aufweisen. Der mittlere Anschlußwert der Großküchen beträgt 37 kW, ist also geringer als in Deutschland, was wohl auf die etwas andere Eingrenzung des Begriffs „Großküche" zurückzuführen ist.

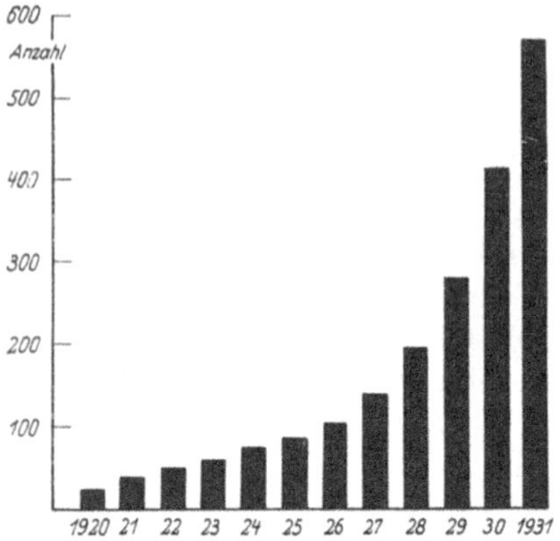

Abb. 167. Absatz elektrischer Großküchen in der Schweiz (1920—1931).

b) In den Nordischen Ländern.

In Norwegen hat das elektrische Kochen sich besonders gut eingeführt. Leider liegen genaue Angaben über die Verbreitung der verschiedenen Elektrowärmegeräte sowie über ihren kWh-Verbrauch nicht vor, was z. T. mit der Art der Verrechnung (Pauschaltarif oder einheitlicher kWh-Preis) zusammenhängt. Es wird jedoch angegeben [133], daß z.B. 1929 in Norwegen von dem Gesamtstromabsatz von 2300 Millionen kWh etwa 1500 Millionen kWh auf den Elektrowärmeverbrauch entfallen. Von anderer Seite wird geschätzt, daß in Norwegen etwa 250000 elektrische Herde in Betrieb sind. So kochen z. B. in Stavanger und anderen Städten fast sämtliche Einwohner elektrisch, was daraus hervorgeht, daß auf den Gesamtabsatz des Elektrizitätswerks Stavanger von 81,9 Millionen kWh fast 60% auf Elektrowärmestromabsatz, das sind etwa 1000 kWh je Kopf der Bevölkerung, entfallen. Auch in Oslo kochen etwa 15% der Stromabnehmer bereits elektrisch.

In Schweden [140] hat sich das elektrische Kochen ganz gut eingeführt. Genaue Zahlen über die Gesamtergebnisse liegen nicht vor. In einigen Orten, wo günstige Tarife mit geeigneter Werbung Hand in Hand gehen, so z. B. in Kiruna, Melmborget, Boden usw., kochen über 50% aller Haushaltungen elektrisch, ebenso in einigen Vorstädten Stockholms, wie Djursholm, Stocksund und Lindingö, z. T. bis zu 70%.

c) Holland.

In Holland hat nach anfänglichen Erfolgen in Amsterdam das elektrische Kochen bisher nicht die Verbreitung wie der elektrische Heißwasserspeicher gefunden. Von diesen waren Ende des Jahres 1930 in Amsterdam 16000 in Betrieb [135]. Besonders bemerkenswert sind auch die Erfolge im Haag [130]. Hier waren Ende 1931 über 12000 Stück in Betrieb, die einen Jahresstromabsatz von 11,5 Millionen kWh brachten. Bei 200000 Einwohnern ergibt sich somit, daß etwa 25% aller vorhandenen Haushaltungen mit elektrischen Heißwasserspeichern ausgerüstet waren. Hierbei wurden folgende Speichergrößen bevorzugt:

Speichergröße Liter	Anteil an der Gesamtzahl %
30	73
50	14
120	6
200	7

In den letzten Jahren hat nunmehr aber auch die Einführung des elektrischen Kochens in Holland erfreuliche Fortschritte gemacht. Insbesondere sind hier die Erfolge der Provinciaalen Gelderschen Electriciteits-Maatschappij zu erwähnen. Insgesamt waren Ende 1931 in Holland etwa 2500 elektrische Küchen in Betrieb.

d) Amerika (USA).

Außer der Schweiz und Norwegen dürfte Amerika das Land sein, in dem die Elektrowärmegeräte im Haushalt die schnellste Verbreitung gefunden haben [145]. Durch energische Werbung, z. B. durch die National Electric Light Association (NELA) und durch eine zweckmäßige Tarifgestaltung waren 1929 in Amerika 857000 elektrische Herde in Betrieb. Die steigende Absatztendenz geht aus nachstehender Zahlentafel hervor, die sich auf eine Schätzung der Herdverkäufe der bekanntesten Fabrikanten stützt.

Jahr	1925	1926	1927	1928	1929
Jährl. Herdabsatz Stück	45 000	110000	110000	135000	160000

Heißwasserspeicher haben erst in den letzten Jahren in USA eine größere Verbreitung gefunden, was wohl an den etwas anderen Tarifverhältnissen in Amerika liegen dürfte. In neuerer Zeit jedoch findet — vor allem, nachdem die Untersuchungen der NELA den Heißwasserspeicher als recht geeignetes Gerät erwiesen haben — auch dieser mehr und mehr Verbreitung. Genaue Zahlen hierüber liegen bisher allerdings noch nicht vor.

3. Zukunftsaussichten.

Aus diesen Feststellungen geht eindeutig hervor, daß das elektrische Kochen nicht nur in der Schweiz, in Norwegen und Amerika, sondern auch in Deutschland und vielen anderen Ländern große Fortschritte gemacht hat. Nachdem die Haltbarkeit der elektrischen Geräte heute als erwiesen angesehen werden kann, die Anschaffungskosten in durchaus tragbarer Höhe liegen, und auch die tariflichen Voraussetzungen für die Wirtschaftlichkeit des elektrischen Kochens gegeben sind, wird zweifellos diese Entwicklung in den kommenden Jahren in Deutschland eine lebhafte Weiterentwicklung erleben. In enger Zusammenarbeit zwischen Elektrizitätswerken und Industrie werden die elektrischen Geräte, die heute schon einen recht erfreulich hohen Stand der Entwicklung erreicht haben, weiter durchgebildet werden. Selbstverständlich bedarf es aber noch großer Anstrengungen, weiten Bevölkerungskreisen, insbesondere auch den am Bauwesen interessierten Fachleuten die Bedeutung und die Vorteile des elektrischen Kochens vor Augen zu führen.

Natürlich wird die Einführung des elektrischen Kochens nicht in allen Landesteilen gleichmäßig vorgehen. Zunächst einmal kommen für den Absatz elektrischer Herde in erster Linie jene Gebiete in Frage, die noch nicht mit Gas versorgt sind, also vor allem das flache Land und ländliche Kleinstädte. Es gibt hier Tausende von Haushaltungen, die noch den alten kohle- oder holzgefeuerten Herd besitzen, und in denen elektrische Herde der Hausfrau eine ganz wesentliche Entlastung bringen können. Ein weiteres großes Absatzgebiet für das elektrische Kochen stellen die geschlossenen Wohnhaussiedlungen in den Randgebieten der Großstädte dar. Hier ist zu beachten, daß auf die Verlegung der elektrischen Leitungen für die Beleuchtung und zum Anschluß der elektrischen Geräte nicht verzichtet werden kann, und, wenn außer Elektrizität noch Gas eingeführt wird, eine Doppelinstallation unvermeidlich ist. Nachprüfungen haben nun aber erwiesen, daß die Gesamtinstallationskosten einschl. der Hausanschlußleitungen bei rein elektrischer Versorgung unter denen für Doppelinstallation bleiben. Besonders wichtig ist dies bei solchen Siedlungen, die verhältnismäßig weit von den nächsten Speisepunkten entfernt liegen. Hier verursachen die langen doppelten Speiseleitungen, die ja meist auf Kosten der städtischen Werke errichtet werden, wesentlich höhere Kosten als bei ausschließlich elektrischer Versorgung nötig sind. Das Gleiche gilt aber auch für die Installation innerhalb des Hauses, die auf Rechnung des Hausbesitzers durchgeführt wird. Hier wird im allgemeinen eine ausschließlich elektrische Installation billiger sein, selbst wenn man berücksichtigt, daß die elektrischen Herde heute noch meist etwas teurer als Gasherde sind.

Am langsamsten wird sich natürlich das elektrische Kochen in den gasversorgten Altwohngebieten der Großstädte einführen. Hier muß die Entscheidung der Haufrau selbst überlassen bleiben. Es ist jedenfalls nicht daran zu denken, daß innerhalb weniger Jahre etwa der gesamte Kochgasabsatz der Gaswerke gefährdet wird. Mit demselben Nachdruck muß aber andererseits gewissen Bestrebungen zur Versorgung kleiner, ländlicher Orte mit Ferngas entgegengetreten werden, da hier das vorhandene Elektrizitätsnetz in den meisten Fällen ohne weiteres imstande ist, ohne große Neuinvestionen die Versorgung der Küche mit Elektrowärme aufzunehmen. In diesen Fällen bedeutet die Verlegung eines Gasrohrnetzes eine nicht zu verantwortende Vergeudung von Mitteln.

Schlußwort.

Die Bedeutung des elektrischen Kochens für die gesamte Elektrizitätswirtschaft zeigt sich besonders deutlich, wenn man den Kochstromabsatz in Vergleich zu dem bisher vorhandenen Stromabsatz für Licht und Kleingeräte setzt. Der Lichtstromverbrauch liegt in Deutschland je nach der Größe der Wohnungen und den Lebensgewohnheiten (Stadt, Land oder dgl.) zwischen 60 und 100 kWh im Jahre. Durch stärkere Benutzung von Kleingeräten und durch die Einführung geeigneter Haushalttarife ist es zuweilen gelungen, den Haushaltstromabsatz auf etwa 200—300 kWh zu erhöhen.

Der Jahresstromabsatz für das elektrische Kochen beträgt, wenn man die Durchschnittsgröße der deutschen Familie mit vier Köpfen ansetzt, bei ganzjähriger Benutzung des elektrischen Herdes etwa 1200 kWh. Meist werden jedoch bei der üblichen Benutzung des Elektroherdes nur etwa 1000 kWh Jahresstromabsatz erzielt. Wird im Winter neben dem Elektroherde der Kohleherd in Betrieb gesetzt, so geht der Jahresstromabsatz nach den oben gemachten Feststellungen auf etwa 600—800 kWh zurück. Es ergibt sich somit, daß die Einführung des elektrischen Kochens für die Elektrizitätswerke je nach der Verwendung des elektrischen Herdes etwa die sechs- bis zehnfache Steigerung des bisherigen Lichtstromabsatzes bedeutet. Noch wesentlich günstigere Zahlen werden aber erreicht, wenn außer den elektrischen Herden auch elektrische Heißwasserspeicher Verwendung finden. Ein 30-Liter-Küchenspeicher dürfte einen Jahresstromabsatz von etwa 800—900 kWh erreichen, während bei 80-Liter-Heißwasserspeichern für Küche und Bad z. B. in der Siedlung Römerstadt sich 1700—1800 kWh ergeben haben.

Nachstehende Zahlentafel zeigt nochmals deutlich, welche Vermehrung des Stromabsatzes die elektrischen Küchen und die Heißwasserspeicher den Elektrizitätswerken bringen.

	Jahresstromabsatz kWh	Steigerung des Absatzes
Licht	60—100	
Licht und Kleingeräte	150—300	—
Ganzjähriges Kochen	1000	10 fach
Kochen in beschränktem Umfang	700	7 fach
Küchen-Heißwasserspeicher	800	8 fach
Küchen- und Bade-Heißwasserspeicher	1800	18 fach
Herd- und Küchen-Heißwasserspeicher	1500—1800	15 fach
Herd-, Küchen- und Bade-Heißwasserspeicher	2500—2800	25 fach

Die Praxis hat ferner gezeigt, daß das elektrische Kochen in hohem Maße geeignet ist, einen Ausgleich der Werks- und Netzbelastung herbeizuführen. Da das elektrische Kochen aber dem Abnehmer nur Vorteile bringt und wirtschaftlich dem Kochen mit anderen Energiemitteln durchaus ebenbürtig ist, sollte seine Einführung von allen Seiten und mit allen Mitteln gefördert werden. Besonders deutlich wird die große Bedeutung, die das elektrische Kochen für die Elektrizitätswirtschaft und damit für die gesamte Volkswirtschaft besitzt, in den nachstehenden Worten zum Ausdruck gebracht, die Herr Dr. Ing. e. h. Passavant, Direktor der Vereinigung der Elektrizitätswerke E.V. anläßlich der Sondertagung „Elektrisches Kochen" im Oktober 1929 ausführte:

Wir machen gar kein Hehl daraus, daß die Elektrizitätswirtschaft der Energieabgabe für Kochzwecke dringend bedarf, um ihre nicht genügend ausgenutzten Anlagen wirtschaftlich zu belasten. Daran hat nicht sie allein ein Interesse, sondern auch die Abnehmerschaft, denn allein in der besten Ausnutzung der Anlagen, in der besseren Bewirtschaftung der in ihnen festgelegten Kapitalien liegen die Möglichkeiten einer späteren Senkung der Elektrizitätspreise. Hierzu kommt aber, daß nach unserer Auffassung die intensivere Einführung der Elektrizität in den Haushalt sichere Ausblicke auf wirtschaftlichen und kulturellen Fortschritt eröffnet, die sich nicht mehr ignorieren lassen. In diesem Sinne dienen unsere Bestrebungen unmittelbar der Volkswohlfahrt.

Literaturverzeichnis.

A. Betr. Physikalisch-technische Grundlagen des elektrischen Kochens.

1 Bennegger u. Hensel, Frankfurt a. M., Abstand wahren! Der Werbeleiter, 1931, Heft 12, S. 267.

2 Hensel, Frankfurt a. M., Irrtümer über die elektrische Küche. Der Werbeleiter, 1929, Heft 7, S. 147.

3 Hensel u. Bennegger, Frankfurt a. M., Abstand wahren! Der Werbeleiter, 1931, Heft 12, S. 267.

4 Lauster, Berlin, Wärmeübertragung und Elektrowärmetechnik. Elektro-Wärme-Jahrbuch, 1931, Schubert & Co., Berlin, S. 48.

5 — Zur Physik des elektrischen Kochens. Forschung und Technik, Berlin: Julius Springer 1930, S. 406.

6 Mörtzsch, Berlin, Die physikalischen Grundlagen des elektrischen Kochens. Elektrizitätswirtschaft, 1929, S. 97.

7 — Gesichtspunkte für Auswahl und Betrieb elektrischer Herde. Fortschritte in der Elektrifizierung des Haushalts, VDEW Berlin, 1932, S. 92.

8 — Richtigstellung einiger Irrtümer über die physikalischen Grundlagen des elektrischen Kochens. Elektrizitätswirtschaft, 1930, S. 460.

9 — Untersuchungen über die Eignung verschiedener Kochgeschirre für das elektrische Kochen. Elektrizitätswirtschaft, 1930, S. 492.

10 — Vereinheitlichung der Elektrokochgeschirre. Elektrizitätswirtschaft, 1931, S. 715.

11 — Wege zur Weiterentwicklung elektrischer Kochgeräte. Elektrizitätswirtschaft, 1929, S. 84.

12 Mueller, Berlin, Aus der Arbeit der Lehrküche der VDEW. Fortschritte in der Elektrifizierung des Haushalts, VDEW Berlin, 1932, S. 86.

13 Opacki, Wien, Die Nachprüfung elektrischer Kochplatten nach der Verdampfungsmethode. Elektrotechnik u. Maschinenbau, 1930, S. 614.

14 —Prüfung elektrischer Brat- und Backrohre nach dem Verfahren der Wiener Städt. Elektrizitätswerke. Elektrizitätswirtschaft, 1931, S. 94.

15 — Neue Erkenntnisse betr. den Wärmeübergang bei elektrischen Kochplatten. ETZ, 1931, S. 269.

16 — Die Betriebsverluste bei Bratöfen. ETZ, 1931, S. 1265.

17 Ottenstein, Nürnberg, Die Energieverhältnisse beim Kochen. Elektrizitätswirtschaft, 1930, S. 118.

18 Seehaus, Schwanden (Schweiz), Zur Frage der Prüfung der elektrischen Kochgeräte. Bulletin des SEV, 1931, S. 225.

B. Betr. elektrische Geräte für die Haushaltküche.

19 Backhaus, Hannover, Über die Einzelverluste und den Wirkungsgrad direktbeheizter elektrischer Kochapparate. Heft 1 der Mitteilungen d. Forschungsinst. f. Elektrowärmetechnik an der T. H. Hannover, im Selbstverlag, 1928.

20 Backhaus, Hannover, Über die Einzelverluste und den Wirkungsgrad elektrischer Heißwasserspeicher. Archiv für Wärmewirtschaft, 1930, S. 311 und Heft 2 der Mitt. d. Forschungsinst. f. Elektrowärmetechnik an der T. H. Hannover, im Selbstverlag 1929.
21 Bieling, Berlin, Deckelbeheizung elektrischer Kochgeräte. ETZ, 1928, S. 1549.
22 Brey, Meißen, Die Wärmeverluste des elektrischen Heißwasserspeichers. ETZ, 1928, S. 1801.
23 Coulon, Blankenese, Einige Erfahrungen an elektr. Kochern und Anschlußvorrichtungen. Elektrizitätswirtschaft 1919, S. 95.
24 Forschungsinst. f. Elektrowärmetechnik an der T. H. Hannover, Hannover, Methoden zur Bestimmung des Anheizwirkungsgrades direkt beheizter elektrischer Kochgeräte und Heißwasserspeicher. Heft 4 der Mitt. d. Forschungsinstituts f. Elektrowärmetechnik a. d. T. H. Hannover, im Selbstverlag 1930.
25 Jordan, Frankfurt a. M., Entwicklung des elektrischen Herdes in Deutschland. Elektrowärme-Jahrbuch, 1931, Verlag Schubert & Co., Berlin, S. 74.
26 — Wie wird die Frage der Raumheizung der elektrischen Küche am zweckmäßigsten gelöst? Elektrizitätswirtschaft, 1931, S. 347.
27 Jung, Frankfurt a. M., Zur Frage der offenen und geschlossenen Kochplatten. Der Werbeleiter, 1928, S. 156.
28 Junck, Bremen, Von einem neuartigen Expreßkocher. Der Werbeleiter, 1932, S. 12.
29 — Über einen neuartigen Heißwasserspeicher mit elektrischer Dauerheizung. Fortschritte in der Elektrifizierung des Haushalts, VDEW-Verlag, Berlin, 1930, S. 37.
30 Kirstein, Berlin, Die elektrische Küche der Landfrau. Technik i. d. Landwirtschaft, 1930, S. 96.
31 Klingemann, Leipzig, Untersuchungen über die zweckmäßigste Behandlung elektrisch beheizter Koch- und Backapparate im Hinblick auf die Wirtschaftlichkeit. Hauswirtschaft in Wissenschaft u. Praxis, Mitteilungsblatt der Versuchsstelle für Hauswirtschaft, Leipzig, 1930, Heft 2.
32 Kotschi u. Entremont †, Linz, Der elektrische Heißwasserspeicher. Berlin u. Wien: Julius Springer 1931.
33 Linka, Dresden, Die Bestimmung des Wirkungsgrades elektrischer Heißwasserspeicher. Elektrizitätswirtschaft, 1929, S. 123.
34 Mörtzsch, Berlin, Auswahl und Betrieb elektrischer Herde. Fortschritte in der Elektrifizierung des Haushalts, VDEW-Verlag, Berlin, 1931, S. 92.
35 — Elektrische Heißwasserbereitung. Wärmewirtschaftliche Nachrichten, 1929, S. 48.
36 — Elektrische Herde. VDI-Zeitschrift, 1932. Heft 15, S. 371.
37 — Wahl der zweckmäßigsten elektrischen Kücheneinrichtung für Güter verschiedener Größe. Elektrizitätswirtschaft, 1930, S. 664.
38 Molly, Berlin, Die Entwicklung der deutschen Vorschriften für Elektrowärmegeräte. Elektrowärme-Jahrbuch 1931, Verlag Schubert & Co., Berlin, S. 286.
39 Mueller, Berlin, Absatzförderung von Heißwasserspeichern. Fortschritte in der Elektrifizierung des Haushalts, VDEW-Verlag, 1931, Berlin, S. 28.
40 Ottenstein, Nürnberg, Die elektrische Sparküche. ETZ, 1929, S. 1054.
41 — Einfluß der Eigenschaften des Wassers auf den Bau von Heißwasserspeichern. Elektrizitätswirtschaft, 1931, S. 357.
42 Ritter, Berlin, Die Elektrifizierung größerer Haushaltungen. Elektrowärme-Jahrbuch 1931, Verlag Schubert & Co., Berlin, S. 122.
43 Schneider †, Meißen, Konstruktion und Normung von Elektrowärmegeräten. Elektrowärme-Jahrbuch, 1931, Verlag Schubert & Co., Berlin, S. 31.

44 Schulz, Frankfurt a. M., Die historische Entwicklung der Elektrowärmegeräte. Jahrbuch des VDI, 1931, VDI-Verlag, Berlin 1931.
45 Stiebel, Berlin, Zur Frage der Heißwasserbereitung. Elektrizitätswirtschaft, 1932, S. 40.
46 Thiemens, Berlin, Die konstruktive Weiterentwicklung elektrischer Heißwasserspeicher. Fortschritte in der Elektrifizierung des Haushalts, VDEW-Verlag, 1931, S. 7.
47 Toussaint, Köln, Die Einführung der elektrischen Küche in der Großstadt. Elektrowärme in Industrie, Haushalt und Gewerbe, VDEW-Verlag, Berlin 1930, S. 88.
48 Velisek, Wien, Die Überprüfung von Elektro-Haushaltgeräten durch die Wiener Städt. Elektrizitätswerke. Elektrotechnik und Maschinenbau, 1929, S. 380.
49 Vietze, Halle, Elektrowärme in der Landwirtschaft. Elektrowärme-Jahrbuch 1931, Verlag Schubert & Co., Berlin, S. 221.
50 Wasserziehr, Berlin, Grundlagen der mietweisen Abgabe von Heißwasserspeichern durch das E. W. Elektrizitätswirtschaft, 1931, S. 351.
51 Wiese, Hannover, Vergleich verschiedener Wärmeisoliermittel bei elektr. Brat- und Backöfen. Heft 5 der Mitt. d. Forschungsinst. für Elektrowärmetechnik a. d. T. H. Hannover, im Selbstverlag 1931.
52 Ziegler, Falkenberg, Zur Frage Sparherd oder Plattenherd? Fortschritte in der Elektrifizierung des Haushalts, VDEW-Verlag, Berlin 1932, S. 91.
53 Der Graetzor-Elektro-Grill. Der Elektromarkt, 1930, Nr. 38, S. 35.

C. Betr. Wirtschaftlichkeit und Belastungsverhältnisse der elektrischen Haushaltküche.

54 Arndt, Berlin, Die Werbung im MEW-Gebiet und Bedingungen für die Anschaffung elektrischer Geräte. Fortschritte in der Elektrifizierung des Haushalts, VDEW-Verlag, 1931, S. 74.
55 Berndt, Siegmar, Einführung der elektrischen Küche im Gebiete der Sächs. Elektrizitäts-Lieferungs-Gesellschaft. Elektrowärme in Industrie, Haushalt und Gewerbe, VDEW-Verlag, Berlin 1930, S. 78.
56 Buch, Berlin, Neuere Betriebswerte und wirtschaftliche Erkenntnisse über den Einfluß des elektrischen Kochens auf die Netzbelastung im MEW-Versorgungsgebiet. Fortschritte in der Elektrifizierung des Haushalts, VDEW-Verlag, Berlin 1931, S. 77.
57 Fischer, Königsberg, Einführung der Elektroküche in ländlichen Haushaltungen. Elektrowärme in Industrie, Haushalt und Gewerbe, VDEW-Verlag, Berlin 1930, S. 71.
58 Gerken, Berlin, Elektrische Koch- und Badeeinrichtungen einer neuzeitlichen Siedlung. AEG-Mitteilungen, 1930, S. 362.
59 Haßler, Zürich (Schweiz), Belastungsverhältnisse beim elektrischen Herd und Heißwasserspeicher. Bulletin des S. E.V., 1929, S. 736.
60 Härry, Zürich (Schweiz), Der Verbrauch von Gas und Elektrizität für den Kochherd. Bulletin des S. E. V., 1928, S. 477.
61 — Elektrische Küche und Heißwasserbereitung in Kaltbrunn. Bulletin des S. E. V., 1931, S. 605.
62 — Gas- und Stromverbrauch für den Kochherd. Bulletin des S. E. V., 1929, S. 267.
63 Henney, Berlin, Praktische Erfahrungen bei der Einführung der elektrischen Küche. Fortschritte in der Elektrifizierung des Haushalts, VDEW-Verlag 1931, S. 71.

64 Kittler, Eßlingen, Erfahrungen mit der Einführung von elektrischen Haushaltküchen. Elektrizitätswirtschaft, 1930, S. 483.
65 Krauß, Darmstadt, Elektrifizierung einer Siedlung. Fortschritte in der Elektrifizierung des Haushalts, VdEW-Verlag 1931, S. 104.
66 Laufer, Berlin, kW und kWh in vollelektrischen Wohnungen. Elektrizitätswirtschaft, 1931, S. 339.
67 — Einzelproblem des elektrischen Kochens. Elektrowärme-Jahrbuch 1931, Verlag Schubert & Co., Berlin 1931, S. 99.
68 Locher, Zürich, Die elektrische Küche in Wohnkolonien. Elektrizitätsverwertung, 1927, S. 331.
69 Löchner, Worms, Erfahrungen mit der elektrischen Haushaltküche. Elektrizitätswirtschaft, 1929, S. 574.
70 Matthias & Junck, Bremen, Die elektrische Küche in der Bremer Siedlung. Elektrizitätswirtschaft, 1931, S. 333.
71 Mörtzsch, Berlin, Belastungsverhältnisse beim elektrischen Kochen. Elektrizitätswirtschaft, 1930, S. 625.
72 — Bemessung und Einrichtung elektrischer Anlagen in Wohnhausvierteln unter besonderer Berücksichtigung des elektrischen Kochens. ETZ, 1931, S. 961.
73 — Vereinfachtes Annäherungsverfahren zur Bestimmung der Höchstlast beim elektrischen Kochen. Elektrizitätswirtschaft, 1931, S. 359.
74 — Wirtschaftlichkeit elektrischer Heißwasserspeicher. Fortschritte in der Elektrifizierung des Haushalts, VDEW-Verlag, Berlin 1931, S. 18.
75 Mörtzsch & Mueller, Berlin, Vergleichsgrundlagen für den Elektrizitäts- und Gasverbrauch im Haushalt. VDEW-Verlag, Berlin 1929.
76 Mueller & Mörtzsch, Berlin, Vergleichsgrundlagen für den Elektrizitäts- und Gasverbrauch im Haushalt. VDEW-Verlag, Berlin 1929.
77 Pfister, Solothurn (Schweiz), Ein Kostenvergleich zwischen Gas- und Elektroküche. Elektrizitätsverwertung, 1930, S. 319.
78 — Über die Einführung der elektrischen Küche im Versorgungsgebiet der Gesellschaft des Aare- und Emmenkanals A.-G. Elektrizitätsverwertung, 1931, S. 134.
79 — Erfahrungen mit elektrischem Kochen in der Schweiz. Elektrowärme in Industrie, Haushalt und Gewerbe. VDEW-Verlag, Berlin 1930, S. 55.
80 Pick, Berlin, Über 1300 vollelektrische Wohnungen der Siedlung Heimat A. G. Berlin. Selbstverlag der SSW., Berlin-Siemensstadt, 1931.
81 Ritter, Berlin, Das elektrische Haus. Verlag Schubert & Co., Berlin.
82 — Die Elektrizität als Wärmequelle im Klein- und Großküchenbetrieb. ETZ, 1928, S. 1029.
83 Scheuer, Landau, Haushalt-Kochversuche mit Elektrizität und Gas. Elektrizitätswirtschaft, 1930, S. 335.
84 Schmude, Hannover, Die erste Verwendung der Elektrizität in größerem Umfange in einer Siedlung und ihr Erfolg. Elektrizitätswirtschaft, 1931, S. 325.
85 Schönberg, München, Die elektrische Küche. ETZ, 1928, S. 327 und 1929, S. 1689.
86 — Bericht über Schwandorfer und Schweinfurter elektrische Siedlungen. Elektrisches Kochen, VDEW-Verlag, Berlin 1929, S. 23.
87 — Die Kosten der Wärmestromverteilung. Elektrowärme in Industrie, Haushalt und Gewerbe, VDEW-Verlag, Berlin 1930, S. 58.
88 — Über den Einfluß der Wärmestromverteilung auf die Belastungsverhältnisse des E. W. Elektrizitätswirtschaft, 1930, S. 479.
89 Stiefel, Basel (Schweiz), Maßnahmen zur Förderung der Nachtstromverwendung in der Stadt Basel. Der Werbeleiter, 1929, S. 218.

90 Thiemens, Berlin, Das wirtschaftliche Ergebnis der Vermietung von Heißwasserspeichern. Das öffentliche Elektrizitätswerk, 1932, Heft 1.
91 Toussaint, Köln, Der Anschluß elektrischer Herde an die Lichtleitung. Der Werbeleiter, 1930, S. 197.
92 Trüb, Zürich (Schweiz), Elektrifizierte Wohnkolonien in Zürich. Elektrizitätsverwertung, 1930, S. 290.
93 Wüger, Zürich (Schweiz), Die elektrische Küche, ihr Energiebedarf mit und ohne Heißwasserspeicher und ihr Einfluß auf die Belastungskurve des Werkes. Bulletin des S. E. V., 1929, S. 816.
94 Zangger†, Zürich (Schweiz), Energieverbrauch und Energiekosten für einen elektrisch betriebenen Haushalt. Bulletin des S. E. V., 1930, S. 546.
95 Zerelles, Elberfeld, Elektrisches Kochen in Siedlungen der Stadt Elberfeld. Elektrowärme in Industrie, Haushalt und Gewerbe, VDEW-Verlag, Berlin 1929, S. 83.

D. Betr. elektrische Großküche.

96 Beck & Lossos, Berlin, Wirtschaftlichkeit elektrischer Großküchen in Bürohäusern. Elektrizitätswirtschaft, 1931, S. 631.
97 Bruchmann, Dortmund, Kaffeekochanlagen für Großbetriebe. Der Werbeleiter, 1930, S. 26.
98 Eversberg, Berlin, Der Stromverbrauch von Krankenhäusern. Elektrizitätswirtschaft, 1931, S. 618.
99 Frisch, Gumbinnen, Die elektrische Großküche im Kreiskrankenhaus Gumbinnen. Elektrizitätswirtschaft, 1931, S. 642.
100 Härry, Zürich (Schweiz), Allgemeines über die elektrische Großküche. Elektrizitäts-Verwertung, 1930, S. 166.
101 — Die Entwicklung der elektrischen Großküche in der Schweiz. Bulletin des S. E.V., 1931, S. 153.
102 Hensel, Frankfurt a. M., Elektrizität in der Gaststätte. VDEW-Verlag, Berlin 1928.
103 HEW, Hamburg, Betriebserfahrungen mit einer elektrischen Kasinoküche in Hamburg. Elektrizitätswirtschaft, 1931, S. 634.
104 Jordan, Frankfurt a. M., Die Einrichtung elektrischer Großküchen. Elektrisches Kochen, VDEW-Verlag, Berlin 1929, S. 45.
105 Klapp, Köln, Die Weiterentwicklung der elektrischen Großküche. Elektrowärme, 1931, Heft 5.
106 — Die Hygienisierung in Krankenanstalten und Kinderheimen durch Elektrisierung. Zeitschrift für das gesamte Krankenhauswesen, 1930, S. 26.
107 Laufer, Berlin, Die Starkstromtechnik im Krankenhaus. Nosokomeion, 1931, Heft 4.
108 Lossos, Berlin, Wirtschaftlichkeit elektrischer Großküchen in kleineren Anstalten. Elektrizitätswirtschaft, 1930, S. 501.
109 Lossos & Beck, Berlin, Wirtschaftlichkeit elektrischer Großküchen in Bürohäusern. Elektrizitätswirtschaft, 1931, S. 631.
110 Möbius, Wuppertal-Vohwinkel, Über die Organisation von elektrischen Diätküchen. Der Werbeleiter, 1931, S. 242.
111 Mörtzsch, Berlin, Wirtschaftliche Vorteile der elektrischen Großküche für Stromerzeuger und Stromverbraucher. Elektrizitätswirtschaft, 1930, S. 8 und 57.
112 — Großküchen als Stromabnehmer. Bulletin des S. E. V., 1930, S. 136.
113 — Die Verbreitung elektrischer Großküchen in Deutschland. Elektrizitätswirtschaft, 1930, S. 503.

114 Mörtzch, Berlin, Planung und Betrieb elektrischer Großküchen. Elektrizitätswirtschaft, 1931, S. 614.
115 — Ein neuer elektrischer Zuckerkocher. Der Werbeleiter, 1931, S. 248.
116 — Neue elektrische Großküchengeräte. Elektrizitätsverwertung, 1932.
117 — Gesichtspunkte für die Projektierung elektrischer Großküchen. Elektrowärme, 1932. Heft 4, S. 83.
118 — Auswahl und Betrieb elektrischer Großküchen in Krankenhäusern. Zeitschrift für das gesamte Krankenhauswesen, 1932.
119 Mörtzsch & Schleusener, Berlin, Das Warenhaus als Stromabnehmer. Elektrizitätswirtschaft, 1931, S. 621.
120 Pick, Berlin, Die Elektrizität in einem neuzeitlichen Warenhaus. ETZ, 1929, S. 1620.
121 — Der Elektrohocker. Der Werbeleiter, 1931, S. 200.
122 — Elektrische Großküchen in Berlin-Siemensstadt. Elektrizitätswirtschaft, 1931, S. 638.
123 Riefstahl, Berlin, Neue elektrische Großküchenherde. AEG-Mitteilungen, 1931, Heft 9, S. 539.
124 Rössner & Weigert, Königsberg, Zur Wirtschaftlichkeit der elektrischen Großküche. Elektrizitätswirtschaft, 1931, S. 625/709.
125 Schleusener & Mörtzsch, Berlin, Das Warenhaus als Stromabnehmer. Elektrizitätswirtschaft, 1931, S. 621.
126 Schneider †, Meißen, Die elektrische Großküche. Verlag Schubert & Co., Berlin.
127 Thierbach, Berlin, Das Warenhaus als Kunde der Elektrogewerbe unter besonderer Berücksichtigung des Karstadthauses, Berlin. Der Werbeleiter. 1929, S. 194/222.
128 Weigert & Rössner, Königsberg, Zur Wirtschaftlichkeit der elektrischen Großküche. Elektrizitätswirtschaft, 1931, S. 625/709.
129 Zimmermann, Münster, Betriebsergebnisse einer elektrischen Großküche, Elektrizitätswirtschaft, 1925, S. 61.

E. Betr. Verbreitung des elektrischen Kochens.

130 Bakker, s'Gravenhage (Holland), Erfahrungen bei der Einführung elektrischer Heißwasserspeicher in Holland. Fortschritte in der Elektrifizierung des Haushalts, VDEW-Verlag, Berlin 1931, S. 34.
131 Dettmar, Hannover, Die bisherige und zukünftige Entwicklung der Elektrowärmetechnik in Deutschland. Elektrowärme-Jahrbuch 1931, Verlag Schubert & Co., Berlin, S. 17.
132 Härry, Zürich (Schweiz), Elektrowärme in Haushalt und Großküche in der Schweiz. Elektrowärme-Jahrbuch 1931, Verlag Schubert & Co., Berlin, S. 246.
133 Haukas-Malde, Stavanger (Norwegen), Die Entwicklung der Elektrowärme in Norwegen. Elektrowärme-Jahrbuch 1931, Verlag Schubert & Co., Berlin, S. 228.
134 Langer, Linz (Österreich), Der Stand der elektrischen Küche in Österreich. Elektrizitätsverwertung, 1930/31, S. 225.
135 Lulofs, Amsterdam (Holland), Statistische Untersuchungen über den Gebrauch elektrischer Apparate in den Haushaltungen Amsterdams. Elektrotechniek, 1930, S. 213.
136 Mörtzsch, Berlin, Einführung der Elektrowärme im deutschen Haushalt und Gewerbe. Der Werbeleiter, 1930, S. 122.
137 — Die Verbreitung von Elektrowärmegeräten in Deutschland. Elektrowärme, 1931, Heft 2.

138 Mörtzsch, Berlin, Elektrische Großküchen in Amerika. Der Werbeleiter, 1931, S. 207.
139 Raetsch-Heigl, Berlin, Die elektrische Küche in der Vereinigung der Elektrizitätswerke. Elektrizitätswirtschaft, 1931, S. 102.
140 Stalhane, Stockholm (Schweden), Elektrowärme in Schweden. Elektrowärme-Jahrbuch 1931, Verlag Schubert & Co., Berlin, S. 242.
141 Strecker, Dresden, Elektrische Herde über Eltgas in 36 Monatsraten. Elektrizitätswirtschaft, 1931, S. 353.
142 Tautenhahn, Dresden, Eltgasvermietungen von elektrischen Heißwasserspeichern, Der Werbeleiter, 1930, S. 36.
143 Vent, Essen, Einführung der elektrischen Küche im Versorgungsgebiet des RWE. Elektrowärme in Industrie, Haushalt und Gewerbe, VDEW-Verlag, Berlin 1930, S. 76.
144 Graf Vitzthum, Berlin, Elektrowärme und Elektroindustrie. Elektrowärme-Jahrbuch 1931, Verlag Schubert & Co., Berlin 1931, S. 13.
145 Wolf, Dresden, Elektrowärmeverwendung in den Vereinigten Staaten von Nordamerika. Elektrowärme-Jahrbuch 1931, Verlag Schubert & Co., Berlin, S. 254.
146 Xander, Eßlingen, Unser Werbewagen. Der Werbeleiter, 1931, S. 250.

Sachverzeichnis.

***Elektrothermie.** Die elektrische Erzeugung und technische Verwendung hoher Temperaturen. Vorträge zahlreicher Fachleute, veranstaltet durch den Elektrotechnischen Verein E. V. zu Berlin, in Gemeinschaft mit dem Außeninstitut der Technischen Hochschule zu Berlin. Herausgegeben von Prof. Dr. **M. Pirani.** Mit 268 Abbildungen im Text. VIII, 293 Seiten. 1930.
Gebunden RM 36.—

***Der elektrische Heißwasserspeicher,** sein Aufbau sowie Richtlinien für die Auswahl, den Anschluß und den Betrieb. Von Dr.-Ing. **F. Kotschi** und Dipl.-Ing. **P. v. Entremont †.** Mit 97 Abbildungen im Text. VI, 94 Seiten. 1931. RM 5.50

Das Buch, das aus der Praxis des Elektrizitätswerk-Betriebes entstanden ist, gibt dem Projektierenden, dem Installateur und Monteur und nicht zuletzt dem Außenpersonal der Elektrizitätswerke ein wertvolles Hilfsmittel für die mit dem elektrischen Heißwasserspeicher zusammenhängenden Fragen an die Hand. Die Arbeit wird von den auf diesem Spezialgebiet der elektrischen Geräte arbeitenden Praktikern um so mehr begrüßt werden, als sie leicht faßlich geschrieben ist und unnütze Formeln vermeidet.

***Haushalt-Kältemaschinen.** Von Dr.-Ing. **R. Plank,** o. Professor und Direktor des Kältetechnischen Instituts an der Technischen Hochschule Karlsruhe. Mit 68 Textabbildungen. V, 96 Seiten. 1928. RM 7.50

Der Verfasser, der Spezialist auf dem Gebiete des Kältewesens ist, hat in dieser Monographie über die Klein-Kältemaschinen das Gebiet kurz und übersichtlich dargestellt.

Die Technik des Kühlschrankes. Einführung in die Kältetechnik für Käufer und Verkäufer von Kühlschränken, Gas- und Elektrizitätswerke, Architekten und das Nahrungsmittelgewerbe. Von Dipl.-Ing. **P. Scholl,** Berlin. Mit 41 Textabbildungen. IV, 66 Seiten. 1932. RM 2.80

Der Verfasser hat sich die Aufgabe gestellt, allen denen, die sich beruflich mit Kühlschränken befassen müssen, die Kenntnisse zu vermitteln, die sie für ihre Aufgabe benötigen. Er entwickelt nicht nur die physikalischen Grundlagen der Kältetechnik und die besonderen Ausführungsformen von Kühlschränken, sondern geht auch auf die allgemeinen Fragen der Kühlhaltung ein. Besondere Vorkenntnisse sind nicht erforderlich, für das wissenschaftliche Studium der Einzelfragen fügt der Verfasser ein Literaturverzeichnis bei.

***Die rationelle Haushaltführung.** Betriebswissenschaftliche Studien. Autorisierte Übersetzung von „The New Housekeeping, Efficiency Studies in Home Management" by Christine Frederick von **Irene Witte.** Mit einem Geleitwort von Adele Schreiber. Zweite, vermehrte und durchgesehene Auflage. Mit 6 Tafeln. XIV, 126 Seiten. 1922. Geb. RM 3.60

* Auf alle vor dem 1. Juli 1931 erschienenen Bücher wird ein Notnachlaß von 10% gewährt.

GPSR Compliance

The European Union's (EU) General Product Safety Regulation (GPSR) is a set of rules that requires consumer products to be safe and our obligations to ensure this.

If you have any concerns about our products, you can contact us on ProductSafety@springernature.com

In case Publisher is established outside the EU, the EU authorized representative is:

Springer Nature Customer Service Center GmbH
Europaplatz 3
69115 Heidelberg, Germany

Batch number: 10682411

Printed by Printforce, the Netherlands